KB263997

우주의 법칙

우주의 시작과 끝

The Laws of the Universe in Earthly and Heavenly Life

Copyright ⓒ 2011 by Paul Pissanos
published by arrangement with Pissanos Int Ltd.
40, Empedokleous Street, 11636 Athens, Greece
All Rights Reserved

Korean Translation Copyright ⓒ 2013 by Jakeunchaekbang Published Co.
through Inter-Ko Literary & IP Agency

이 책의 한국어판 저작권은 인터코 저작권 에이전시를 통한 저작권자와의 독점 계약으로 작은책방에 있습니다.
신 저작권법에 의해 한국 내에서 보호를 받는 저작물이므로 무단 전재와 무단 복제를 금합니다.

우주의 법칙
우주의 시작과 끝

ⓒ 파블로스 피사노스, 2013

초판 1쇄 인쇄일 2012년 12월 31일
초판 1쇄 발행일 2013년 1월 11일

지은이 파블로스 피사노스　**옮긴이** 곽영직
펴낸이 김지영　**펴낸곳** 작은책방
편집 김현주 · 정난진
표지 디자인 김경일　**본문 디자인** 박혜영
제작 · 관리 김동영

출판등록 2001년 7월 3일 제2005-000022호
주소 121-895 서울시 마포구 서교동 400-16 3층
전화 (02)2648-7224　**팩스** (02)2654-7696

ISBN 978-89-5979-285-6 (13440)

- 책값은 뒤표지에 있습니다.
- 잘못된 책은 교환해 드립니다.
- Gbrain은 작은책방의 교양 전문 브랜드입니다.

THE LAWS OF THE UNIVERSE

우주의 법칙

우주의 시작과 끝

파블로스 피사노스 지음 곽영직 옮김

Gbrain

[추천사]

소개의 글

플라톤의 법칙들은 항상 나를 매료시킨다. 그러나 파블로스 피사노스의 우주의 법칙들은 말 그대로 나를 충격에 빠뜨린다.

저자는 플라톤과 아리스토텔레스가 한 일들에 빛을 비추기 위해 현대 과학의 방정식과 복잡한 수식들 그리고 미로를 통해 법칙의 근원을 탐구하라고 촉구한다.

그는 수학, 물리학 그리고 방정식과 고전 철학을 연결시켜 지상과 하늘세계의 정당성을 확립하고 두 세상을 연결했다.

국제적인 지휘본부에서 주도하는 현대 문명과 종교가 만들어낸 불분명한 믿음과 과학적 신화에서 자유로운 파블로스 피사노스는 마이컬슨과 몰리의 '증명할 수 없는 에테르이론'에 저항하고, 상대성이론의 수동적인 설명에 반기를 들며, 증명되지 않는 빅뱅이론을 반대하고, 종의 진화론에 대항하여 효과적으로 싸우며, 환생 이론을 거부하고, 생명의 연속성을 용감하게 주장한 최초의 사람이다. 그리고 그는 아리스토텔레스의 부동 상태를 깊숙이 파고들어 피타고라스가 제기했던 원형과 규칙, 수의 '법칙'을 설명하고 신의 아들과 얼굴을 마주했다.

파블로스 피사노스는 지상세계의 복도를 가로질러 내가 평생 동안 절대로 이해하지 못했던 하늘세계로 데리고 가서 '영원의 바퀴'를 보여준다. 내가 영원하다는 것과 내 안에 있는 영혼이 절대로 죽지 않는다는 것을 확신하게 해준 이 놀라운 책을 독자들도 사랑하기 바란다. 이 책의 각 페이지에서 왜 그리고 어떻게 신이 이 세상에 봉사하러 왔는지를 발견하기 바란다.

저자는 당신에게 그 길을 보여준다. "당신의 손으로 당신의 초자아를 어루만지라, 당신의 창조자를 발견하라. 당신의 생명을 정의한 신적인 이유를 믿어라. 신의 아들의 지위에 가담하라!"

Efstathios L. Bourodimos 에프스타티오스 부로디모스(MIT)
러트거스 대학 교수, 뉴욕과학아카데미 회원

나타난 진리

저자는 이 책에서 "신에 의해 결정된 영혼의 동질적인 발생이 신성의 본질"이라는 것을 증명했다. 왜냐하면 신은 영혼이고, 사람도 영혼이기 때문이다.

그는 생명의 홍수로부터 사람이 신성한 존재로 변하는 것과 관련된 진리를 추천하고, 확립하고, 형성하고, 증명했다.

Emmanuel Badouvas 임마누엘 바도바스
외과의사, 아테네 대학 외과학 교수, 뉴욕과학아카데미 회원

'유럽의 칼 세이건'이라 불리는 파블로스 피사노스는 이 사랑스러운 책으로 다시 한 번 우리를 놀라게 했다. 《우주의 법칙》은 우리에게 물리학과 형이상학의 새롭고도 매력적인 견해를 보여준다.

그의 주장은 소크라테스, 플라톤, 아리스토텔레스 그리고 다른 그리스 철학자들의 생각에 기반을 두고 있으며, 현대 과학의 끈이론, 만능이론에 의해 용기를 얻었다. 이런 이론들은 실제로는 2500년 전에 피타고라스가 도입한 것이다.

피사노스는 생명, 죽음, 영혼, 신 그리고 다음 생에 대한 새로운 이해를 제공한다. 그는 지구와 하늘을 하나로 생각하고, 영혼은 신의 일부분으로, 큰 불꽃에서 떨어져 나온 작은 불꽃이라고 보았다.

피사노스는 미시세계와 거시세계가 어떻게 상호작용하는지, 신통력과 진정한 마술의 가능성 그리고 양자역학의 아름다움과 상대성이론의 약속을 보여주었다. 동시에 그는 빅뱅이론을 분쇄하고 에테르이론을 다시 도입했다.

피사노스는 에테르를 우주와 반우주로 통합하여 모든 것을 함께 묶었다. 그는 에테르가 우리의 자아를 초자아에 어떻게 접근시키는지 그리고 신이 우리의 창조자와 하나가 되는 것을 보여주었다.

《우주의 법칙》은 깊이 사고하는 모든 사람에게 매력적인 읽을거리다. 그래서 나는 이 책을 진심으로 추천한다!

Basil Venitis 바질 베니티스
오하이오 국립 대학 원자핵물리학, 고에너지 교수

이 책은 자연과 세상 법칙의 기능과 관련된 과학적 증거의 폭과 영혼의 법칙이 작동하는 데 대한 지각이 과학적 종교의 연대기 안에서 새로운 이정표를 제시한다.

〈첫 번째 인간의 죽음〉에서 저자는 신의 아들에 대한 이해와 함께 기독교의 가르침에 대항하는 모든 회의적인 사람들에 의해 제기된 조직적인 반대를 분쇄했다. 이 장에서 보여주는 예수의 모습과 선지자들이 그에게 순종하는 방법은 진정 흥미롭다. 이 책의 독자들은 죽은 후에 자신이 신 자체와 결합하게 된다는 것을 분명하게 알게 될 것이다.

Andrew Panagopoulos 앤드루 파나고풀로스

파리 대학 고대철학 교수

평화

저자는 인식론과 존재론에 대한 고전적인 토론을 매우 체계적으로 설명하고 있으며, 동방 종교의 개념에서부터 생명 및 그 이후와 관련된 자신의 생각을 잘 정리해놓았다.

거기에 덧붙여 현대 심리학, 현상학, 신화, 언어학 그리고 물리학 분야의 지적인 사고들을 제시하고 있다. 나는 자연신학에서 유도된 그의 견해를 이해한다. 마지막으로 그는 죽음 이후 생명의 구조를 위한 중요한 논의, 영적인 것과 물질적인 것 사이의 의미 있는 대화를 제시하기 위해 대통합이론GUT을 선택했다.

이 논의는 그가 "신의 현신인 사람과 역시 신의 표현인 우주의 계속적인 관계를 통해 '우주의 생성'을 포함하는 과학 법칙을 통합하기 위한 과학적 노력을 기울여야 할 때다"라고 결론지을 때 정점에 이른다.

피사노스에게 에테르는 "신을 생각할 수 있는 우리 뇌 세포들 깊은 곳에 있는 성소를 연결하는" 원초적인 탈것이다.

Mark Blackwell 마크 블랙웰

프란시스 마리온 대학 철학 및 종교학 조교수

피사노스는 이 책에서 설명되지 않은 과학적인 주제를 철학적인 측면에 초점을 맞춰 다른 각도에서 설명하려고 시도했다.

텔레비전 방송에서 보여준 다양한 능력이 그의 작품 안에서도 드러나고 있다.

그는 현재 든든한 기반을 갖고 널리 받아들여지는 이론들을 강력하게 비판했으며 비극적으로 버려진 개념들을 용감하게 언급하기도 했다. 때로는 우화적인 그림을 이용하여, 때로는 설득력 있는 논의를 통해 저자는 독자들의 관심사를 다뤘고, 이를 증명하기 위해 진행되는 연구를 격려한다.

이 책에서 독자들이 얻을 수 있는 가장 큰 즐거움은 고대 그리스 철학의 현대 과학적 성취(가치를 따질 수 없는 공헌)에 대한 계속적인 언급이다.

Philip M. Papailias 필립 파파일리아스

아테네 대학 고에너지 물리학과, 우주론과 천체물리학 조교수

전 캘리포니아 대학 겸임교수

《우주의 법칙》은 지상과 하늘 생명 안에서 거대한 차원과 깊이 사고하는 사람이라면 모두 갖는 의문에 대한 모든 중요 요소를 깊게 연구한 결과를 포함한 작품이다. 이것은 원초적으로 성립되었고 이전부터 존재했던 법칙을 바탕으로 우리의 '자아', 우리의 '존재', 우주의 신, 삶과 죽음 그리고 현재와 영혼에 대한 대담하고, 선구자적이며, 급진적인 생각이다.

저자는 독자들에게 생각하도록 하고, 다시 조사하도록 하며, 마음과 영혼 그리고 현재와 죽지 않는 미래 생명의 새로운 질서 안에서 여행 동반자가 되도록 하기 위해 의미와 개념, 생각을 분석하고, 분해하며, 새롭게 정의하고 종합적으로 소개하고 있다.

그래서 이 책은 전 세계에 소개되어야 한다.

Andrew Kampiziones 앤드루 캄피지오네스

프란시스 마리온 대학 철학 교수

창조자로서 신의 생각을 폐기한 호킹에 대한 대답

현대 과학과 현대 종교는 파블로스 피사노스가 지은 지구와 하늘 생명 안의《우주의 법칙》으로부터 많은 덕을 보았다.

이 책의 독자들은 생생한 내용이 담긴 모든 페이지에서 과학의 도로를 따라 고유한 방법으로 창조자의 요람인 하늘 저택에 도달한다.

어느 곳에나 존재하는 신성한 영혼이 혁명적이면서도 내용이 충실한 저자의 견해를 적시고 있다. 저자는 응용과학의 피상적인 흥미에 맞서 대담하게 자신의 견해를 밝히고, 버려진 에테르이론을 망각으로부터 불러내기 위한 연구와 함께 설득력 있는 논의를 전개하고 있다. 그는 에테르를 다시 한 번 아리스토텔레스가 조각했던 공식적인 받침대 위에 자리 잡도록 했다.

영국의 과학자 스티븐 호킹의 "우주는 창조를 위해 신을 필요로 하지 않는다"와 "빅뱅은 물리학 법칙의 결과이며, 우주는 우연히 창조되었다"라는 주장에 대해 파블로스 피사노스는 격렬하게 반대한다. 그는 순수한 그리스 사상의 영광에 호소하면서도 과학적 엄격함 또한 보여준다. 그는 철학적 판단과 논의에 의해 고조된 감각으로 이 논문을 썼다. 그는 법칙들의 무한한 연계와 신성한 법률에 의해 신이 자연과 영원한 우주를 어떻게 창조했는지에 대한 연구에서 이룬 과학적 성취를 지적한다.

저자는 우리 태양계를 조직하고 지배하는 수학과 방정식들, 물리 법칙을 대담한 방법으로 다시 해석하고, 신을 배제하고 임의성을 신성시하는 소위 '새로운 물리학'의 견해를 고대 그리스의 소크라테스 이전 철학자들과 고대 철학자들의 생각의 연장선상에서 고유하고 엄격한 방법을 통해 거부한다.

측정할 수 없는 가치를 지닌 이 책은 학생, 교수 그리고 과학자들을 불문하고 반드시 읽어야 한다.

이 책은 종교적 교의주의에 대항하는 교본이며, 우주의 법칙을 통해 인간이 신을 찾는 동안 자유로운 사고를 하기 위한 교본이다. 읽고, 공부하고, 당신 가까이 두라.

Stanley Sfekas 스탠리 스페카스

인디애나 대학 철학 교수

성취

고대 그리스 철학자들에게 고무되어 우주론을 연구하는 연구자와 사상가들은 끊임없이 존재해왔다. 코페르니쿠스에서 케플러 그리고 뉴턴과 라이프니츠, 보어는 모두 우주의 법칙을 있게 한 무언가를 찾던 사람들이다.

파블로스 피사노스는 이 책을 통해 한없이 자신을 끌어들이는 우주 안에서 절대를 경험하기 위해 우주를 응시했다.

그가 제기하고, 그 자신을 이끌며, 독자들에게 전달하려고 했던 형이상학적인 문제들이 논리적으로 구성되고 웅변적으로 표현되어 있다. 저자의 대담성과 성취에 축하를 보낸다.

Evangelos Moutsopoulos 에반젤로스 무트소풀로스

아테네 대학 명예 철학 교수

그리스인들은 철학이 기본적으로 죽음에 대한 공부라는 것을 발견했다.

저자이며 연구자인 파블로스 피사노스의 《우주의 법칙》은 그런 면에 충실하다. 지상과 하늘세계의 생명의 법칙들은 고대 그리스 사고의 깨끗한 물로 다시 세례를 준다. 그리고 이 사고의 전체적인 통일 안에서 - 소크라테스 이전의 근원에서 그것이 키워낸 위대한 철학적 체계까지 - 저자는 우리에게 완전한 (철학적으로 그리고 과학적으로) 구조의 이미지와 우주가 작동하는 원리를 제시하고 있다. 저자가 기반으로 하는 에테르, 시간 그리고 상대성이론의 존재론적 기둥 같은 철학적 자료의 정당성은 소크라테스 이전 철학자들과 플라톤 그리고 아리스토텔레스의 위대한 가르침에 대한 완전한 이해에서 도출된 것이다. 그래서 가장 최근의 과학적 접근과 더불어 이것은 죽은 후의 생명과 죽음의 문제에 대한 고유한 철학적 접근을 가능하게 한다.

Constantina Palamiotis-Thomaidou 콘스탄티나 팔라미오티스-토마이도

언어학자, 학교 상담자

아테네 대학 철학 교수

파블로스 피사노스는 삶의 가장 깊은 문제에 대한 답을 끊임없이 찾는, 여유로우면서도 깊이 파고드는 사람이다. 이전에 출판했던 《우주의 시작과 끝》의 성공에 이어 저자는 지구와 하늘 생명에 관한 《우주의 법칙》이라는 새로운 책을 썼다. 이 책에서 그는 우주적 법칙의 근원인 위대한 우주 마음의 내적 작업을 찾아내려고 노력한다. 때문에 "우리는 누구인가?", "왜 우리는 여기에 있는가?", "우리는 어디로 가는가?" 같은 계속 반복되는 질문에 대한 해답에 흥미를 가진 독자들에게 이 책을 적극 추천한다.

개중에는 그가 이런 질문들에 완전한 해답을 제공하지 못했다고 주장하는 사람도 있겠지만, 내 생각에는 파블로스 피사노스가 《우주의 법칙》에서 지상과 하늘 생명 안에서 과거에는 법칙들이 어떻게 작동했고, 미래 세상에서의 그것들의 중요성에 대한 전체적인 모습을 우리에게 잘 보여주는 데 성공했다고 본다.

파블로스 피사노스는 다시 한 번 우주의 심장에서 우주의 원리를 찾아내려는 넓은 시야와 용기를 보여주었다.

Scott A. Olsen 스콧 올센
센트럴 플로리다 커뮤니티 대학 철학 교수

《우주의 법칙》은 자극 받기를 좋아하는 사상가, 우주와 우리 마음의 신비를 드러내는 질문에 회의적인 사람, 믿음이 강한 사람에게 놀라운 읽을거리다.

Uri Geller 유리 겔러
www.urigeller.com

시간이 되었다…….

우주의 법칙은 실재이며 사실이다. 그리고 그것은 영원하며, 신성한 창조의 불멸하는 부분이다. 이제 '우주의 법칙'이 모습을 드러낼 시간이 되었다. 카리스마를 가진 '누군가'가 그것을 발견해야 한다. 파블로스 피사노스가 우리에게 그것들을 제시하고 있다.

Hippocrates Dakoglou 히포크라테스 다코글루
수학 교수, 작가, 피타고라스이론 학자

저자에게 보내는 축하 메시지!

파블로스 피사노스는 인류학적이고 철학적인 에세이를 통해 '종교와 믿음'의 우주 창조 신화에 대한 이성적인 논의와 소크라테스 이전의 이성주의를 극복하려고 노력한다. 그는 인간의 사려 깊은 사고를 '존재'와 '생성'으로 설명한다.

저자는 자신의 존재를 파르메니데스의 비존재와 대비시킨다. 우리는 순수한 원인의 논리적 관점에서 피사노스가 제기한 파르메니데스의 비존재와 다른 '에이 스포데이 데오이'*ei spodei deoi*'의 의미, 플라톤의 소피스트에 접근하여 "비존재는 어떤 것"이라고 한 말의 의미 그리고 "그것은 무엇인가?"라는 질문의 의미를 든든하게 자리매김할 수 있다.

파블로스 피사노스는 "존재가 존재한다"는 것을 말하고 있으며, 따라서 비존재는 아무것도 아니다. 플라톤은 "존재는 어떤 방법으로든"이라고 말했다.

피사노스의 작품은 '성실성'과 '인간성'이라는 객관적 자세를 견지하고 있으며, 예술 작품이자 사려 깊은 사고로서 그것은 창조자의 표현이다.

베네데토 크로체*Benedetto Croce*가 '표현과 직관의 이론'에서 특징적으로 썼던 것처럼 표현하고 싶은 목적을 가진 작품으로서 형태나 기술 또는 개인적 감정이나 느낌뿐만 아니라 완전에 대

한 나눌 수 없는 직관, 심지어 자극적인 개인의 특성까지도 포함하고 있다.

《우주의 법칙》은 우리에게 모든 '정규적 과학'의 기본 지식, 다시 말해 '정규적 형태'의 지식 그리고 '정규적 형태'의 정의를 제공한다. 에밀 뒤르켐^{Emil Durkheim}은 이것을 자신의 사회학에 적용했다. 이 규칙은 윤리적인 세상, 심지어 우리가 살아가는 세상의 모든 과학에도 적용된다.

내 생각에 피사노스가 믿고 보여주려고 한 이러한 기초, 다시 말해 '정규'와 '비정규'는 피사노스의 '교육적인 생각'에 의해 표현된 전체 안에서 작동하고 보여주는 기능과 관련이 있다.

이 작품에 대한 진심어린 축하와 더불어 소크라테스가 유티프로와 '경건과 정의'에 대한 토론을 끝내면서 했던 말로 나의 이야기를 끝맺으려고 한다. "내가 처음으로 이해하기를 바라는 점은 그들이 신성하기 때문에 신이 경건하고 신성한 사람들을 사랑하는지, 아니면 신이 그들을 사랑하기 때문에 그들이 신성한지……." 이에 대한 대답을 파블로스 피사노스가 논리 정연한 사고로 제시하고 있다.

Michael Thales Poulantzas ^{마이클 탈레스 풀란차스}

로마 대학 사회학, 철학 교수

책 내용 요약

'이데아'는 비판을 허용하지 않는다. 이런 생각은 내겐 공리다. 어떤 사람이 동의하면 그는 아무 이야기도 할 필요가 없지만, 동의하지 않으면 반대하는 내용을 당당하게 밝혀야 한다. 이 책에 들어 있는 생각에 동의하지 않으면 그 내용을 다른 책에 실으면 된다.

나는 고대 그리스인들의 철학적 사고와 신학적 개념, 자연과학과의 조화를 시도한 피사노스의 이 새로운 책을 통해 고대인들이 신과 자연, 시작과 끝 그리고 일반적인 존재에 대한 사람들의 의문을 풀기 위해 암중모색하는 이야기들을 즐겼다.

Andrew John Emmanuel ^{앤드루 존 임마누엘}

법철학 교수, 시카고 EERI 총장

모스크바 인간성연구아카데미 교신회원

서언

또 다른 세계가 어떻게 작동하는지를 이해하기 위해서는 먼저 우리가 살아가는 이 세상이 어떻게 작동하는지를 이해해야 한다.

그리고 우리가 살아가는 이 세상이 작동하는 방법을 이해하기 위해서는 우선 법칙이 무엇인지, 법칙이 어떻게 만들어졌으며, 어떻게 작동하고 있는지, 생명체가 어떻게 생겨났는지를 비롯한 생명의 신비를 이해해야 한다.

우리가 죽은 후에 어떤 일이 일어날 것인지를 알기 위해서는 법칙의 측면에서 산다는 것과 죽는다는 것이 무엇을 의미하는지를 알아야 한다.

무덤 저편에는 우리가 알지 못하는 신비로운 세계가 숨겨져 있을까? 아니면 우리가 경험하는 이 세상 안에서의 자연과 생명이 무덤 너머의 장엄한 생명에 대한 모든 것을 우리에게 모두 보여주고 있는 것은 아닐까?

이 책은 동화나 가정에 기반을 둔 것이 아니다. 매우 조심스럽고 책임 있게 정리된 과학과 철학에 의해 밝혀진 증거들이 우리 삶의 여정을 따라 한 걸음 한 걸음씩 또 다른 세계로 인도할 것이다.

우리는 지구에서의 생명과 관련된 모든 문제를 이해해야 한다. 우리가 그것을 모두 이해한 후에야 하늘 생명의 문제를 다룰 수 있게 될 것이다. 무엇보다 인간의 생명과 우주에 포함된 법칙을 깊이 이해해야 한다.

하늘과 지구는 영원한 생명을 믿는 사람에게 하나다. 그리고 잊지 말기 바란다.

"죽음은 믿음이 없는 사람들만이 갖는 결점이다!"

파블로스 피사노스

Contents

자체 동일성에 대하여: 하나는 전부다

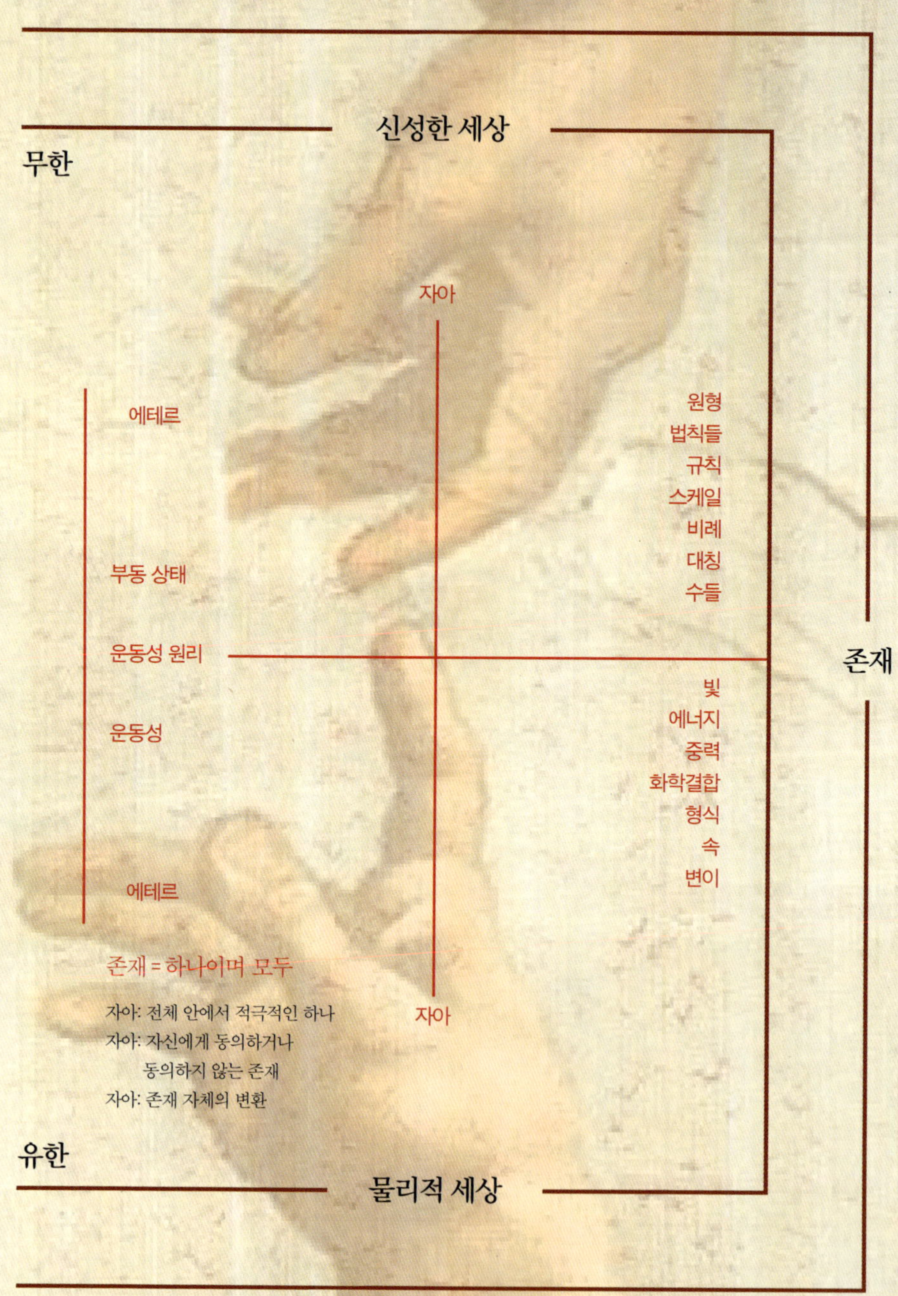

자체 동일성에 대하여: 하나는 전부다

영혼의 내면인 '나'로부터 그리고 모든 것의 외부로부터 일반적인 본질인 '존재의 자아'와 자신과의 끊을 수 없는 연결!

1. 내부와 외부는 하나이며 같다.
2. 동적인 상태와 부동성은 하나이며 같다.
3. 따라서 부분과 전체는 서로의 일부이다.
4. 무한대와 하나는 같은 것이라고 볼 수 있다
5. 더 큰 세계와 더 작은 세계는 밀접한 관계가 있다.
6. 모든 것에서 진화와 퇴화는 같은 결과를 가져온다.
7. 법칙과 사건은 잠정적으로 혼합되어 있다.
8. 구구의 질서는 혼동과 대칭이다.
9. 자연은 내면적인 연결을 만들어내고, 감지할 수 있다.
10. 친숙한 통로가 '존재'를 인도하고 전체를 채우도록 한다.
11. 움직이고 있는 세상은 따라서 음악과 복합적인 멜로디의 세상이다.
12. 물질과 형식은 존재에서 공통으로 이끌어내 진다.
13. 가장 높은 것과 가장 낮은 것이 같은 위상의 명예를 선언한다.
14. 부모 세포와 부수적인 세포들은 출입 암호를 준다.
15. 현재와 영원을 동시에 경험한다.
16. '사고'와 '존재'는 같은 실체이다.
17. 자연의 근원을 이루는 중성자와 양전자 그리고 전자가 전체적으로 이끌어내 진다.
18. 빛과 어둠은 같은 파동의 흐름을 만든다.
19. 인력과 척력은 뛰어난 기준을 유지한다.
20. 모든 것의 시작과 끝을 부정한다.
21. 영은 절대로 보증할 수 없다.
22. 운동과 생명은 분리할 수 없도록 적극적으로 작용한다.
23. 고정된 점인 같은 목적지에 도달한다.
24. 실재와 비실재는 나타내지는 공통적인 모습이다.
25. 존재의 '영혼'과 그들의 원인은 또 다른 존재에 연결된다.
26. '생성'과 '분석'에는 영원하게 동등한 조제자가 있다.
27. 사랑과 갈등은 반대되는 조화 안에서 결합된다.
28. 원인과 효과는 우리가 관여하는 원형적인 결합이다.
29. 영혼과 물질은 공통적으로 침투한다.
30. 신과 사람은 같은 자연이 초래한……
31. 부분과 전체 안에서 사멸하는 그리고 동시에 불멸하는, 그리고 영원히 본능적으로 스며들어 있는 질료가 에테르이다. 에테르는 하나 안에서 그리고 전체 안에서 스스로 동일하기 때문에 영원한 생명이 선언된다.

'에프타폴리스' 입구 돔에서

파블로스 피사노스
2010년 8월

1부

제1장

신은 존재하는가?

스티븐 호킹

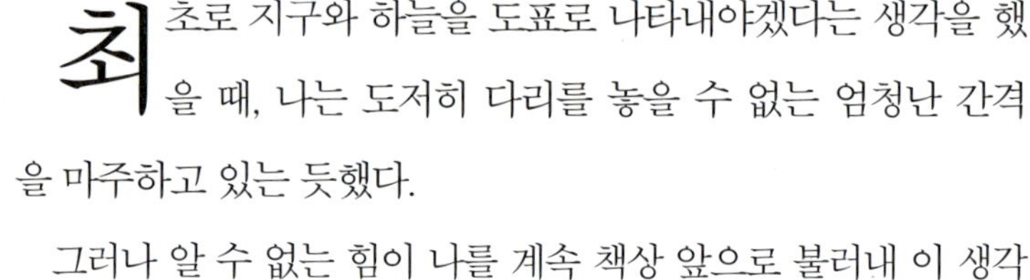

최초로 지구와 하늘을 도표로 나타내야겠다는 생각을 했을 때, 나는 도저히 다리를 놓을 수 없는 엄청난 간격을 마주하고 있는 듯했다.

그러나 알 수 없는 힘이 나를 계속 책상 앞으로 불러내 이 생각을 발전시키도록 했다.

자연법칙과 보이는 세상이 어떻게 작동하는지에 대해 생각하는 것은 우리가 알아낸 이론적이고 경험적인 자연에 대한 과학적인 지식과 연관이 있어 보인다.

만약 하늘세계가 작동하는 법칙을 알아내고 싶다면 우선 죽어야 하고, 영혼의 세계로 여행해야 하며, 그 경험을 이야기하기 위해 다시 지구로 돌아와야 한다. 의문은 하늘세계가 존재하느냐에 국한되지 않는다. 만약 하늘세계가 단지 죽은 사람의 영혼에만 속한다면 생명을 가진 존재들이 살아가는 지상세계는 하늘세계와 어떻게 연결되어 있는 것일까?

우리의 영혼에 대해 생각하는 우리 인간은 영혼이 살아가는 다른 세상에 참여할 수 있는 것일까? 다시 말해 우리는 다른 세상과 연결될 가능성을 가지고 있는 것일까?

그리고 확실하게 우리가 이 두 세상의 존재를 인정하고 이 두

우리의 자아는 영혼의 구조 안에서 정상적으로 계속 살아나갈까?

세상 사이에 연관이 있다고 인정한다면 한 세상의 법칙은 무엇이고, 다른 세상의 법칙은 또 무엇일까? 그들은 같을까, 아니면 다를까?

우리가 죽어 땅에 묻히면 우리의 자아는 어떻게 되는 것일까? 그것은 영혼의 구조 안에서 계속 존재할까? 아니면 육체와 함께 우리의 자아도 죽어버리고, 세상의 영혼과 결합하기 위해 떠돌아다니는 눈에 보이지 않는 영혼만 남게 되는 것일까?

우리가 다뤄야 할 근본적인 의문은 신이 우리 인간에게 신을 생각할 뿐만 아니라 신을 발견할 수 있는 능력도 주었느냐 하는 것이다. 나는 깊은 생각에 사로잡혀 여기에 서 있다. 나는 "신은 무엇일까?"라고 물을 권리가 있을까, 아니면 없을까?

세상에 있는 많은 교회의 사제들은 신을 설명하는 것을 금지하고 있다. 그리고 많은 지성은 신에 대한 어떤 설명도 신 자체를 파괴한다고 주장한다.

우리의 영혼을 생각하는 우리 인간은 다른 세상의 영혼에 참여할, 다시 말해 통합될 가능성을 갖고 있는가? 두 세상은 서로 연결되어 있는가?

(좌) 신성한 하나를 발견하기 위해서는 우주의 전체성과 통합을 믿어야 한다.

(우) 고대 그리스 사회는 천 년 이상 이런 종류의 신학과 관련되어 있었다.

나는 그러한 금지를 거부할 뿐만 아니라 신을 설명하는 것을 일생의 의무로 느끼고 있다는 것을 고백한다. 신은 단순히 나의 뇌가 만들어낸 존재가 아니라 생각하는 사람의 내부와 외부에 존재하는, 물체의 안과 밖에서 이뤄지는 작용으로부터 이끌어내어진 생각이다.

현대인들이 신의 세계를 진정으로 보고 싶다면 가장 먼저 해야 할 일은 마치 확실한 과학적 사실인 것처럼 구약의 내용을 언급하는 성직자들의 주장을 잊고, 우주와 연합되어 전체적인 하나로서 초월적인 신의 존재를 닮은 자신의 자아의 기원에 눈을 돌려야 한다.

하늘과 지구 세상을 모두 지배하며, 우주를 구성하고 지배하는 초월적인 신은 교회에서 설명할 수 없으며, 대학의 교실이나 연구실에서 설명될 수 있는 존재도 아니다.

신에 대한 지식을 가질 수 있는 것은 우리 '자아'의 양심만이 가진 배타적인 특권이다.

우리가 세상 전체와 결부하여 우리의 자아를 생각하면 우리는 진정한 신학을 하고 있는 것이다. 고대 그리스 철학자들이 천 년이 넘는 오랜 시간 동안 연구했던 것이 바로 이런 신학이다. 이들로부터 물려받은 것이 철학, 논리학, 수학, 기하학, 음악 그리고 무엇보다 그리스의 언어다.

신성에 대한 지식은 의식 있는 우리 '자아'의 특권이다. 세상의 전체성과 관련하여 우리의 자아를 생각할 때 우리는 진정한 신학을 하고 있는 것이다.

우리는 우주의 진화와 퇴화를 발견할 것이며, 하나가 다른 것 안에 포함된 것을 발견할 것이다.

우리는 우주의 시작에서 끝까지
생각의 속도로 오갈 것이다.

그리스어는 무한하다. 9천만 개가 넘는 그리스 어휘들이 천문
학, 우주론, 물리학, 화학, 의학, 음악 그리고 다른 모든 과학 분야
에서 법칙들을 알아내기 위한 다양한 의미로 사용되고 있으며, 인
류와 관련된 많은 다양한 문제를 풀어내는 데 사용되고 있다.

"인생이란 무엇인가?", "죽음이 있는가?", "우리는 영원한가?"
와 같은 질문에 답하기 위해서 나는 가장 접근하기 어려운 길을
통해 고대 그리스의 사상을 여행했다.

탈레스, 데모크리토스, 피타고라스, 소크라테스, 플라톤, 아리스
토텔레스 그리고 다른 모든 고전적인 지성들을 개인적인 친구나
제자처럼 느끼려고 노력했다.

그들의 책을 공부하면서 그들이 나와 이야기하고, 토론하고, 웃
으며 같은 식탁에서 함께 식사하고, 같은 컵으로 마시는 것처럼
느꼈다. 이러한 사고 속에서 나는 '피타고라스학파'에 가입했고,
뮤즈의 신전에서 들려오는 위대한 수의 달인의 목소리를 구별할
수 있었다.

또한 고대 아고라에 들어가 로열 스토아 밖에서 제자들에게 절대 선에 대해 이야기하고 있는 소크라테스의 목소리를 들을 수 있었다.

나는 마음속에서 플라톤이 아카데미를 거닐며 조용한 목소리로 젊은이들에게 영혼에 대한 이론을 이야기하고 있는 것을 보았다. 꿈속에서 위대한 아리스토텔레스의 옷자락을 만졌으며, 소용돌이치는 환영 속에서 아리스토텔레스가 자신의 학교인 리세움에서 아케타이프를 펼쳐놓고 인간의 논리를 지배하는 법칙을 설명하고 있는 것을 보았다.

이러한 경험들은 나의 마음과 육체 그리고 영혼 속에 생생하게 남아 있다. 이제 함께 여행을 해보자. 그리고 우리가 여행하고 있는 동안에는 당신과 내가 하나라는 사실을 잊지 말자. 나와 당신의 세상은 또 다른 세상 안에서 하나이기 때문이다.

현재와 영원으로 오라. 이 둘은 하나다. 순간과 영원 역시 하나이며, 삶과 죽음도 하나이다.

이 여행에는 우리 자아의 심연 속에서 작동하는 비밀스러운 왕국에서 겪는 유일하고, 예측 불가능한 그리고 한없이 즐거운 여행이 이루어질 것을 약속한다. 이 놀라운 여행에서 우리는 종이와 연필로 지구와 하늘세계의 지도를 그릴 것이다.

우리는 우주적인 빛의 근원을 향해 나아갈 것이다.

또한 사고의 속도로 우주의 시작과 종말을 향해 달려갔다가 돌아올 것이다. 움직일 수 없는 성질의 놀라운 면을 알게 될 것이고, 우리의 법칙으로 모든 사물의 운동을 이해하게 될 것이다.

우리는 물질의 영혼에 대해 알게 될 것이고, 영혼의 물질에 대해서도 알게 될 것이다.

소크라테스 이전의 철학자들과 과학자들이 활동한 시기의 과학과 연구에 대한 개념은 전혀 알려져 있지 않았다. 기원전 6~7세기의 위대한 사상가들은 존재의 기원과 물리적 실재에 대한 '과학과 지식'에 대해 많은 생각을 했다.

그 당시 동방의 세계관은 종교적 신비주의라고 할 수 있다. 깨어 있던 그리스의 과학자들은 자연과 세상을 지배하는 자연법칙과 사회법칙을 통해 자연과 세상의 기능을 발견하려고 노력했다. 그리고 고대 그리스의 철학적 공동체에서 권위의 문제는 사라졌다.

철학에서 신과 세상은 아직 태어나지 않았다. 헤소이드(Hesoid)는 시적 영감에 가득 찬 신들의 계보를 만들었다. 그는 올림푸스 신들의 탄생을 우주 발생의 원리로 묘사했다. 그리고 우주적인 정의에 절대적인 기준이 된 제우스의 신적인 우월성을 설명했다.

우리 시대의 철학계는 기술 진보에 참여하는 진영과 철학 안에서 사고하는 진영으로 나뉜다. 그러나 두 진영은 모두 일반적인 정의에 동의하지 않을 수 없고, "신들의 계보는 무엇인가?"라는 질문에 답하지 않을 수 없다.

　우리는 우주의 진화와 퇴화에 대해 알게 될 것이고, 어떤 것이 다른 것 속에서도 발견된다는 것을 확인하게 될 것이다. 또한 안과 밖이 동일하다는 것을 느끼게 될 것이고, 개인과 전체 그리고 최대와 최소가 동일하다는 것도 알게 될 것이다.

뿐만 아니라 개인적으로 신을 보게 될 것이고, 우리의 자아 깊은 곳에 숨겨진 세상에서 그의 존재를 느낄 수 있을 것이다. 그리고 그와 대화를 나누고, 영원한 자연의 아름다움을 대하게 될 것이다.

마침내 우리는 창조의 완전함 속에 포함된 내 몫을 받기 위해 우주 가장자리까지 손을 뻗게 될 것이다.

감각세계에서 인간이 감각으로 느낄 수 있는 모든 물체, 즉 관측자의 가까이 또는 먼 곳에 있는 모든 물질적인 것은 객관적인 존재들이다.

객관적인 것은 그 자체로 충분히 기술되고, 성격이 자체적으로 명확하며, 주관적인 것과 대립된다.

객관적인 지식은 실재에 대한 지식으로 관측자의 주관과 독립적으로 존재하며, 비교 또는 관측자와의 관계를 통해 증명된다.

객관적인 세상은 통제할 수 있는 감각을 통해 옳다는 것이 증명된다.

헤겔의 철학적인 접근에 의하면 객관적인 정신은 법칙으로 나타난다. 이러한 윤리적·사회적인 차원의 정신은 사회와 우주정신의 상태에서 중요한 역할을 한다.

예술, 과학, 종교 그리고 철학의 핵심적인 요소는 좀 더 확실하게 구체화된 정신이다. 플라톤에 의하면 인간이 감각으로 느낄 수 있는 객관적인 세상은 실재가 아니다. 플라톤에게 실재하는 세상은 이데아뿐이다.

제2장
나는 신인가?

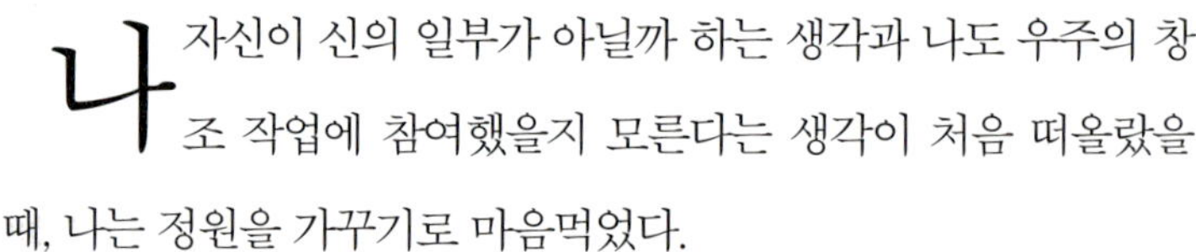

(위) 우리는 꽃, 풀, 나무가 같은 질료를 흡수해 자신의 종(種) 안에 밀봉한다는 것을 발견하게 될 것이다.

(아래) 우리는 식물 세상에 있는 모든 살아 있는 존재에 의한 질서와 기준을 관측했다.

나 자신이 신의 일부가 아닐까 하는 생각과 나도 우주의 창조 작업에 참여했을지 모른다는 생각이 처음 떠올랐을 때, 나는 정원을 가꾸기로 마음먹었다.

캐롤린과 나는 여러 달 동안 꽃과 풀, 나무를 심었다.

그리고 우리가 심은 새로운 생명체에 일어나는 일들을 매일 관찰했다. 매일 모든 것이 변했다.

매일 조심스럽게 꽃과 풀, 나무들의 색과 크기 그리고 모양을 살펴보면서 이들 식물이 자신의 지능을 나타내는 방법에 놀랐다.

우리는 식물 세상에서 각각의 개체가 가진 질와

능력을 관찰했다.

꽃들과 풀들 그리고 나무들이 같은 영양분을 흡수해 자신들의 유전적인 형태의 크기와 색 그리고 향기로 자라나는 것을 관찰하면서 어떤 법칙이 꽃과 풀 그리고 나무의 내부와 외부에서 작용해 자신들의 성질을 유지하도록 하는지 알고 싶어졌다.

어떤 알 수 없는 논리가 나의 의지와 연결되어 작은 꽃이 법칙을 구현하여 꽃이라는 유일한 형태로 자라 놀랍도록 아름다운 색과 취할 만큼 아름다운 향기를 가진 꽃다발을 만들도록 하는 것은 아닐까?

유일한 꽃이 만들어지는 데 필요한 물, 토양 그리고 공기가 존재하도록 하며, 완전한 화학적 조성과 물질 구조, 기하학적인 형태, 논리적인 구조를 형성하기 위해 필요한 완전한 규칙 그리고 무엇보다 미학적인 아름다움을 갖도록 하기 위해서는 얼마나 많

엄격하게 유지되는 특성을 보존하기 위해 꽃과 풀 그리고 나무의 안팎에서는 어떤 법칙이 작용할까?

㈜ 장미의 살아 있는 아름다움을 주의 깊게 바라보면서 장미도 나를 생각하고 있음이 틀림없다고 생각했다!

㈜ 세상과 자연의 모든 존재와 물체는 하나다. 그들은 그들 자신과 하나이고, 자연과 하나이며, 신 자체와 하나다.

은 법칙이 작용할까?

아름다움은 물질 세상의 전체 안에서 놀라운 유일성에 의해 얻어지는 것인지도 모른다.

내가 이 꽃을 만든 신이라면 감각적인 세상에서 같은 양과 비율 그리고 같은 성질을 나타내도록 하는 이러한 법칙의 창조를 어떻게 구분했을까 하는 생각을 했다.

이 위대한 질문들이 구체화되어 머릿속에 자리잡자 나는 신의 마음속으로 들어가기 위해 모든 방법을 시도해보기로 했다.

신이 나에게 이성을 주고, 지혜를 만들어낼 가능성을 준 만큼 나는 그것을 이용해야 하고 신과 같이 되려고 노력해야 한다고 생각했다.

그리고 인간의 관점에서가 아니라 신의 관점에서 창조의 형식을 바라보려고 노력했다. 알 수 없는 어떤 힘이 위대한 창조자와 나의 유일한 차이는, 신은 정신의 전체인 데 반해 나는 정신의 일부라고 생각하도록 했다.

…나는 정원을 가꾸기로 결정
했다.

신은 전체인 반면 나는 전체의 일부다. 부분은 전체와 같은 성
질을 갖고 있으므로 나는 전체를 정확하게 기술할 수 있는 능력을
갖고 있다.

하늘을 향해 자랑스럽게 고개를 쳐든 꽃을 보면서 나는 꽃들이
따르고 있는 법칙들이 꽃들의 뇌 속에서 작동하고 있지만, 꽃 안
에서는 그것을 발견할 수는 없는 것이 아닐까 하는 생각을 했다.
그렇다면 이 꽃은 우주 전체를 지배하는 법칙과는 어떻게 연결된
것일까?

꽃들이 지니고 있는 뿌리에서 맨 꼭대기에 이르는 절대적인 지
혜 그리고 순수한 조화는 어디에서 오는 것일까?

모든 것의 법칙을 포함하는 전체는 수없이 많은 다양성과 차원
그리고 구조를 가진 존재가 아닐까? 그것이 신 자체가 아닐까?

나의 존재 깊은 곳에서 꽃의 질료가 나와 하나가 되는 것을 느낀다.

모든 것임과 동시에 모든 것 안에 있는 존재가 자연의 작용 뒤에 있고, 그 존재가 우리로 하여금 우리 자신을 비춰볼 수 있는 우주적인 거울이라는 것을 이해하도록 도와주고 있는 것은 아닐까?

아마도 신과 우리는 궁극적으로 같은 목표를 갖고 있고, 우리는 그 목표를 달성하기 위해 이 세상에 온 것은 아닐까?

이러한 생각이 철학적인 문제에 해당되는지는 잘 모르겠다. 아니면 이런 질문은 절대적인 지식의 성역에서 빵과 포도주에 해당하는지도 모른다.

분명한 것은 살아 있는 아름다운 장미의 깊숙한 곳을 바라보는 것 역시 나를 생각하는 것이다! 그리고 그것에서도 나를 느껴야 한다고 생각한다! 나는 내가 장미를 심었고, 물을 주었으며, 꽃이 피도록 돌보아주었다는 것을 장미가 알고 있다는 것을 안다.

내 존재의 깊은 곳에서 꽃을 이루는 물질이 나와 나와 하나가 되는 것을 느낀다.

그리고 장미와 내가 내 안에 함께 있다는 것을 느낄 때 - 우리는 모두 영혼이기 때문에 꽃과 나는 하나가 되어 - 우주와 하나가 되는 위대함을 느낀다.

모든 존재와 자연물 그리고 세상의 모든 것은 하나다. 그들은 스스로 자연과 하나이고, 신과도 하나다. 그러나 만약 모든 것이 하나라면 물질이란 무엇인가? 내가 신이라면 나는 어떤 방법으로 나와 하나이고 창조자와 하나인 자연과 세상 그리고 전체 우주를 창조할까? 라는 의문이 생긴다.

내가 생각할 수 있는 첫 번째는 세상의 모든 것은 동일한 원시의 구조 물질로 구성되어야 한다는 것이다. 그 물질은 순수한 영혼을 가져야 할 것이다.

영혼의 모든 모나드(단자)는 그가 속해 있고, 그것을 구성하는 물질, 종들 그리고 생명체들과 관련된 현상을 지배하는 원형을 포함하는 전체와 소통해야 한다.

이런 생각을 갖고 우리 인간, 즉 우리를 구성하고 있는 원시 구성 물질, 우리뿐만 아니라 전체 우주가 영혼이며 영혼뿐이라는 것을 느끼고 이해하기 위해 노력해보자!

모든 인간과 모든 물질은 정신적인 물질의 매듭이다. 다시 말해 순수한 영혼이다! 영혼만이 운동의 원리와 생명의 활동성을 그 자신 안에 숨길 수 있다. 영혼만이 세상 물질의 안과 밖에서 동시에 발견될 수 있다. 그러나 우리와 특별한 관련을 갖는 것은 영혼이 행동하는 방법과 방식이다.

빛나는 정신적인 물질인 영혼은 움직일 수 있을까? 아니면 움직일 수 없을까? 또는 움직일 수 있기도 하고 움직일 수 없기도 할까? 만약 움직일 수 없다면 어떻게 우리의 감각은 움직임을 감지할 수 있을까? 움직일 수 있다면 그것은 움직이는 세상을 구성하는 모든 것 안에서 동시에 존재할 수 있는 능력을 어떻게 가질 수 있을까? 이제 생명 현상을 분명히 바라볼 시점이 되었다.

왜 생명이 영원한지, 왜 영혼이 영원한지 그리고 왜 우주가 영원한지를 설명해야 할 시간이 되었다.

　실재는 어디에 감춰져 있는 걸까? 우리가 감지할 수 있는 세상의 움직이는 것들에 숨어 있을까? 아니면 움직일 수 없는 것에 들어 있을까?

　이제 우리가 살아가고, 느끼고, 감지하는 자연과 세상이 실재인지 아닌지를 설명하려 한다. 이를 위해 신의 편에 서보자. 그러면 창조의 법칙들로 작동되는 우주라는 거대한 기계를 움직이는 발전소를 향해 한 걸음씩 나아갈 수 있을 것이다.

제3장

법칙에 의해
나타나는 현상들

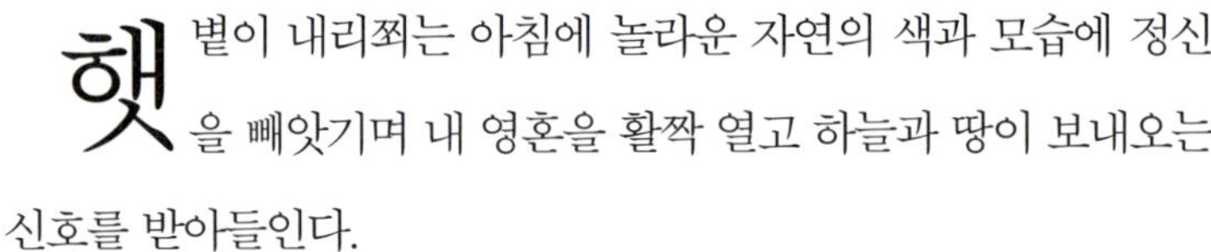

물질과 복사선을 다루는 양자물리학에 의하면 원자 단위에서 일어난 현상은 우리가 살아가는 세상의 법칙과는 다른 법칙의 지배를 받는다.

햇볕이 내리쬐는 아침에 놀라운 자연의 색과 모습에 정신을 빼앗기며 내 영혼을 활짝 열고 하늘과 땅이 보내오는 신호를 받아들인다.

그물을 정리하고 있는 어부를 관찰하다 그물이 만들어진 원리가 궁금해졌다. 모든 씨줄과 날줄이 만나는 곳에는 '매듭'이 있다.

그물을 구성하는 실들은 법칙이 작동하는 원리를 놀라운 방법으로 가르쳐주고 있다. 전체 우주를 정의하는 법칙들은 서로 교차함과 동시에 서로 '침범'하고 있다.

모든 것을 포함하는 질서 사회에 독립적인 법칙은 어디에도 없으며, 전체와 연결되지 않은 법칙도 없다. 법칙들이 교차하는 매듭들은 이러한 법칙들에 의해 발현되는 사건들이다.

실과 매듭은 모든 형태의 사건에서 원인과 효과를 구성한다. 물질과 복사선을 다루는 양자역학에 의하면 원자 단위에서 일어나는 현상들은 우리가 살아가면서 감각기관을 통해 감지하는 세상의 법칙과는 다른 법칙의 지배를 받는다.

이는 정신적일 뿐만 아니라 기계적이기도 한 통일된 우주의 창

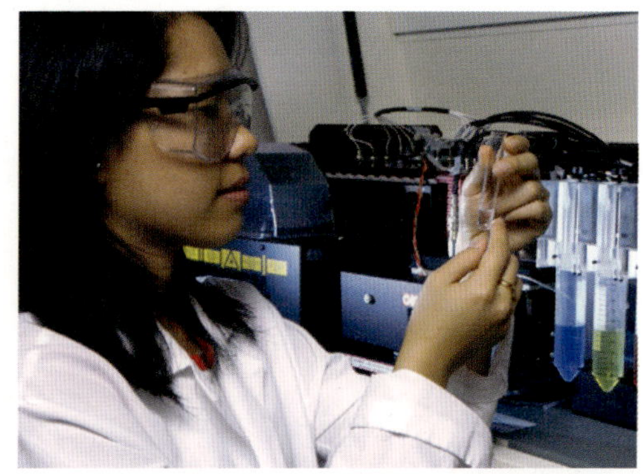

조 규칙에 위배된다.

거시세계와 미시세계 사이의 독립성은 사건을 지배하는 법체계의 비어 있는 간격을 허용하는 것이 아니다.

원자보다 작은 세계의 '작은 크기'에서 일어나는 모든 것은 우리가 감지할 수 있는 '큰 세계'를 구성한다.

그러나 우리는 때때로 우리의 감각으로는 설명할 수 없는 작은 크기에서 일어나는 사건들을 관측한다.

이러한 사건들을 '초감각적'이라고 부른다. 꿈은 설명될 수 없으나, 많은 사람은 그것을 이해하려고 노력한다.

표면적으로 나타나는 최면, 염력, 염력을 이용한 행위, 원격이동 또는 물체의 자동운동을 가능하게 하는 힘의 작용은 보이지 않는다. 과거와 현재에 일어나는 이 모든 것은 강력한 과학적 연구의 대상이 되었고, 때로는 미신의 대상이 되기도 했다.

많은 경우 특정한 형태의 염력에 의한 운동은 감지하기가 매우 어려워 실험실에서 사용하는 정교한 장치나 통계적인 방법 또는 정확도가 매우 높은 과학 장비를 이용해야 측정이 가능하다.

여러 해 전에 유리 겔러^{Uri Geller}는 유럽의 라디오와 방송에 출연해 사람들에게 주방용품에 주목하도록 요구했다. 그리고는 마

그러나 우리는 때때로 우리의 감각으로는 설명할 수 없는 작은 세상에서 일어나는 일들을 관측한다.
과거와 현재의 이 모든 것은 강력한 과학적 연구의 대상이 되고, 때로는 미신이 되기도 한다.

이것은 기본적으로 물체가 중력의 영향 아래 운동하는 우주 공간에서 일어난다.

음의 명령을 이용해 숟가락이나 포크를 휘도록 했다.

그 결과는 놀라웠다. 독일의 바바라 세이드[Babara Said]는 들고 있던 33피스짜리 은제 주방용기가 휘어진 것을 확인하고 소리를 질렀다.

영국의 조지 포터[George Porter]도 자신이 들고 있던 숟가락을 포함해 식탁 위에 있던 금속 주방용품들이 뒤틀리는 것을 놀라서 바

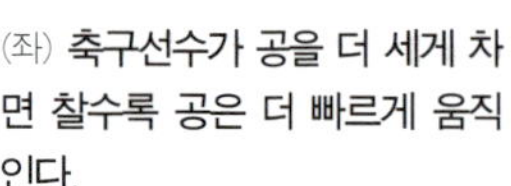

(좌) 축구선수가 공을 더 세게 차면 찰수록 공은 더 빠르게 움직인다.

(우) 만약 우주선을 우주 공간으로 내보내려면 엔진을 시동하는 순간에 노즐을 통해 빠른 속도로 기체를 방출해 강력한 반작용으로 큰 가속도를 달성해야 한다.

라보았다.

영국 하로우의 가정부 도라 포트먼^{Dora Portman} 역시 유리 겔러의 방송에 귀를 기울이며 음식을 준비하고 있다가 국자가 휘어지는 것을 보고 심장마비로 쓰러질 뻔했다.

물리적인 세계에서의 운동은 우리가 감각을 통해 알고 있는 것과 같이 아이작 뉴턴^{Issac Newton}이 발견한 세 가지 운동법칙의 지배를 받는다.

보편적인 중력과 관련된 이 법칙들은 다음과 같다. 첫 번째 법칙에 의하면 힘이 작용하지 않는 물체는 정지해 있거나 보이지 않는 힘에 의해 등속 직선운동을 한다. 이것은 기본적으로 중력의 영향이 무시할 수 있을 정도로 작은 우주 공간에서 일어나는 운동이다.

중력장의 영향 아래 운동하는 지구를 비롯한 태양계 천체들의

(왼쪽 부터) **바바라 세이드, 도라 포트먼, 조지 포터**

원자

원자는 자르거나 쪼갤 수 없다.
소크라테스 이전의 철학자인 루키포스와 데모크리토스는 "원자는 더 이상 쪼갤 수 없는 가장 작은 알갱이로 모든 물질을 구성하는 요소이며, 종류에 따라 모양과 크기가 다르다."고 정의했다.
이 시기의 원자론은 물질을 규명하기 위해 노력한 그리스 문화 전통을 잘 나타낸다.
문제는 물질 속에 영원히 존재하는 것이냐 아니냐 하는 것이었다. "원자는 무한히 작게 나눌 수 있다."는 생각을 받아들이면 물질을 무한히 작게 나눌 수 있다는 것도 받아들여야 한다.
고대의 모든 원자론 지지자들은 원자가 기본적인 성질 (뜨거움, 차가움, 마름, 젖음)을 갖고 있다는 데 동의했다.

운동에서 이것을 쉽게 확인할 수 있다.

뉴턴의 두 번째 운동법칙은 물체에 힘이 가해지면 물체는 힘을 질량으로 나눈 값과 같은 크기의 가속도로 운동한다.

우리는 이것을 일상 경험을 통해 쉽게 확인할 수 있다. 축구선수가 운동장에서 공을 더 세게 차면 찰수록 공은 더 빠르게 움직인다.

뉴턴의 세 번째 법칙은 사람들에게 가장 많은 어려움을 주는 법칙이다. 이 법칙은 모든 작용에는 반작용이 있다고 설명한다.

만약 우주선을 우주 공간으로 내보내려면 엔진을 시동하는 순간에 노즐을 통해 빠른 속도로 기체를 방출해 강력한 반작용으로 큰 가속도를 달성해야 한다.

이 법칙은 원자들이 충돌할 때 어떻게 굴절하는지를 설명해주고, 이러한 충돌을 통해 어떻게 새로운 힘이 만들어지는지를 설명한다.

이제 우리는 이 세 가지 운동법칙들과 연관시키는 가운데 이 법칙들의 '중재'를 통해 열쇠가 어떻게 저절로 휘어지는지를 설명할 수 있고, 재떨이가 어떻게 스스로 움직일 수 있으며, 심지어는 사람이 어떻게 공중 부양을 할 수 있는지도 설명할 수 있다.

자연에서 일어나는 이런 이상한 일들은 모두 자연 현상의 하나로, '중재'를 통해 설명되어야 할 것들이다. 에테르는 이런 전형적

인 것 중의 하나이며, 중재는 각각의 법칙이 공헌한 결과다.

어부들이 사용하는 그물은 우주의 법칙적 조건들이 '공헌'이라
는 방법을 통해 서로 연결되어 뒤섞인 결과를 만들어내는 것을 놀
랍도록 잘 보여주고 있다.

이러한 뒤섞인 법칙 결과는 '법칙들의 독립적인 상태'를 만들어
낸다.

　　법칙들의 독립성을 이해하기 위해 빛의 작용과 관련된 생생한 예를 보여주겠다.

　　우리는 법칙들이 '잠재적으로' 서로 작용하고 절대적인 부동 상태에서 모든 법칙이 동시에 작용하는 반면, 이와는 대조적으로 빛은 시공간에서 '운동하는 가운데' 작용한다는 것을 알고 있다.

　　빛의 파동은 서로 작용하지만, 절대시간과 관련된 빛의 속도는 변화되지 않고 항상 일정하다는 것은 놀라운 일이다.

대조적으로 빛은 시공간에서 '운동하는 가운데' 작용한다.

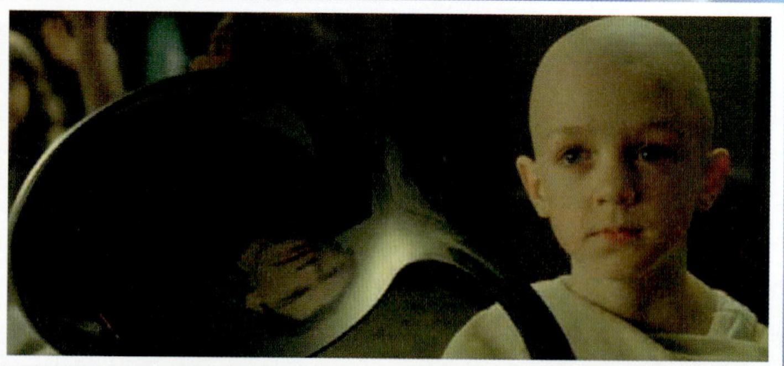

많은 경우 특정한 형태의 염력에 의한 운동은 매우 감지하기 힘들어 실험실에서 사용하는 정교한 장치나 통계적인 방법 또는 정확도가 매우 높은 과학 장비를 이용해야 측정이 가능하다.

제4장
빛의 작용

토머스 영

약 200년 전에 토머스 영 Thomas Young은 '이중 슬릿 실험'을 통해 빛이 파동이라는 것을 증명했다.

영은 일정한 간격을 두고 3개의 불투명한 판을 평행하게 배열한 후 첫 번째 판의 한가운데에 1개의 수직 슬릿을 만들고, 이 첫 번째 판에 단파장의 빛을 비췄다. 광원에서 나온 빛은 첫 번째 판의 슬릿을 통과한 후에 2개의 수직 슬릿이 나란히 있는 두 번째 판을 비췄다.

빛은 두 번째 판의 2개의 슬릿을 통과한 다음 세 번째 판에 도달했다. 그러자 이 세 번째 판에 밝고 어두운 무늬가 나타났다. 이 무늬는 빛이 잔잔한 호수 위를 전파해 가는 물결파와 같이 파동 형태로 전달된다는 것을 증명하는 것이었다.

각각의 슬릿에서 나온 빛들이 만나 상호작용을 한다. 그리고 이러한 상호작용은 놀라운 결과를 만들어낸다.

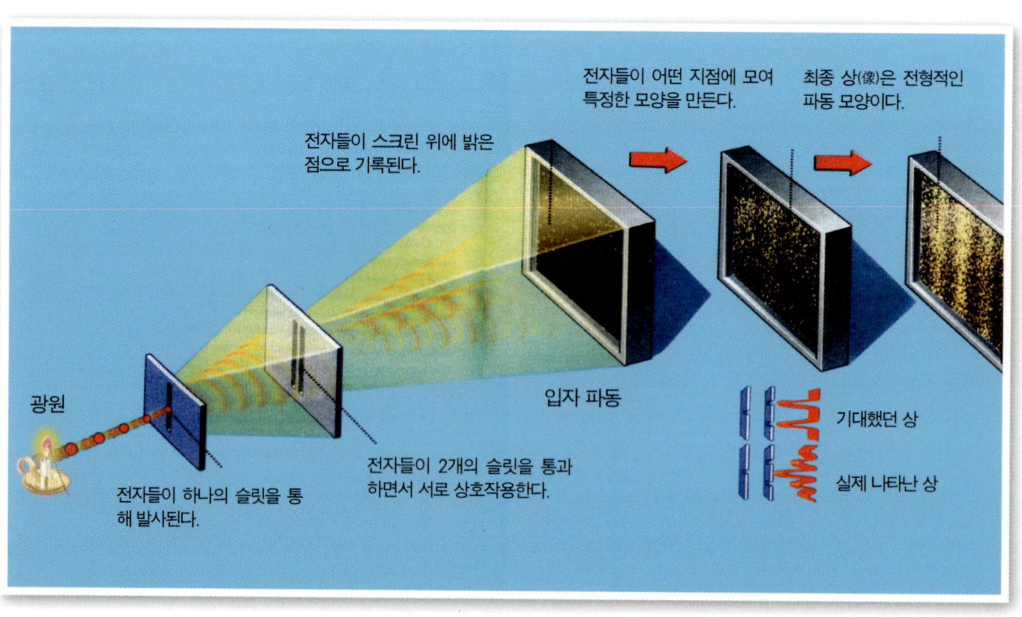

두 빛 파동의 위상이 일치하면 마루가 겹쳐 진폭이 2배로 커지기 때문에 더 강한 빛이 만들어진다. 반대로 두 빛 파동의 위상이 반대가 되면 두 빛이 서로 상쇄되어 빛이 사라지기 때문에 어두운 부분이 만들어진다.

19세기 과학계에서는 두 빛이 합쳐졌을 때 더 밝아지는 대신 두 빛의 상호작용으로 오히려 더 어두워질 수도 있다는 것을 확인하고 할 말을 잃었다.

법칙의 작용에 의해 발생하는 상승작용이나 상쇄작용은 물리적인 사건과 정신적인 사건 사이에서도 일어날 수 있다. 가장 중요한 것은 우리가 살아가는 세상에는 초자연적인 것은 존재하지 않는다는 사실이다.

가장 믿을 수 없는 사건을 포함하여 모든 사건은 자연적인 것이며, 법칙의 작용 안에 통합될 수 있다. 법칙의 작용 아래 사람, 자연, 영혼, 우주, 경험이 존재하고 재구성되는 반면, 독립적인 작용 안에서 모든 것은 유일하고도 영원한 원형에 속하게 된다.

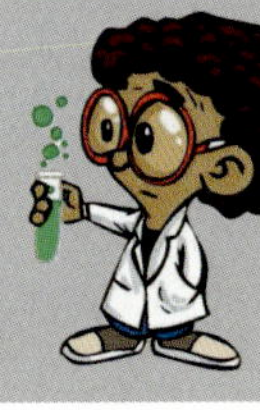

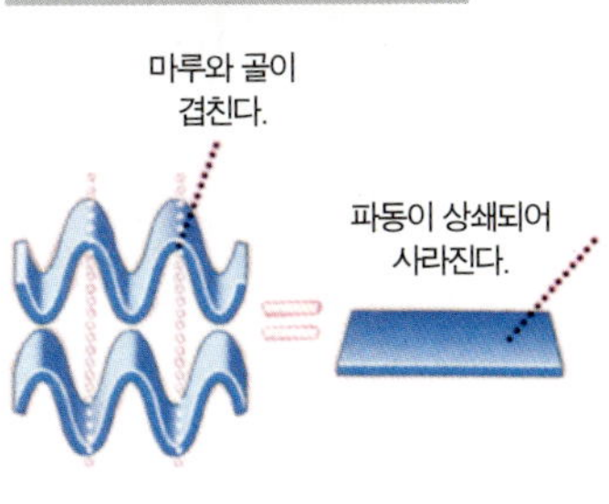

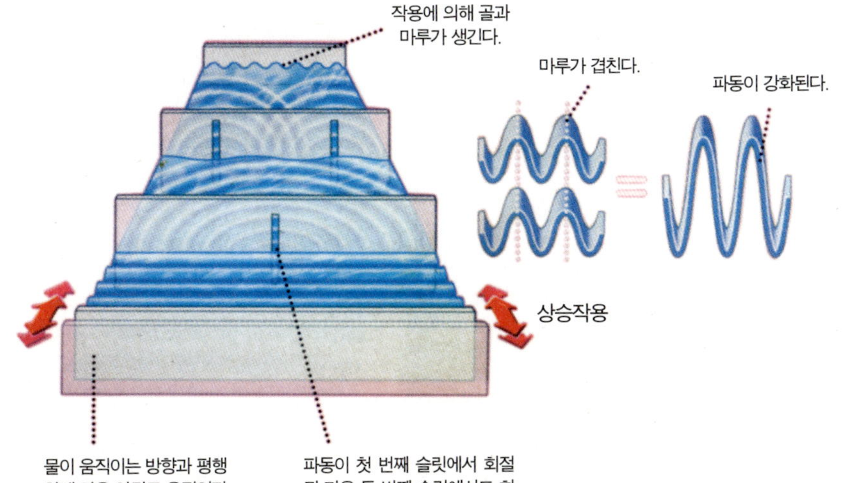

우주 뇌의 비밀

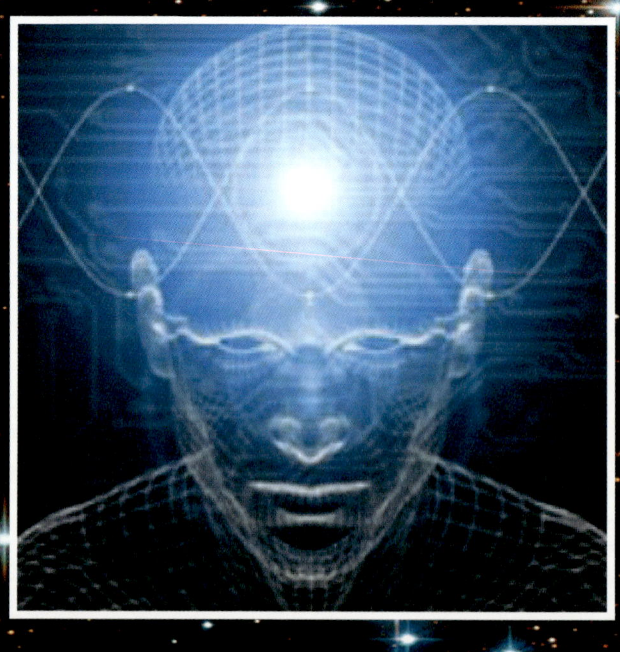

인간

생명체 중에서 가장 위대한 존재는 인간이다. 자연의 모든 존재 중에서 인간은 형태학적으로 그리고 신체와 마음, 영혼의 질적인 면에서 가장 완전한 존재다. 단 하나의 결점은 '사고의 자유'다.

사람은 형태학적으로 질적인 측면이나 진화의 관점에서 동물계의 다른 모든 동물과 큰 차이를 보이고 있다. 직립보행을 하며, 손과 손가락을 창조적인 도구로 자유롭게 움직일 수 있고, 무한한 정보처리가 가능한 복잡한 뇌와 의식을 갖고 있어 자신과 주변 환경을 지배할 수 있을 뿐만 아니라 특히 자기 결정 능력과 이성을 갖고 있다. 또한 인간은 생명을 보존하기 위해 노력하지만, 동물과는 달리 죽음을 생각하고 탐구할 수 있는 지적 능력을 갖고 있다.

인간은 죽음에 대한 탐구와 (생각하는 인간이 살아가고 경험하는) 유한하고 최소한의 환경에 대한 탐구를 통해 철학을 만들어냈다.

동물들은 땅 위에서나 물속에서 주변 환경을 자신들에게 먹이와 물을 제공하는 공간으로만 인식한다.

인간은 수학과 방정식의 대상이 되는 우주를 환경으로 인식한다. 동물은 본능을 통해 경험하고, 인간은 지혜와 논리를 통해 경험한다.

동물의 감각기관은 먹이를 찾아내고 확보하는 것과 직접적인 관련이 있지만, 사람

눈으로 감지할 수 있는 자연을 살펴보면 물속에서 헤엄치거나 땅 위에서 걷거나 하늘을 나는 모든 종種이 뇌를 갖고 있다는 것을 알 수 있다.

뇌는 시각과 청각을 통해 자동적으로 몸의 다른 부분에 다음 순간에 무슨 일이 일어날지를 알려준다. 따라서 몸의 각 기관은 다음 순간에 일어날 일에 대비하기 위해 필요한 준비를 하게 된다.

식물들도 외부 자극에 반응하고 있음에 틀림없다. 아주 단순한 꽃에서부터 열대우림의 거대한 나무에 이르기까지 모든 식물이

뇌를 갖고 있다는 것을 보여준다. 뇌는 꼭 필요한 감각기관들과 함께 자신을 위협하는 위험과 신호에 반응하는 기능을 갖고 있다.

뇌에 대한 개념을 넓히면 우리는 미생물에서부터 대우주에 이르기까지 모두 뇌를 갖고 있다는 사실을 받아들일 수 있다.

그러한 뇌를 인간의 눈으로 이해하기란 어렵다. 그러나 그들의 변화와 운동, 환경에 대한 지식 그리고 그들이 하는 행위들은 그들도 몸의 어느 부분에 뇌를 구성하는 부분과 함께 마음을 갖고 있다는 증거가 된다.

의 감각기관은 뇌와 직접 연관되어 있으며, 물리적·기술적인 수준 모두에서 정신적·정치적·사회적이며 영양과 관련된 일을 한다.

인간의 의식과 마음의 영역은 손으로 만질 수 있는 세상뿐만 아니라 하늘의 세상에까지도 연결된 영혼의 지배를 받는다.

정신적인 존재인 인간은 물질의 핵심으로 파고들어갈 수 있으며, 정신적인 세상과 물리적인 세상의 요구를 만족시키기 위해 글자와 예술 그리고 과학을 만들어내고, 기술과 철학 그리고 정치를 창조해낸다.

플라톤에 의하면 "인간은 위를 향해 똑바로 서서" 눈을 높이 들고 자신을 창조한 역동적인 신성을 바라본다.

식물들도 외부 자극에 반응하고 있다. 이는 아주 단순한 꽃에서부터 열대우림의 거대한 나무에 이르기까지 모든 식물이 뇌를 갖고 있다는 것을 보여준다.

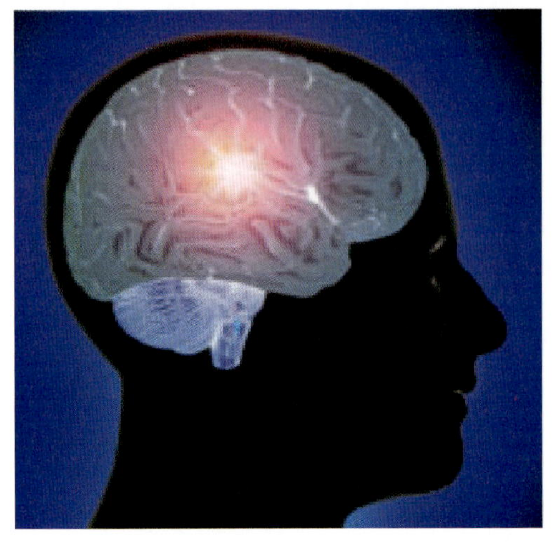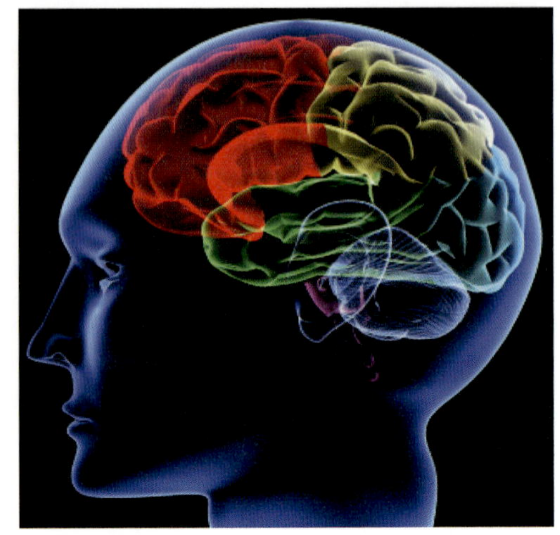

자연에 존재하는 모든 뇌 중에서 가장 뛰어난 것은 사람의 뇌다. 그러나 모든 뇌는 신비한 방법으로 서로 통신하고 있으며, 그러한 통신의 결과가 우주적인 결합과 조화다.

물리적인 세상과 정신적인 세상의 모든 존재와 물체는 뇌를 갖고 있다.

자연에 존재하는 모든 뇌 중에서 가장 뛰어난 것은 사람의 뇌다. 그러나 모든 뇌는 신비한 방법으로 서로 통신하고 있으며, 그러한 통신의 결과가 우주적인 결합과 조화다.

그렇다면 뇌란 무엇인가?

한 지점에서 다른 지점으로 신호를 보내기 위해서는 전선과 안테나가 필요하다. 신호는 파동의 형태로 전달된다. 그러나 송신기와 수신기를 잃어버린다면 파동은 목적지 없이 무한 속으로 빠져들 것이다.

자연과 세상의 감각적이거나 초감각적인 송신기와 수신기가 뇌다. 정신적인 파동이나 빛의 파동은 에너지를 갖고 있지 않는 '양자 파동의 흐름' 형태로, 음파는 매질을 통해 에너지를 전달하는 파동 형태로 방출된다.

그들은 모두 '매질'을 통해 서로 통신한다. 모든 뇌는 신호의 근원으로부터 멀리 떨어져서 독립적으로 주변 세상을 감지할 수 있는 감각을 갖고 있다.

이상하게 들리겠지만, 인도에 사는 수탉의 뇌는 지금 이 순간 이 책을 읽고 있는 독자의 뇌와 '통신 라인'을 갖고 있다.

우리가 커피를 마시기 위해 잔을 들 때, 이것이 정보 형태로 우주의 반대쪽까지 전달된다는 것을 이해해야 한다.

그러나 인도에 사는 수탉이 가진 자유와 이 글을 읽고 있는 독자의 마음의 자유를 어떻게 구별할 수 있을까? 그리고 좀 더 일반적으로 말해서 세상을 구성하는 모든 존재의 작거나 위대한 마음들이 어떻게 공통의 논리에 참여하여 이질적인 구성과 계속적인 변이를 통해 일정하고, 완성되고, 조화로우면서도 완전한 전체를 만들어내는 것일까?

여기에서 우리는 뇌가 존재하는 원인과 그것이 달성해야 할 목적을 찾아보아야 할 것이다.

뇌는 생각을 만들어내고, 때때로 판단하며, 인간성의 한계 안에서 지혜를 만들어낸다.

움직이는 것은 무엇이든지 생각하고, 생각하는 것은 무엇이든지 행동한다. 그리고 행동은 전체적으로 존재의 정신적 능력과 우주의 현상을 나타낸다.

매초마다 조兆에 조를 곱한 만큼 많은 뇌가 만들어내는 우주적인 정신 뒤에는 위대한 감독자이며, 위대한 입법자이고, 창조자인 신이 있다.

자연은 부분적으로 정신적이다. 그러나 지상과 전체 우주에서 그것을 살펴보기 위해서는 모든 법칙을 지배하고, 모든 것의 생명에 활력을 주는 절대적인 정신과 통신하는 것이 필요하다.

이 절대적인 정신, 다시 말해 창조자인 신은 모든 뇌 안에 동시

이상하게 들리겠지만, 인도에 사는 수탉의 뇌는 지금 이 순간 이 책을 읽고 있는 독자의 뇌와 '통신 라인'을 갖고 있다.

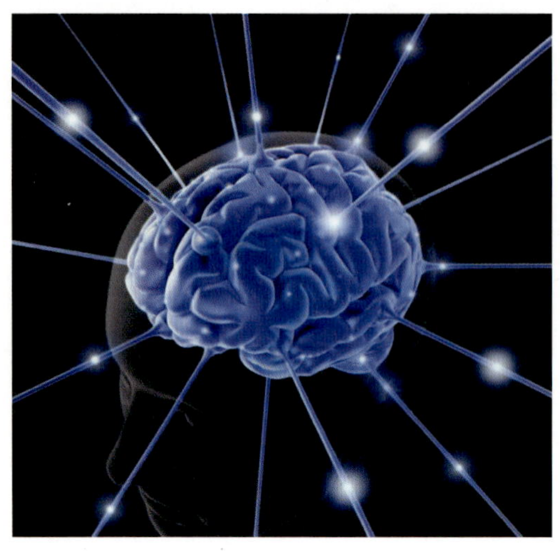

모든 뇌는 신호의 근원으로부터 멀리 떨어져서 독립적으로 주변 세상을 감지할 수 있는 감각을 갖고 있다.

에 존재하며, 모든 법칙의 계속적인 작용을 유지하고, 자연과 세상의 모든 존재를 향한 그의 사랑을 끊임없이 나타낸다. 그는 뇌 안에 사람과 함께 존재하며, 사람 자신이 신과 비슷한 힘을 갖게 될 때 그에게 신성을 부여한다.

일부 과학자들이 "자연은 창조자를 필요로 하지 않는다"고 선언한 것은 과학의 의미를 심하게 훼손하는 것이다.

신성에 대한 믿음은 "우주가 무엇인가?"라는 질문과 함께 생기는 모든 우주에 대한 의문에 답을 제공한다.

그러나 전체 우주에서 각각의 뇌가 달성해야 할 더 깊은 목적은 무엇일까? 지상과 우주의 생명의 일치라는 측면에서 뇌는 우주적인 통신을 가능하게 하는 궁극적인 도구다. 뇌를 통해 조화가 가능하고 기본적으로 생명 자체가 가능하다.

우주는 영혼의 합이 전체를 구성하는 정신적인 존재다. 우주 밖에는 공간도 시간도 없으며 무無밖에 없다. 그러나 무는 말 그대로 비존재이기 때문에 우주적인 '존재', 즉 세상의 전체에는 생각할 수도 없고 존재할 수도 없는 비존재도 포함해야 한다는 플라톤의 견해를 받아들이는 것이 편할 것이다.

이런 방법으로 플라톤은 철학에 이중성을 도입했다. 이중성에 의하면 '모두인 것'은 '아무것도 없는 것'과 같은 것이다. 규율과 법칙, 이데아의 원형인 하늘세계는 뇌를 통해 지상세계와 통신하고 나란히 배열되어야 한다.

신의 뇌는 부분과 전체를 나눌 수 없는 하나로 구성되어 있다.

전체는 합들의 합이다. 절대적인 자의식은 전체 안에서 모든 '것'을 포함하고 있다.

부분은 무한하게 작은 세상으로 분리할 수 있다. 전체를 구성하는 무한히 작은 입자들은 전체와 같은 힘을 가진다.

부분은 모든 메시지, 법칙, 규칙들을 전달하기 위해 영혼의 세상에서부터 물질세계에 이르기까지 전체와 직접 연결되어 있다.

물질 역시 사고로 구성되었다는 사실에도 불구하고 각 물체의 뇌는 순수한 영혼으로 이뤄진 부동 상태의 세상으로부터 또는 그런 세상으로 모든 메시지를 전달하거나 전달받고 있다.

뇌는 몸 전체로 순식간에 정보를 보내거나 몸에서 오는 정보를 받을 수 있는 놀라운 능력을 갖고 있다. 뇌를 통해 부분과 전체를 연결해주는 세 가지 중요한 힘은 동인, 운동 그리고 결합이다.

꽃, 식물, 나무, 동물, 사람 그리고 감각적인 세상의 모든 것은 하늘에서 정해준 생물학적인 규율에 따라 태어나고, 자라고, 죽는다.

이 지상의 뇌는 적당한 법칙을 활성화하여 지상에서 태어나고 자라며, 자연과 세상의 아름다움을 경험하고, 결국은 시들어 우주적인 변화를 남기기 위해 하늘과 직접적인 '통신 라인'을 갖고 있다.

이 가장 기본적인 법칙은 앞에서 언급한 것처럼 동인, 운동 그리고 결합이다.

우주에서 뇌 없이 존재할 수 있는 것은 아무것도 없다. 사람의 뇌는 지상은 물론 하늘에서도 가장 완전하게 작동하고 있을 것이다.

우리는 하늘에서 반짝이는 별들을 보면서 신기해하고, 무지개의 영롱한 색을 보며 마음을 빼앗긴다. 그런가 하면 우리 마음은 거미줄의 복잡한 구조를 보고 감탄하고, 조개껍질의 놀라운 기하학적 구조를 보고 경외심을 가지며, 벌집을 만들어내는 벌들의 지적 능력을 시기한다.

그러나 자연의 모든 존재 안에서 작동하는 눈으로 볼 수 없는 수학과 기하학의 기능에 대해서는 좀처럼 생각하지 않는다.

원리, 원형 그리고 법칙들을 어디에서도 발견할 수 있다는 것은 확실하다. 이 모든 것은 우리가 살아가며 감각할 수 있고 탐구할 수 있는 세상에서 발견되는 그곳에서 유일하며, 절대적인 뇌와 결합되어 있어 생명에 관한 조건들과 암호들을 주고받는다.

이러한 뇌와 전체의 떼려 해도 뗄 수 없는 관계가 본드다. 본드는 신적인 성질을 가진다. 그것은 지상에 속하는 것이 아니다. 우리는 "그것을 어디에서든 발견할 수 있다" 또는 "그것이 어떻게 이뤄져 있다"고 말할 수 없다.

본드는 움직일 수 없는 신성한 세상에서 유래한 하나의 이데아 이며 존재다. 전체 뇌의 세상을 '중심축'이라고 하고 작은 차와 말을 '부분의 뇌'라고 한다면 중심축과 중심축을 중심으로 어린이들을 태우고 돌면서 지상의 생활을 즐기도록 하는 말들과 작은 차들을 연결하는 파이프들이 본드다.

우리는 뇌의 무한한 세계로 깊숙이 들어가야 하고, 우리 영혼의 모든 힘을 다해 무한한 아름다움으로 우리를 둘러싸는 전체 세상이 인간을 사랑하는 신의 세상이라는 것을 믿어야 한다. 사랑! 그것도 유일한 사랑.

신은 미워하지 않고, 스스로 복수하지도 않으며, 자연의 존재와 생명체들을 파괴하지도 않는다. 창조법칙들의 네트워크 안에서 창조자 자신은 우리의 구원을 바라기 때문에 그 길을 확보해놓고 있다. 이는 지상에서 해야 할 일을 하는 것과 함께 회개의 과정을 통해 구원이 이뤄진다.

우리는 회개의 시작과 끝이 우리의 사고 속에서 발견된다는 것을 이해해야 한다. 우리의 '자아' 안에서.

전체 뇌의 세상을 '중심축', 작은 차와 말을 '부분의 뇌'라고 한다면 중심축과 말들과 작은 차들을 연결하는 파이프들이 본드다.

제6장
우주의 법칙들

우주의 구조와 모양을 설명하는 어떤 이론도 실험을 통해 증명할 수 없다는 것은 틀림없는 사실이다.

대부분 물리학자들은 오늘날까지 "우주가 어떻게 존재하는가?"를 설명하는 모델들과 함께 다양한 이론을 발전시켰다. 그러나 "왜 우주가 존재하는가?" 하는 문제는 어떤 과학자도 심각하게 다루지 않았다.

우주의 구조와 모양을 다룬 어떤 이론도 실험으로 직접 확인할 수 없다는 것은 명백한 사실이다. 그것은 관측하고 연구하는 사람 자신도 그 안에 있을 뿐만 아니라 그것을 정의하는 무한 안에 동시에 존재한다는 단순한 사실 때문이다.

만약 "세상은 무한으로부터 유래되었다"는 오래전 그리스의 이론을 받아들인다면 우리는 빅뱅과 빅크런치의 신화를 거부할 진지하고 신빙성 있는 이유를 갖게 된다.

그러나 빅뱅을 거부하는 다른 논리적 이론은 일부 과학자들이 열정적으로 근거를 만들려고 노력하는 법칙과 우주 자체 사이의 관계다.

오늘날까지 대부분의 과학은 법칙의 지배를 받고 있
는 우주를 다뤄왔을 뿐 우주를 정의하고 지배하는 법
칙 자체를 다루지는 않았다. 우리는 우주를 구성하는
세상의 전체성을 존재하도록 하는 법칙의 존재 이유의
핵심을 볼 수 있어야 한다.

우리가 가장 먼저 이해해야 할 핵심은 우리의 오감
을 통해 감지할 수 있는 물리적 세상에 살아가고 있다
는 것이다. 그러나 이 세상의 조건을 정하고 삶에 영향
을 주는 사건들을 만들어내는 법칙들은 어디에나 존재
함에도 눈으로 볼 수 없고, 결정할 수 없다.

눈으로 볼 수 있는 세상의 모든 것은 보이지 않는 법칙의 지배를 받는다. 과학은 보이는 것을 다루고 연구한다. 연구가 진행됨에 따라 결국은 어떤 사실을 증명하게 되어 특정한 법칙으로부터 유도되는 결과를 발견하게 된다는 것은 확실하다. 그런데 이때 법칙 자체를 정의하는 원인과 성격에 대해서는 전혀 다루지 않은 채 그런 과정이 이뤄진다.

아낙시만드로스는 신학으로 우주를 파악했다. 그리고 신을 인격적인 존재가 아니라 무한의 또 다른 이름, 즉 '신성'이라고 했다.

모든 존재의 시작은 그것으로부터 하늘이 창조된 무한이다. 어디에서 존재의 창조가 이뤄지든지 그곳은 우주의 조화와 절대적인 질서를 위해 그것이 파괴되는 바로 그 장소여야 한다.

아낙시만드로스가 받아들였던 탈레스의 원리에 의하면 무한은 공간적으로 한계가 없고, 스스로 만들어지며, 스스로 존재하고, 소모되지 않으며, 완전하다. 세상을 구성하는 모든 존재는 세상 자체와 함께 무한에 근원을 두고 있다.

그리고 무한은 역동적이고, 통일되어 있으며, 분리될 수 없는 것이기 때문에 동시에 가늠할 수 없으며 신성의 껍질 안에 갇혀 있다.

아낙시만드로스는 '세상의 시작'은 직접적이거나 간접적인 방법으로 증명될 수 없다고 강력하게 믿었다. 왜냐하면 자연과 우주를 구성하는 모든 조각은 '단일 원리'로 이뤄졌기 때문이다.

이 원리는 완전하고 절대적인 법칙성 안에 숨겨져 있다. 완전한 법칙성은 스스로 존재하며 양적인 면에서 무한하고, 질서를 유지하며 모든 것을 하나로 통합한다.

무한과 법칙은 부동 상태에 있는 세상의 '가능성'과 동적인 세상의 '활동성'을 그려 넣은 지도를 정의하는 절대적인 힘이다. 두 세상은 모두 무한으로 이뤄진 공동체에 속한다.

우리 시대의 과학자들이 저지르는 가장 심각한 실수는 '과학적 정당성'을 '신학적인 정당성'과 분리한다는 것이다. 이것은 과학자들이 법칙은 믿으면서 법칙을 있게 한 존재는 믿지 않는다는 것을 의미하며, 효과는 믿으면서 원인은 믿지 않는다는 것을 의미한다. 또한 창조는 믿으면서 창조자는 믿지 않는다는 것을 의미한다.

때때로 역설적이지만 그들은 '만화'를 통해 과학과 종교를 결합하려는 사람들을 조롱하고, 모든 방법을 동원하여 세상에 대한 해석이나 설명에서 신학적인 견해를 폄하한다.

우리는 이것을 단순히 의도적이거나 우연한 실수가 아니라 심리학에서 자주 다뤄지는 지적인 결함 때문이라는 것을 분명하게 받아들여야 한다.

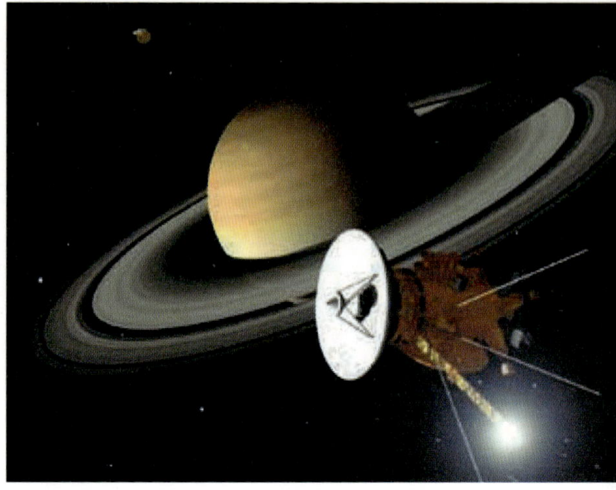

무한을 구성하는 모든 요소의 '자연적인 특성'에 의해 세상의 전체성 안에서 부분과 전체는 상호보완적이다.

영혼의 눈으로 어떤 것도 탐구하고 싶어 하지 않거나 탐구할 능력이 없는 '얼어붙은 과학자'에 의해 자연의 작품을 비영혼화하는 것은 그가 추구하고 있는 과학 자체를 불완전한 것으로 만들고 있는 것이다.

만약 자연이나 우주에서 일어나는 사건들이 영혼이 없는 우주 기계의 작용에 의한 것이라면 우리는 우연히 존재하게 된 태엽으로 작동하는 장난감에 불과하며, 우연에 의해 세상과 분리될 것이다. 지구 자체도 단순히 역학적인 원인에 의해 태양 주위를 돌고 있을 뿐이고, 우리는 우연히 그 위에 살게 되었을 뿐이다.

그 대신 우리를 둘러싸고 있는 놀라운 세상과의 통합을 감지할 수 있고 과학적인 연구와 영혼에 대한 연구를 연결할 수 있다면 - 만약 우리가 우주적인 법칙이 우리 밖에서뿐만 아니라 우리 안에서도 발견할 수 있다는 것을 알고 그것과 하나가 될 수 있다면 - 우리는 진정한 과학자로 자연을 만들고 우주를 존재하도록 하는 법칙을 설명할 권리를 갖게 될 것이다.

우리가 동적인 세상과 부동 상태의 세상으로 이뤄진 이중세상

의 전체 너비를 감지할 수 있다면 – 다시 말해 신성과 지각할 수 있는 것들이 모두 무한과 법칙성으로 이뤄졌다는 것을 알게 된다면 – 우리는 그들의 중요성을 좀 더 완전하게 판독하여 더 많은 정보를 얻을 수 있을 것이다.

무한은 시작이 없다. "아무것도 없는 것에서는 아무것도 나오지 않는다"고 한 루크레티우스Lucretius의 주장에서 알 수 있는 것처럼 우주의 빅뱅이론은 법칙론적으로 보나 과학적으로 보나 지지할 수 없는 이론이다. 이러한 사실은 철학이 '밖에서 안'을 들여다볼 때에만 볼 수 있는 것이다.

무한의 구조를 이루는 모든 요소는 '성격상' 부분과 전체가 동질적인 것으로 세상의 전체성과 관련이 있다.

우주의 구성 요소들이 모두 동질적인 것이라면 정신을 이론화하고 우주에 참여하여 인간의 이해를 확장할 때에만 우주를 이해할 수 있게 된다.

우주를 구성하는 법칙들은 절대적인 지성이다. 절대적인 지성은 유일하고 영원한 원형이다. 그것은 전체성으로는 설명할 수 없으며 부분으로만 나타낼 수 있다.

　지성을 통해 우주의 자아를 찾아내기 위해서는 영혼을 통해 신을 찾아야 한다는 것을 확실하게 해둘 필요가 있다. 우주를 구성하는 물질은 신을 구성하는 물질이며, 영혼을 구성하는 물질은 지성을 구성하는 물질이다.

　우주의 물질이 지성에 참여할 뿐만 아니라 지성 자체도 구조적으로 물질을 구성하고 있다. 우주는 철학의 범주 안에서만 정의될 수 있으며, 어떤 수학적 그리고 기하학적 설명도 우주를 제대로 나타낼 수 없다.

　소크라테스 이전 철학자들은 모든 우주의 속성에 대해, 다시 말해 우주적인 상수와 관련해서 다음과 같은 범위 안에서 만장일치로 동의했다. "우주와 무한은 동일한 물질로 이뤄졌다. 그것들은 하나로 통합되어 있으며 상수이고, 나눌 수 없고, 균일하며, 일정하다. 그리고 그것들은 태어나지 않으며, 시작이 없고, 파괴할 수 없으며, 완전하다. 그들은 부분인 동시에 전체다."

　아리스토텔레스는 자신의 저서를 정리한 물리학에서 철학적인 격언을 이용하여 빅뱅에 대한 생각을 이렇게 비판했다. "시작과 끝은 무한의 개념을 부정한다. 따라서 우주에는 시작과 끝이 있을 수 없다."

　법칙을 나타낸 우주의 정신적인 합목적성은 완전하고 영원한 우주 안에서 일어나는 놀라운 진화와 퇴화 과정에서 나타나는 물리적 창조를 설명한다.

제7장

운동 상태와 부동 상태

태양빛 실험

부동 상태에 있는 사람은 그 옆에서 보통 속력으로 움직이는 사람과 비교하면 움직이지 않는 사람이다.

그러나 부동 상태에 있던 사람이 갑자기 빛의 속도로 움직이면 그 옆에서 보통 속력으로 움직이던 사람은 부동 상태에 있던 사람이 볼 때 더 이상 존재하지 않는다.

결론: 부동 상태는 세상의 존재와 물체들이 움직이는 속도와 비교해서 결정된다.

부동 상태인 사람과 비교해 계속적으로 위치를 바꾸는 사람이 운동 상태에 있는 사람이다.

운동 상태에는 한 지점에서 다른 지점으로의 계속적인 이동뿐만 아니라 일반적인 '시간', 즉 '현재 시간'의 흐름 속에서 물질이 계속적으로 변화하는 것과 형식이 변화하는 것도 포함된다.

만약 부동 상태에 있는 사람이 자신이 실제로 존재할 뿐만 아니라 – 반면에 운동하는 사람은 환상이고 – 자신을 부동 상태에 있도록 하는 것의 존재를 증명하고 싶다면 그 증명을 완전히 이해하기 위해 존재론적 증명을 확실하게 해야 한다.

부동 상태에 있는 사람이 운동 상태에 있는 사람과 함께 새벽 일정한 시간에 여행 준비를 끝내고 그들을 기다려주는 빛에 올라탄다고 생각해보자. 그들이 빛에 올라타자 여행이 시작되었다.

실험을 이해하기 쉽도록 하기 위해 빛이 초속 30만km인 최종 속도에 다다를 때까지 자동차의 속도계가 증가하는 것과 같이 일정한 비율로 가속된다고 가정하자. 빛은 이미 출발했다. 부동 상태에 있는 사람은 '내부적으로' 운동하는 사람을 관측한다. 운동 상태에 있는 사람은 부동 상태에 있는 사람을 외부적으로 본다. 그리고 두 사람은 미리 준비한 자신의 안경을 통해 함께 자연과 세상을 본다.

운동 상태에 있는 사람은 자신의 안경을 통해 길이, 너비, 높이라는 3차원 세상과 계속적인 변화를 본다.

부동 상태에 있는 사람은 자신의 안경을 통해 변화가 없는 일정한 세상을 다차원, 특히 깊이 차원에서 존재의 핵심과 물질 자체를 본다.

잠시 후에 빛의 속도가 증가하자 운동 상태에 있는 사람은 차츰 부동 상태에 있는 사람을 또렷하게 볼 수 없게 된다.

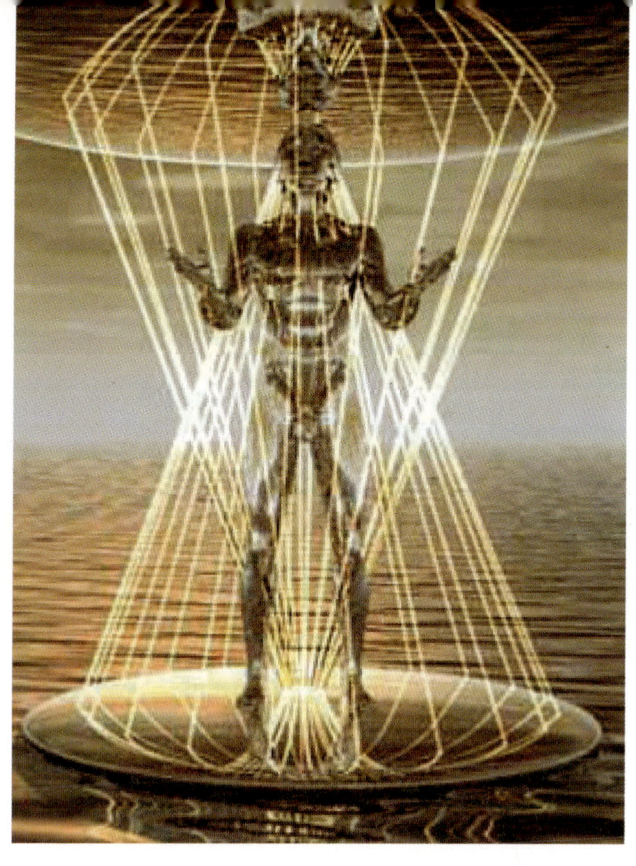

운동 상태에 있는 사람은 자신의 안경을 통해 길이, 너비, 높이가 있는 3차원 세상과 계속적인 변화를 볼 수 있다.

부동 상태에 있는 사람의 시계는 운동 상태에 있는 사람의 시계가 작동을 멈추는 순간 움직이기 시작한다.

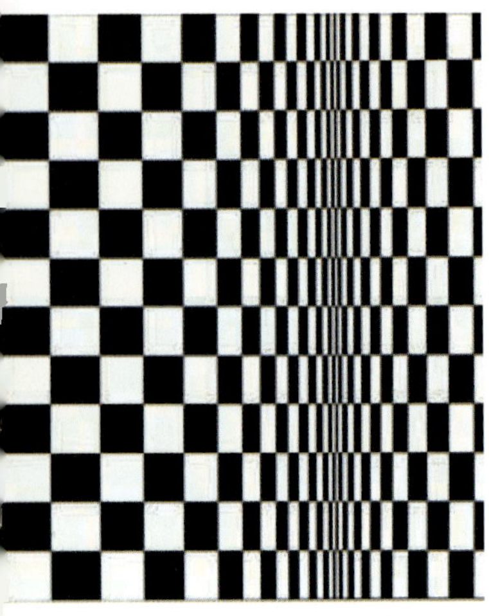

운동 상태와 부동 상태가 무엇인
지를 이해하기 위해서 관측자는
세상의 '내부'를 볼 수 있는 '적당
한 안경'을 써야 한다.

이와는 대조적으로 부동 상태에 있는 사람은 운동 상태에 있는 사람을 점점 더 또렷하게 볼 수 있다. 그는 자신의 안경을 통해 점점 더 분명하게 볼 수 있다는 것과 속력의 증가로 운동 상태에 있는 사람이 자신을 잘 볼 수 없다는 것을 알고 있다.

부동 상태에 있는 사람이 차고 있는, 반대 방향으로 가는 시곗바늘을 가진 시계가 움직이기 시작한다. 그 순간 운동 상태에 있는 사람의 시계가 작동을 멈춘다. 과거의 흐름을 나타내는 시계와 미래의 흐름을 나타내는 반대 방향으로 가는 시계의 두 시곗바늘은 0(지상의 시계가 12시를 가리키는 지점)에서 만난다. 이것은 부동 상태에 있는 사람에게는 시간이 영원하다는 것을 의미한다. 그렇다면 빛을 타고 날아가는 사람들이 지나가는 자연과 세상에는 어떤 일이 일어날까?

여행을 시작할 때 운동 상태에 있는 사람의 감각은 물리적 세상의 아름다움을 즐겼다. 속력이 증가함에 따라 움직이는 사람의 감각은 점점 힘을 잃게 되고 물리적인 세상은 그의 안경을 통한 시야에서 점점 사라지게 된다. 그리고 지상의 시계가 멈추는 순간 운동 상태에 있는 사람은 자신이 객관적인 실재 세상에 들어왔다는 것을 알게 된다.

그는 빛을 타고 하는 여행을 시작하기 전에 이미 자신을 포함한 모든 것이 환상이라는 것을 알고 있었다.

그는 점점 사라지는 3차원 세상 대신에 이제 존재의 물질 깊이가 중요한 역할을 하는 다차원 세상이 나타나는 것을 알게 된다.

이때 엄청난 힘이 운동 상태에 있는 사람의 동료 승객인 부동 상태에 있는 사람과 함께 존재할 수 있도록 잡아당기고 있다.

두 몸이 하나가 되는 순간, 이전에 운동 상태에 있던 사람은 자신을 이루는 물질의 깊이 속에서 자신이 알아차리지 못한 채 부동적이었다는 것을 깨닫게 된다.

일반적인 관측자가 부동 상태와 운동 상태가 무엇인지를 이해하기 위해서는 '적당한 안경'을 써야 한다. 그렇게 함으로써 그는 세상을 '내부적'으로 볼 수 있다. 그리고 '적당한 시계'를 차야 '영원한 시간'과 '즉시적인 시간'을 구별할 수 있다. 이것은 운동 상태에 있는 것과 부동 상태에 있는 것의 살아 있는 예다.

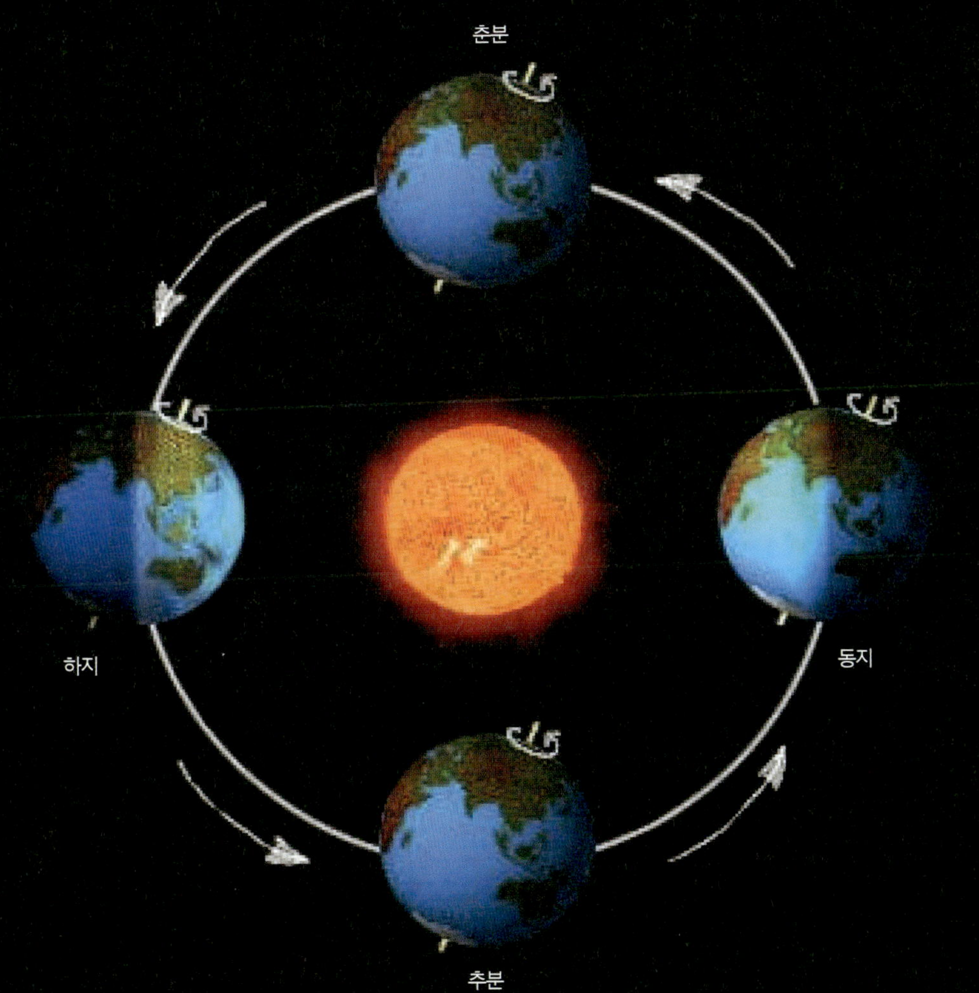
춘분
하지
동지
추분

따라서 아름다운 바닷조개 같은 운동 상태에 있는 모든 '존재'는 마찬가지로 부동 상태에 있는 정신적인 물질로 만들어졌다.

만 약 법칙들이 '존재'한다면 그것들은 어딘가에 기록되어 있어야 하고, 그것들의 작용은 움직이는 현상을 통해 증명되어야 한다.

모든 사물이 움직이는 것은 법칙들이 '잠재적으로' 활동적이기 때문이다. 법칙의 테두리 밖에서 일어나는 운동은 없다. 법칙들은 부동 상태를 '금지'한다.

부동 상태에 있는 것은 '완전하게 스스로 의식적'이기 때문에 법칙은 그것의 발현이다.

그러나 법칙의 활동성은 변함없는 배경을 이루는 부동 상태에 있는 바탕을 필요로 한다.

움직이는 것은 모두 법칙을 따르기 때문에 자신의 프로그램을 갖고 있다. 프로그램은 부동 상태에 있다. 움직이면 그것은 프로그램이 아닐 것이다.

아무도 법칙을 '볼' 수 없지만, 법칙의 영향 밖에서는 잠시도 살 수 없다. '프로그램은 존재하고 존재해야 하며' 존재한다면 그것

은 적용되는 모든 법칙의 구조를 포함해야 한다. 따라서 프로그램과 법칙들은 하나가 된다. 그것은 마치 전자와 양성자가 움직이는 것과 같다.

양성자가 운동하는 동안에 프로그램은 일정하게 부동 상태를 유지한다. 간단히 말해 운동 상태에 있는 것은 일정한 프로그램을 통과하지만, 프로그램은 절대로 운동 상태에 있는 것을 따라가지 않는다. 좀 더 간단히 말하면 지구는 태양 주위를 공전한다. 지구의 궤도는 무한한 법칙들을 적용하여 짠 프로그램에 바탕을 두고 있다.

법칙들은 존재하고, 그들은 일정한 존재로 부동적이며, 부동 상태에 있는 바탕을 이룬다. 지구는 프로그램에 따르지만, 프로그램에 영향을 주지는 못한다. 따라서 물체는 운동 상태에 있지만 '부동 상태'에 있는 것 안에서 움직이고 있음을 알 수 있다.

따라서 운동 상태에 있는 것은 무엇이든지 법칙의 부동 상태에 있는 체계 안에서 궤도를 따라 움직인다. 그러므로 운동성은 부동성으로 인해 나타난다고 할 수 있다. 그러나 동시에 부동성은 우주에서 움직이는 모든 것의 프로그램을 설계하고 법칙을 적용하며, 궤도를 정하고 운동을 구성한다.

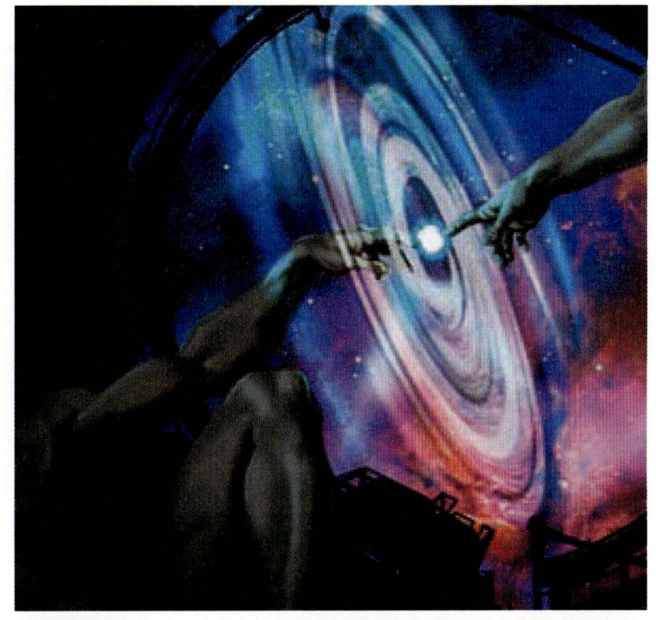

통일과 전체 입장에서 보면 엠페도클레스가 주장한 세상의 존재는 파르메니데스가 정의한 것과 같이 부동 상태에 있으며, 부패하지 않는 것으로 받아들여질 수 있다.

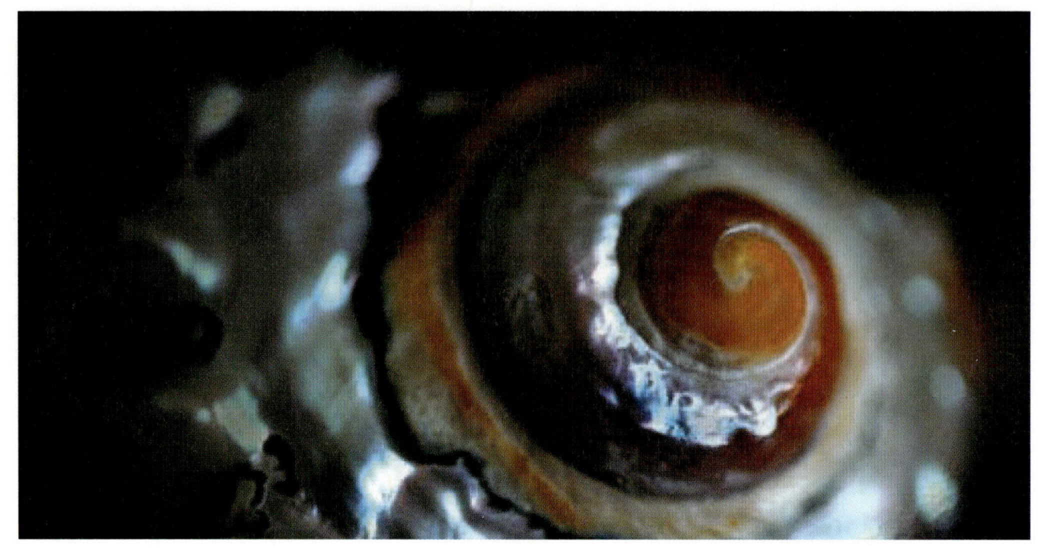

부동 상태는 순수한 지성을 구성한다.

그러나 운동 상태에 있는 것이 지성 – 다시 말해 부동 상태에 있는 것 – 이 정해놓은 프로그램을 따라가기 위해서는 ‘존재’를 통해 그것을 정신적으로 분별할 수 있어야 한다. 정신적으로 그것을 분별할 수 없으면 – 다시 말해 부동 상태에 있는 의식의 ‘존재’에 의해 유도되지 않으면 – 운동 프로그램을 따라갈 수 없고 붕괴하게 된다.

따라서 모든 운동 상태에 있는 것들의 ‘존재’ – 예를 들면 아름다운 바닷조개의 껍질을 이루는 물질 – 는 부동 상태에 있는 것과 동일한 정신적인 물질로 만들어졌다.

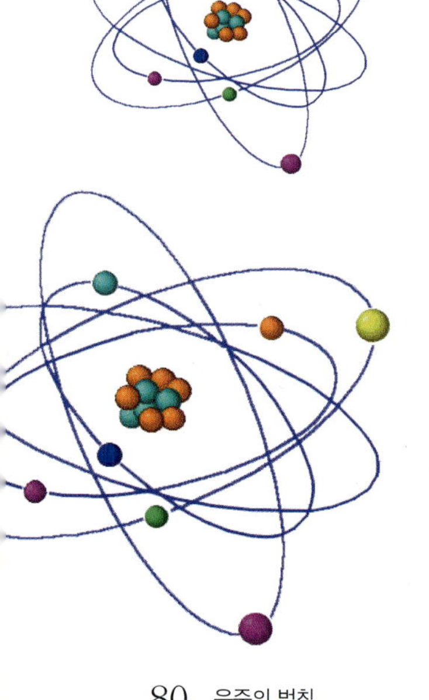

그러나 모든 운동 상태에 있는 것들의 ‘존재’는 아리스토텔레스의 말처럼 물질과 형식의 복합적인 결합으로 이뤄졌다. 그는 물질이 형식과 마찬가지로 태어나지 않으며 성스러움을 갖고 있다고 주장한다. 실제로 물질도 태어나지 않으며 영원하다. 형식과 물질은 모두 태어나지 않는데, 그 이유는 영원히 정신적인 물질인 부동 상태에 있는 존재에서 유래했기 때문이다.

정신적인 물질은 우주의 기본적인 구성 물질인 양성자, 중성자, 전자 같은 정신적인 '기관지' 모양을 하고 있다. 양성자, 중성자, 전자는 항상 정신적인 설계와 구조를 통해 92가지 기본적인 화학적 결합을 만들어내고, 이들은 우주를 존재하도록 하며, '우주가 현재 상태'로 존재하도록 한다.

통일과 전체라는 맥락에서 보면 엠페도클레스가 주장한 세상의 존재는 파르메니데스가 구체적으로 정의한 것과 같이 움직일 수 없으며 부패하지 않는 것임을 알 수 있다. 그러나 '적합성'의 요구에 의해 발생하는 부분의 변화 가운데 실재를 알아내는 것은 헤라클레이토스의 우주론에 의해서다.

운동의 가능성은 실재를 구성하지 못한다. 반대로 운동의 가능성은 환상을 만들어낸다. 유일한 실재는 부동 상태에 있는 것이어야 한다. 운동 상태에 있는 것들은 모두 형식을 구성하는 정신적인 물질 안에서 살아 있다고 간주된다. 살아 있는 형식의 영혼 물질의 기본은 부동 상태에 있는 것이다. 이 형식은 어떤 운동 상태에 있든지 영원하다고 할 수 있다.

그것은 또한 정신적인 물질인 형식으로 구성되었기 때문에 영원하다.

세상의 물체들은 창조의 주체이면서 가장 높은 상태에 있는 존재인 사람과의 관계를 통해서만 설명할 수 있다. 사람은 우주의

운동의 가능성이 실재를 구성하는 것은 아니다. 반대로 그것은 환상을 만들어낸다.

알려진 부분에서 유일하게 부동 상태에 부여된 세상의 전체성을 '알고' 있는 존재다.

문제는 사람들이 자신 안에 이데아의 세계와 원형에 대한 우주적인 지식을 '보유'하고 있다는 것을 모른다는 사실이다. 그리고 이러한 지식에 접근하는 유일한 길은 자신의 특성 안에 포함된 운동 상태에 있는 부분과 부동 상태에 있는 부분을 이해하려는 노력뿐이라는 것을 모른다는 것이다.

낮은 수준에서라도 이러한 이해가 이뤄지면 그리고 그러한 지식에 참여하게 되면 그는 정신적인 사고만으로도 감지할 수 있는 모든 것을 움직일 수 있다.

운동 상태의 원리는 정신적인 가능성을 나타내는 핵심적인 것이다. 뇌의 활성화를 이용하여 세상의 물건을 움직일 수 있는 능력에는 한계가 없다.

신성한 물질은 개인들의 마음을 활성화시킨다. 개인의 마음은 우주법칙에 대한 참여를 이해하고 그것을 통해 작용하고 움직일 수 있다.

사람의 궁극적인 목적은 부동 상태에 있는 것에 자신의 동적인 속성을 동화시키는 것이다. 그런 후에야 그에게 불멸성이 주어질 것이다.

부동 상태에 있는 것은 우주를 가득 채우고 있는 무한한 장場인 에테르를 이용하여 확인할 수 있다. 에테르는 고대 그리스의 뛰어난 철학자들이 공통적으로 갖고 있던 생각이다.

최종 결론을 말하자면 우리 인간은 육체적으로나 정신적으로 엄청난 능력을 갖고 있다. 우리는 물리적인 법칙을 어기지 않으면서도 인간 능력의 한계를 뛰어넘어 진정한 초인간의 경계에 도달한 사람들의 예를 통해 그것을 확인할 수 있다.

티아나의 아폴로니우스 현상

사람의 뇌가 다른 공간에서 일어나는 사건과 교신한다는 것은 역사적으로나 과학적으로 증명된 사실이다. 여기서는 원거리에서 통신한 확실한 두 가지 예에 대해 알아보자.

첫 번째 경우는 유명한 철학자였으며 마술사이자 영웅이었던 티아나의 아폴로니우스에게 일어났던 일이다. 이 티아나 출신의 철학자는 자신이 살았던 나라에서 일어난 원거리 통신 이야기로 세상을 깜짝 놀라게 했다.

에페우스에 있던 크시스테의 정원에서 연설하던 아폴로니우스는 갑자기 자신의 목소리가 나오지 않는 것을 느꼈고, 몸이 떨렸으며, 단어의 혼돈 현상도 겪었다.

그러다 어느 순간 그는 땅바닥을 노려보며 앞으로 몇 걸음 걸어가 "폭군을 쳐라!" 하고 외쳤다.

아폴로니우스는 도미시안 황제의 암살을 공간적으로 멀리 떨어져 있던 크시스테의 정원에서 목격한 것이다.

에페우스의 사람들은 연설자가 갑자기 벌떡 일어나 이상하게 행동하자 깜짝 놀랐다.

한참 후에 그는 손을 높이 들고는 "에페우스 사람들아, 용기를 가져라. 오늘 폭군이 암살당했다. 아데나에 의해 그는 암살되었다. ……내가 연설을 중단하기 직전에" 하고 말했다.

며칠이 지나 도미시안 황제가 아폴로니우스가 말한 그날 그 시각에 처형되었다는 소식이 전해지자 에페우스 사람들은 놀라지 않을 수 없었다.

그리고 이 위대한 영혼의 투시는 일종의 신앙 형태로 후세 사람들에게 전해졌다.

이 이야기는 필로스트라토스^{Philostratos}가 쓴 《아폴로니우스의 생애》라는 책에 기록되어 있다.

도미시안 황제

티아나의 아폴로니우스

로마에서 일어난 도미시안 황제의 암살

제10장

스베덴보리 현상

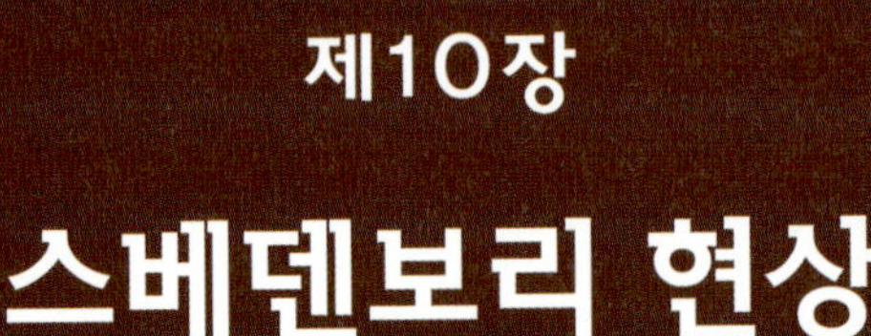

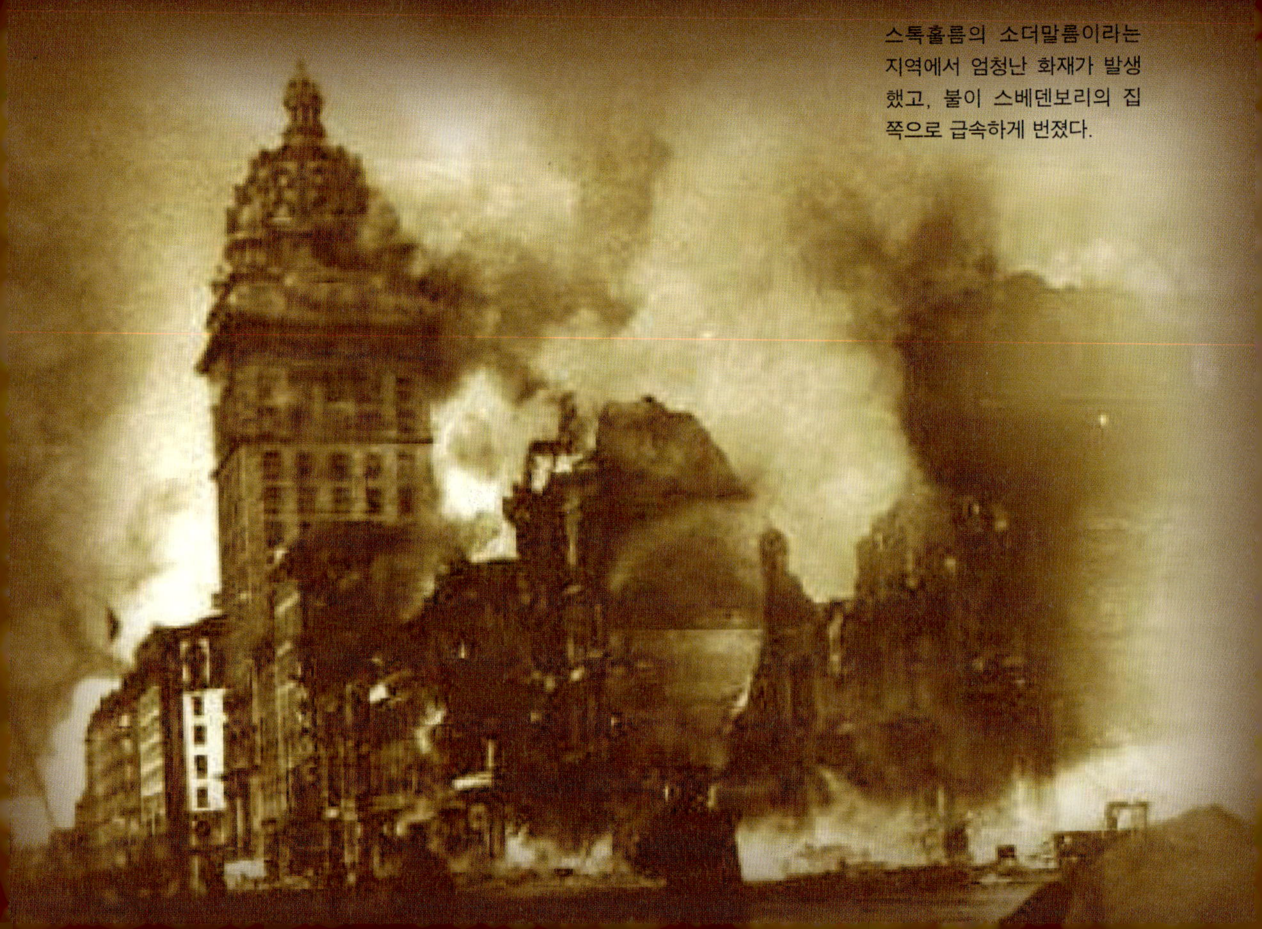

스톡홀름의 소더말름이라는 지역에서 엄청난 화재가 발생했고, 불이 스베덴보리의 집 쪽으로 급속하게 번졌다.

스베덴보리^{Swedenborg} 현상은 현대에 보고된 가장 의미 있는 시각의 원거리 전달 현상일 것이다.

18세기에 '제2의 시각'으로 유명했던 스베덴보리는 약 140㎞ 떨어진 곳에서 스톡홀름의 대화재를 목격했다.

철학자 칸트는 사건이 일어난 스톡홀름에 사는 친구의 도움을 받아 이 사건을 심도 있게 조사한 후 친구에게 편지를 보냈다.

"내가 당신에게 알려주려고 하는 사건은 확실한 증거가 있는 것으로 의심받을 만한 어떤 것도 없습니다."

1759년 9월 말 어느 날, 오후 4시경에 스베덴보리는 영국에서 고테보르그로 돌아왔다. 윌리엄 캐슬이 스베덴보리를 자신의 집에서 열리는 환영 파티에 초대했는데, 이 자리에는 다른 15명의 사람들도 초대되었다.

임마누엘 스베덴보리

윌리엄 캐슬

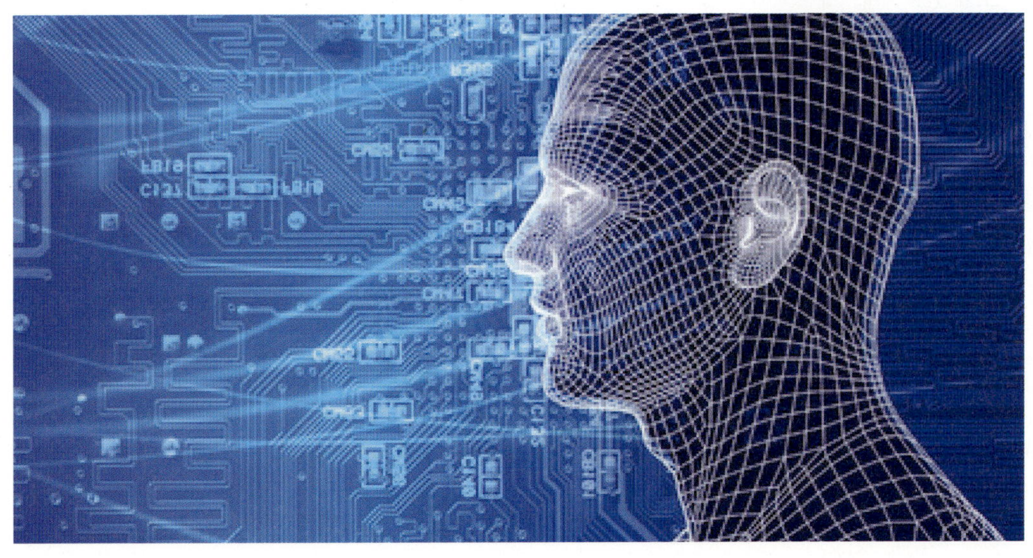

오후 6시경 정원으로 나갔던 스베덴보리가 창백한 얼굴로 집안으로 돌아와 몸을 떨면서 스톡홀름의 소더말름이라는 곳에서 커다란 화재가 발생했고, 불이 자신의 집 쪽으로 급속히 번지고 있다고 말했다.

스베덴보리는 자신의 친구 집이 불타고 있으며 자신의 집도 위험에 처해 있다고 말했다. 그리고는 마음의 안정을 찾기 위해 다시 정원으로 나갔다가 돌아오더니 "신의 은총으로 저희 집에서 세 집 떨어진 곳에서 불이 진화됐습니다"라고 안도하며 말했다. 같은 날 저녁, 이 도시의 시장은 실제로 화재가 있었다는 보고를 받았다.

다음 날 아침, 스톡홀름으로부터 고테보르그에 메시지를 전해주는 상인이 도착했다.

수신자에게 전해준 편지에는 스베덴보리가 이야기했던 날 그 시간에 실제로 화재가 있었다는 내용이 쓰여 있었다.

그 후 스베덴보리 현상은 전 유럽의 과학 심리학자들과 조사관들이 특히 열정을 갖고 조사했다.

제11장

마술사 해리 하우디니

해리 하우디니

수학 교수이자 연구원이었던 히포크라테스 다코글로우 Hippocrates Dacoglou는 실제로 유명한 마술사 해리 하우디니Harry Houdini의 마술 실험을 경험한 이야기를 들려주었다. 미국에서 하우디니의 마술을 관람했던 다코글로우는 그의 초자연적인 마술에 놀랐다.

"아직 어린아이였던 1926년에 저는 아버지와 함께 뉴욕 쉘튼 호텔에 머물고 있었습니다. 8월 초의 며칠을 호텔에서 보낸 뒤 우리가 호텔을 떠나려고 할 때였습니다. 아버지는 호텔 수영장에서 유명한 마술사 해리 하우디니가 큰 마술쇼를 보여줄 것이라는 소식을 전해 들었습니다. 아버지는 즉시 아테네로 돌아가는 것을 연기했습니다. 그래서 우리는 하우디니의 실험을 관람할 수 있었습니다. 나는 인부들이 금속으로 만든 관을 가져와 쉘튼호텔의 수영장 옆에 놓는 것을 본 기억이 납니다."

히포크라테스 다코글로우는 1926년 8월 5일에 있었던 마술 실험에 관한 일들을 또렷이 기억하고 있었으며 상세하게 설명했다.

해리 하우디니가 쉘튼호텔에서 수영장에 잠수할 준비를 하고 있다.

50대 나이였지만 다부진 체격과 큰 머리를 갖고 있었으며, 보는 사람들의 혼을 빼놓을 것 같은 눈을 가진 해리 하우디니는 조수들과 여러 차례 회의를 한 후에 금속 관 안으로 들어갔다.

그의 옆에는 통신 도구가 있어서 조수 지미와 통신할 수 있었고 손에는 검은 와이어가 감겨져 있어서 맥박을 측정할 수 있었다.

모자를 쓰고 앞치마를 두른 대장장이가 금속관의 뚜껑을 닫고 용접을 했다.

그들은 관을 깊이가 약 1m 정도 되는 물속에 집어넣었다. 조수는 관이 물속에 잠겨 있도록 계속 관을 누르고 있었다.

약 1시간이 흐른 후 조수에게 자신을 꺼내달라는 하우디니의 목소리가 들렸다. 조수가 금속 관을 들어 올려 관을 열자 하우디니가 물에 흠뻑 젖은 탈진한 상태로 나와 깊은 숨을 몰아쉬었다.

하우디니는 신이 인간에게 무한한 잠재력을 주었지만 사람들은 그것을 사용하는 방법을 모르고 있다고 믿었다. 안정을 되찾은 하우디니는 웃으며 "사람은 땅에서뿐만 아니라 물속에서도 편안하게 살 수 있다"고 기자들에게 말했다. 그는 자신의 뇌에 있는 욕망을 촉발시킬 법칙을 아는 것으로 충분했다.

하우디니는 언젠가 자신이 하늘을 날 수도 있을 것이라고 말했다. 우리가 무엇이든지 할 수 있도록 만들어졌다는 것을 믿는 사람은 의지에 의한 명령을 마음에 전하게 된다.

해리 하우디니가 손에 체인을 감기 직전에 금속으로 만든 관을 점검하고 있다.

유리 겔러

마음의 힘!

1992

년 6월, 실바 메소드^{Silva Method} 교수와 파나이오티스 메타사토스^{Panayiotis Metaxatos} 교수가 주관하고 세계 여러 나라의 유명한 과학자들이 참여한 국제적인 학술회의가 아테네의 자페이온 메가론에서 열렸다. 참석자 중에는 마이애미 대학교수였던 호세 실바 교수를 비롯하여 로버트 스톤, 실험을 통해 식물의 인식 능력을 밝혀낸 클레브 박스터^{Cleve Baxter} 교수도 포함되어 있었다. 나는 원거리에서의 운동 능력에 대한 도전을 영상물로 제작하는 감독으로 이 학술회의에 참여했다. 학술회의에는 국제적으로 유명한 유리 겔러^{Uri Geller}도 원거리에서 물체를 움직이는 시범을 보여주기 위해 초대되었다.

클레브 박스터 교수

첫째 날 저녁, 우리 집에서 간단한 리셉션 파티를 열었다. 이 자리에는 주로 기자들, 과학자들, 물리학자들 그리고 심리학자들이 참석했다.

나는 유리 겔러에게 그의 능력을 보여줄 만한 간단한 시범을 해줄 것을 요청했다. 유리 겔러는 일어나 조각상 옆에 서더니 숟가락을 가져다 달라고 했다. 그리고는 숟가락을 왼손에 들고 곧게 세우고는 숟가락의 휘어진 부분을 천천히 문질렀다. 숟가락은 그의 눈에서 멀지 않은 곳에 있었고, 그는 숟가락을 강렬하게 응시했다.

그러나 숟가락은 휘어지지 않았다. 유리 겔러는 자신의 오른손을 뻗어 조각상을 짚고 왼손으로는 계속 숟가락을 문질렀다. 그러자 놀랍게도 숟가락이 뒤쪽으로 휘어지기 시작했다. 사람들은 크

92년 자페이몬 맨션 공연장에서 유리 겔러가 의지의 힘을 보여주고 있다.

게 박수를 쳤다.

유리 겔러는 누구나 강력한 의지를 부여받았기 때문에 우리 마음의 힘은 숟가락 같은 물리적인 물체를 휘게 하기에 충분한 만큼 우리도 모두 같은 일을 할 수 있다고 말했다.

유리 겔러는 "의지는 사람에게 놀라운 능력과 가능성을 주는 법칙입니다"라고 주장하면서 계속 말을 이었다. "나는 나 자신을 잘 알고 있습니다. 나는 이 순간 제 이야기를 듣고 있는 여러분과 똑같은 보통 사람입니다. 단 한 가지 차이는 나는 나의 의지가 할 수 있는 일이 무엇인지 알고 있다는 것입니다. 아마 여러분은 그것을 모르고 있을 것이며, 그것을 믿지 않고 있을 것입니다."

나는 유리 겔러가 한 말에 전적으로 동의했다. 나는 사람의 의지는 의지와 관련이 있는 법칙을 이용하면 능력을 크게 향상시킬

수 있다고 확신한다. 그러나 내가 특히 흥미
롭게 생각한 것은 유리 겔러가 단지 바라보는
것만으로 숟가락이 휘어지지 않는다는 것을
알았을 때 조각상과 접촉했다는 사실이다.

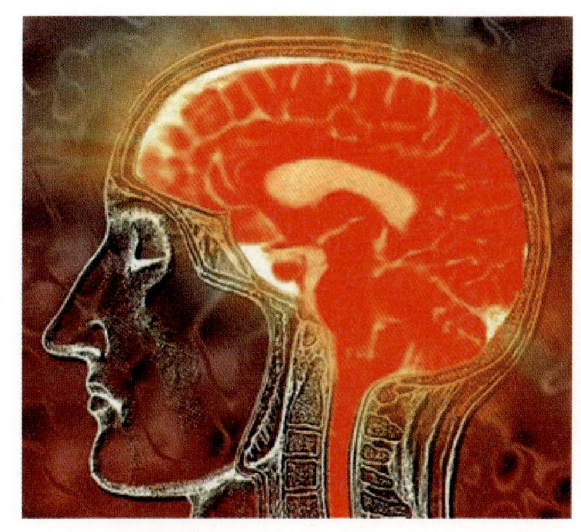

이것은 같은 법칙의 맥락에서 원하는 결과
를 이뤄내기 위해 사람을 넘어서서 다른 존재
나 대상이 서로 협조할 수 있다는 것을 의미
한다.

실험에서 유리 겔러는 조각상의 금속 부분을 만지는 순간 숟가
락에 있는 화학 성분의 활성화와 조화를 이룰 자신의 능력을 작동
시켰다. 그는 숟가락을 휘게 하는 법칙을 촉발시킨 것이다.

이 경우 우리는 유리의 뇌 안에 있는 실험실에서 조각상의 정신
적인 물질을 분별할 수 있었다는 것을 알 수 있다. 우리에게는 단
순한 청동으로 보이는 조각상을 구성하는 원자들은 그 자체가 정
신적인 것이었으며, 그의 의지를 강화시켜 숟가락의 금속 부분이
늘어나 휘어지게 하기에 적당한 힘의 장과 함께 그들의 통일된 연
합체를 만들어낸 것이다.

이 모든 것은 법칙들의 '작용'이 나타내는 현상에 의한 것이다.

다음 날 유리 겔러는 과학자들과 기자들이 가득 자리를 메운 자
페이온 맨션의 유리 지붕 아래 넓은 공간에서 공연을 시작하자마
자 망가진 시계를 가져온 사람들을 불러 작은 테이블 위에 시계를
얹어놓으라고 했다.

나는 사람들이 가져온 낡은 손목시계, 탁상시계, 벽시계 등을 기
자들이 테이블 위에 얹어놓는 것을 보았다.

유리 겔러가 시계를 덮고 있던 천을 벗겼다. 그러자 시곗바늘이

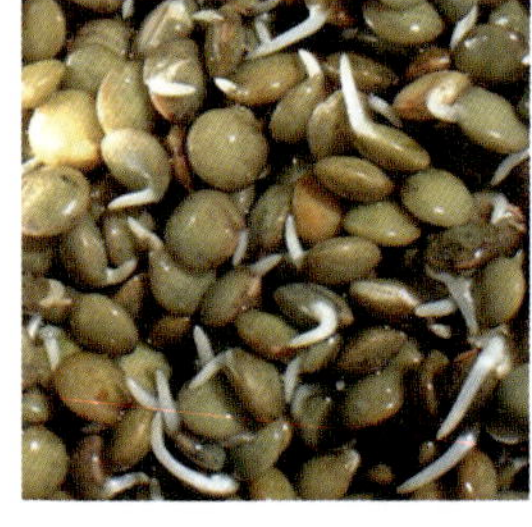

움직이고 있는 게 아닌가! 기자들은 그것을 보고 깜짝 놀라 할 말
을 잃었다. 그들은 자신들의 눈과 귀를 믿을 수 없었다.

유리 겔러는 그날 여러 가지 방법으로 자신의 능력을 보여주었
다. 나는 이것을 다음과 같은 실험과 연결시켜 생각하는 것이 매
우 중요하다고 생각했다. 나는 내 손 안에 전날 식료품점에서 사
온 콩을 얹어놓았다.

유리 겔러는 나의 손을 자신의 손 아래에 둔 뒤 강렬한 눈빛으
로 콩을 바라보았다. 많은 사람이 주위에 모여들기 시작했다. 그때
갑자기 강력한 에너지가 나의 손을 파고드는 것을 느꼈다. 그리고
콩이 하나씩 열리더니 어린 초록색 잎이 나타나기 시작했다.

이것은 속임수나 환상이 아니었고, 착각도 아니었다. 유리 겔
러는 자신의 마음속에 있던 의지의 법칙을 자연의 적절한 법칙과
'연결'한 것이다. 그 결과 말라 있던 콩은 땅에 심은 것과 같이 싹
을 틔웠다.

가장 확실한 설명은 유리 겔러와 나, 그 자리에 있던 과학자들과 기자들 그리고 법칙 자체까지 모두 전체 안에서 같은 정신적인 물질로 만들어져 있어서 적절한 순간에 함께 작용하여 어떤 현상을 만들어냈다는 것이다.

하나의 정신적인 능력과 다른 정신적인 능력의 상호작용은 마음이 실제로 존재해야만 가능한 이런 현상을 만들어낸다.

유리 겔러의 콩 실험 후에 우리는 우주적인 메커니즘 창시자와 사람의 뇌를 특별한 방법으로 연관 지을 필요가 생겼다. 그렇게 되면 특별한 결과를 만들어낼 수 있을 것이라 믿었다.

밭에서 씨를 뿌리는 사람이 명상 과정을 통해 무아지경 상태로 들어가는 것을 상상해보자.

유리 겔러

우리는 인간의 뇌가 전체 우주를 분별할 수 있는 능력을
갖고 있다고 생각할 수 있다.

우주의 '부분'이 전체를 설명할 수 있다고 한 과학적 제안을 이용하면 우리는 사람의 뇌가 전체 우주를 분별할 수 있는 능력을 갖고 있음을 알 수 있다. 사람이 이런 능력을 가진 것은 확실하다. 그러나 사람들은 그런 능력을 조금이나마 이용할 수 있는 방법을 모르고, 그런 확신도 갖고 있지 않다.

밭에서 보리를 파종하는 사람을 생각해보자. 그리고 명상 과정에서 무아지경 상태에 들어가 막 씨를 뿌린 밭에 손을 뻗자 방금 막 뿌린 씨가 싹을 틔우고 자라 불과 몇 분 동안에 수확할 수 있을 정도로 열매가 익었다고 가정해보자. 그러면 사람 뇌의 정신적인 능력을 알게 될 것이다.

"사람의 뇌에는 얼마나 많은 법칙이 들어 있는가?"라는 질문에 대한 대답은 "모든 법칙이 들어 있다"는 것이다.

부동 상태를 구성하는 우주의 모든 법칙은 사람의 뇌 안에 들어 갈 수 있다.

사람은 주변 환경을 압도한다. 사람은 자신이 신을 닮았다는 것을 믿는 그 순간부터 자신을 그렇게 만들 수 있는 능력을 갖게 된다. 신은 자신의 가장 위대한 창조물인 인간에게 창조 작업 그 자체에 '참여'할 수 있는 능력을 주었다.

이런 능력을 아주 조금만 사용해도 인간은 다른 인간들을 위해 설명할 수 없는 많은 성찬을 마련할 수 있을 것이다. 신은 자신의 가장 위대한 창조물인 인간에게 창조 자체에 '참여'할 수 있는 능력을 준 것이다.

그러므로 인간의 뇌와 그것을 지배하는 법칙이 일으킬 수 있는 기적에 대해 알아보기로 하자.

신은 자신의 가장 위대한 창조물인 인간에게 창조 자체에 '참여'할 수 있는 능력을 주었다.

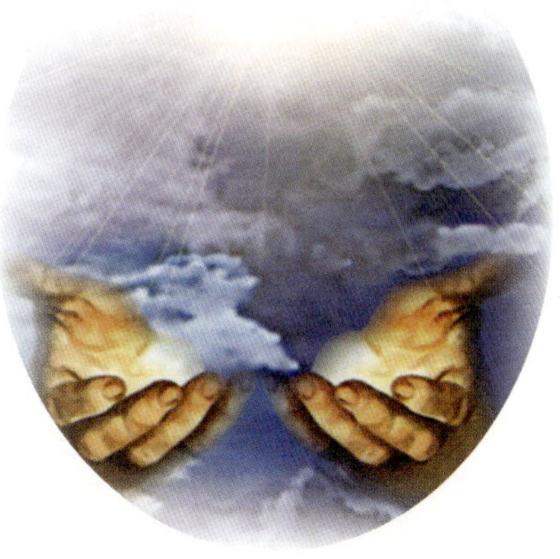

제13장

운동 상태의 원리

$x \to x^2 + c$
……그리고 부동 상태에 있는 마음

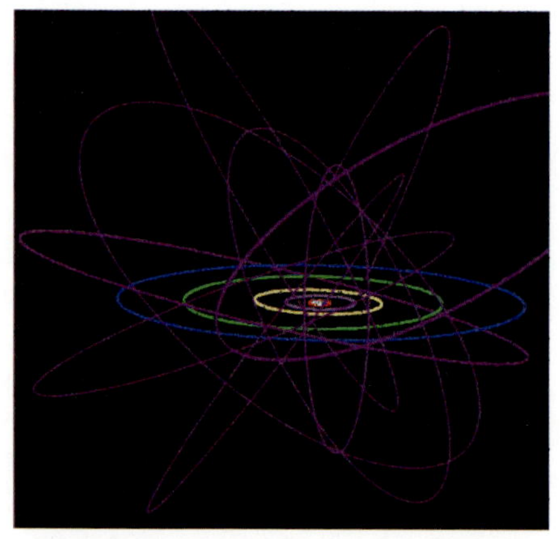

인간의 마음이 혼돈의 수학적 복잡성을 이해하는 것은 불가능하다.

우주에서 우리가 관측하는 것은 무엇이든지 그리고 우주 안에 존재하는 모든 것은 운동 상태에 있다. 다시 말해 모든 형태의 물질은 운동 상태 원리의 지배를 받는다.

모든 운동은 그 운동을 지배하는 법칙들에 의해 정해진 계획 안에서 일어난다. 우주의 어떤 부분에서도 우연한 사건은 일어나지 않는다.

만약 우리의 기대와 다르다는 이유로 우연에 의한 것이라고 정의한다고 해도 그것은 우연에 의한 것이 아니다. 그것은 단순히 혼돈스러운 상태일 뿐이다.

여기서 우리는 인간의 마음이 혼돈 상태의 수학적 복잡성을 인지하는 것은 가능하지 않다는 것을

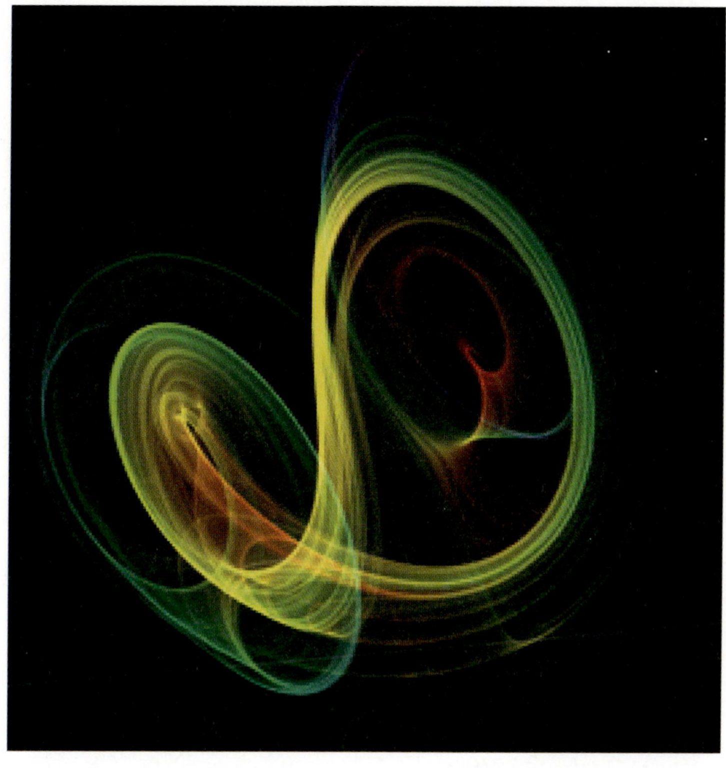

운동량법칙에 근거를 둔 운동 상
태의 원리는 부동 상태에 있는
마음의 결과다.

인정한다. 우리에게 필요한 것은 우주의 모든 사건 앞에는 법칙이 있다는 것을 받아들이는 것이다. 그리고 운동의 모든 형태는 절대적으로 조절 가능하며, 우주에서 일어나는 모든 것은 진화 과정이라는 것을 받아들이는 것이 필요하다.

그들은 법칙이 활성화되는 정도만큼만 존재할 수 있다. 다시 말해 그들은 실체성을 가진다.

만약 그들이 정신적인 전체 우주 안에서 무한히 확장된다면 어디에서나 발견될 수 있어 운동 상태가 사라질 것이다. 그들이 운동 상태에 있다면 자체적으로 운동이 가능한 사건들과 양립할 수 없을 것이다. 사건은 법칙들을 따르기 때문에 법칙들은 절대적으로 부동 상태에 있어야 한다. 그리고 부동 상태에 있는 우주적인

원리

원리는 신성하며 세상의 모든 것에 내재되어 있고, '모든 순간에 계속되는' 단 하나의 힘이다.

원리는 법칙을 만들어내고 그것의 기초 위에 창조가 실현된다.

원리에는 끝이 없으며 물질도 없지만, 어떤 물질도 원리 없이 존재할 수 없다.

원리는 말이며 그것을 통해 우주의 법칙성이 만들어지고 목적이 정해진다.

무한을 만드는 세상은 자체 안에서 원리의 연속성을 갖고 있다. 그리고 그들의 끝이라고 여겨지는 것은 영원성의 맥락에서 볼 때 재구성의 원리다.

종말 개념의 원리는 "세상의 존재나 물체에는 끝이 없다"는 것이다.

원리는 영원성과 비슷하지만 영원성도 원리 없이 존재할 수 없다.

원리는 법칙을 만든 것이지만, 법칙 자체는 아니다. 마음이 핵심의 깊은 곳에서 '원리'를 잡으면 영혼이 신성한 세상, 즉 신성 자체에 참여할 수 있게 된다.

테이블에 새겨져 있어야 한다.

부동 상태는 모든 존재의 원형이며 기본적인 원인이기 때문에 무한해야 한다. 운동 상태에 있고, 위치를 변화시킬 수 있는 것은 우주에서 전체적인 역할을 할 수 없다. 같은 이유로 부동 상태에 있는 단위를 필요로 한다. 또 기본적인 구조 단위가 세상의 모든 것을 구성하기 위해서는 나눌 수 없는 입자여야 한다.

법칙들은 우주 전체를 덮을 수 있는 부동 상태에 있는 구조 안에 기록되어 있기 때문에 부동 상태에 있는 것은 순수한 정신적인 물질이어야 한다. 다시 말해 부동 상태에 있는 것을 구성하는 무한과 법칙성은 절대적인 마음, 즉 신 자체다.

그러나 전체성 안에서만 자신을 생각할 수 있는 우주적인 마음은 '잠재성'이다. 그리고 무한한 잠재적인 힘의 발현이 운동이다.

운동량법칙을 기초로 하는 운동 상태의 원리는 부동 상태에 있는 마음의 결과다. 무한한 마음은 자신을 무한과만 동일시할 수 있다. 그러나 운동은 항상 물질, 에너지와 연결되어 있다.

우주에 존재하는 모든 것은 운동 상태에 있다. 그리고 운동하는 모든 것은 양자물리학과 수학 원리의 대상이 되는 물질적 현상을 만들어낸다.

우주를 구성하는 단위는 양성자, 중성자, 전자이며 이들은 원자를 구성하고, 모든 물질을 구성하는 92가지 기본적인 화학적 결합 상태를 만들어낸다.

그러나 현대 과학은 이 세 가지 구조 물질이 독립적인 존재라는 것을 확인했다. 이 입자들은 스핀, 궤도, 목적, 결합 그리고 재생산의 프로그램 안에서 운동의 원리를 이용하고 있기 때문이다. 한마디로 말해서 세상을 만드는 원자는 마음의 물질로 이뤄졌다고 할

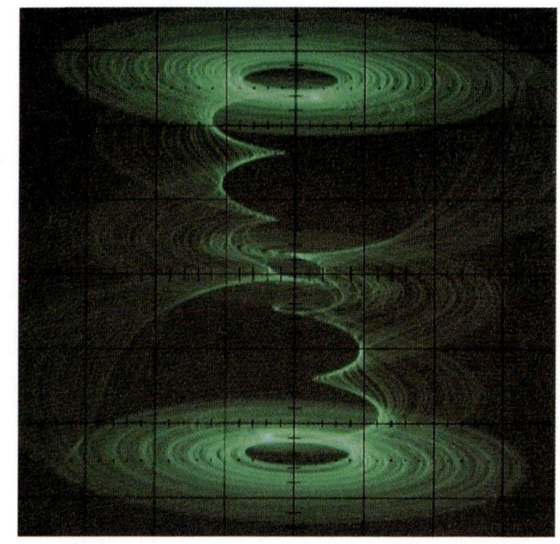

수 있다. 이것은 매우 자연스러운 것이다. 원자는 부동 상태에 있는 존재가 만들어낸 것이다. 다시 말해 절대적인 마음의 자식이다.

그리고 이 점에 관심을 집중하고 되돌아보아야 할 필요가 있다. 만약 물질이 생각한다면 자신의 구조 속에서 부동 상태에 있는 것으로 남아 있을 수 있다. 그것은 생각의 원인이 된다.

만약 자신의 구조 속에 부동성을 갖고 있다면 우리는 물질이 그것을 지배하는 법칙들에 의해 형식이 결정되는 '정신적인 물질의 매듭'이라는 생각을 정당화할 수 있다. 한마디로 말해서 우리는 부동 상태의 공간 안에 있다고 상상해볼 수 있다. 지구처럼 정해진 궤도를 따라 태양 주위를 돌고 있는 행성을 예로 들어보자. 지구의 궤도는 부동 상태에 있는 마음에 의해 정해진 프로그램을 따르는 반면, 지구 자체는 구조 내부에 포함된 부동 상태의 질료 물질로 구성되어 있고 완전하게 부동 상태인 주위 환경과 동시에 존재한다.

(좌) 우주의 구성 물질은 양성자, 중성자 그리고 전자다.

(우) 세상을 만드는 원자들은 마음의 물질로 만들어졌다고 생각할 수 있다.

종합해보면 에너지와 중력장 그리고 운동하고 있는 공간을 가진 지구는 부동성으로 이루어진 원시물질 자체로 구성되어 있다. 절대적인 지성인 것이다.

그러나 운동은 특별한 주의를 요하는 특정한 원리를 갖고 있다. 우리는 입자가 왼쪽에서 오른쪽으로 또는 그 반대로 스핀 하는 것을 관측한다. 입자들은 위에서 아래로 또는 그 반대로도 스핀 한다. 그들은 왼쪽에서 오른쪽으로 그리고 그 반대 방향의 궤도를 갖고 있으며, 아래에서 위 또는 그 반대의 궤도를 갖고 있다.

마찬가지로 우리와 반대 방향의 흐름이 대칭적이라는 것을 관측해보면 입자들이 프로그램된 사회를 구성하는 '내적 지식'에 의해 서로 묶여 있다는 결론을 이끌어낼 수 있다.

우리 시대의 연구자들은 우주의 뛰어난 시민으로, 대칭과 조화의 규칙을 준수하는 입자 '사회'의 행동을 분석하기 위한 과학적 필요에 의해 양자물리학을 만들어냈다.

우리 시대의 연구자들은 입자 '사회'의 행동을 분석하기 위한 과학적 필요에 의해 양자물리학을 만들어냈다.

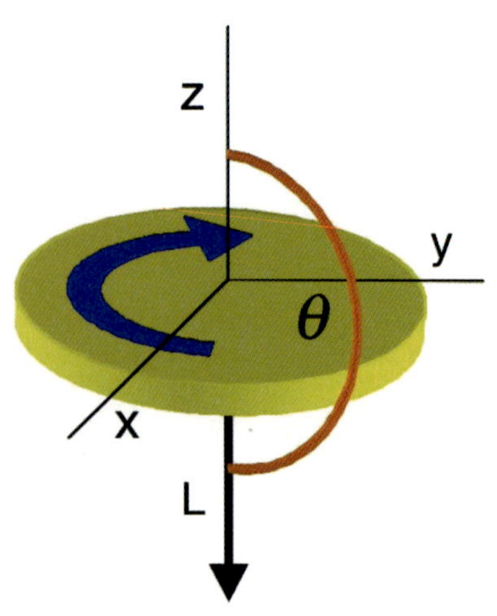

양자물리학은 원자 단위에서 물질과 복사선을 자세하게 연구한다. 이 크기에서 일어나는 사건들은 우리의 감각기관을 통해 감지하는 물리적 세상의 법칙들과는 다른 법칙들의 지배를 받는다.

한마디로 말해서 법칙들은 모든 크기의 부동 상태에 있는 것들에서부터 거대한 행성, 별 또는 은하에 이르기까지 운동 상태에 있는 가장 큰 것도 모두 포함한다. 부동 상태에 가장 가까이 있는 것들은 무한히 작은 입자들로, 빛의 속도에 가까운 아주 빠른 속도로 움직인다.

이러한 생각의 틀 속에서 우리는 상대성이론에 의해 입자들의 속도가 빛에 속도에 가까워지면 가까워질수록 좀 더 부동 상태에 가까워진다는 것을 확신할 수 있다.

그리고 어떤 물체가 빛의 속도로 운동하면 시간과 공간이 사라지기 때문에 주위에 대해서 부동 상태에 있게 된다.

이러한 자료를 바탕으로 우리는 부동 상태의 성격에 대한 이론적인 계산이 가능한 가상 모델을 만들 수 있다.

"부동 상태의 원리는 빛의 최대 속도다. 빛의 속도의 제곱은 우주의 무한한 에너지의 합과 무한한 물질을 곱해서 얻을 수 있다."

제14장

우주의 홀로그램

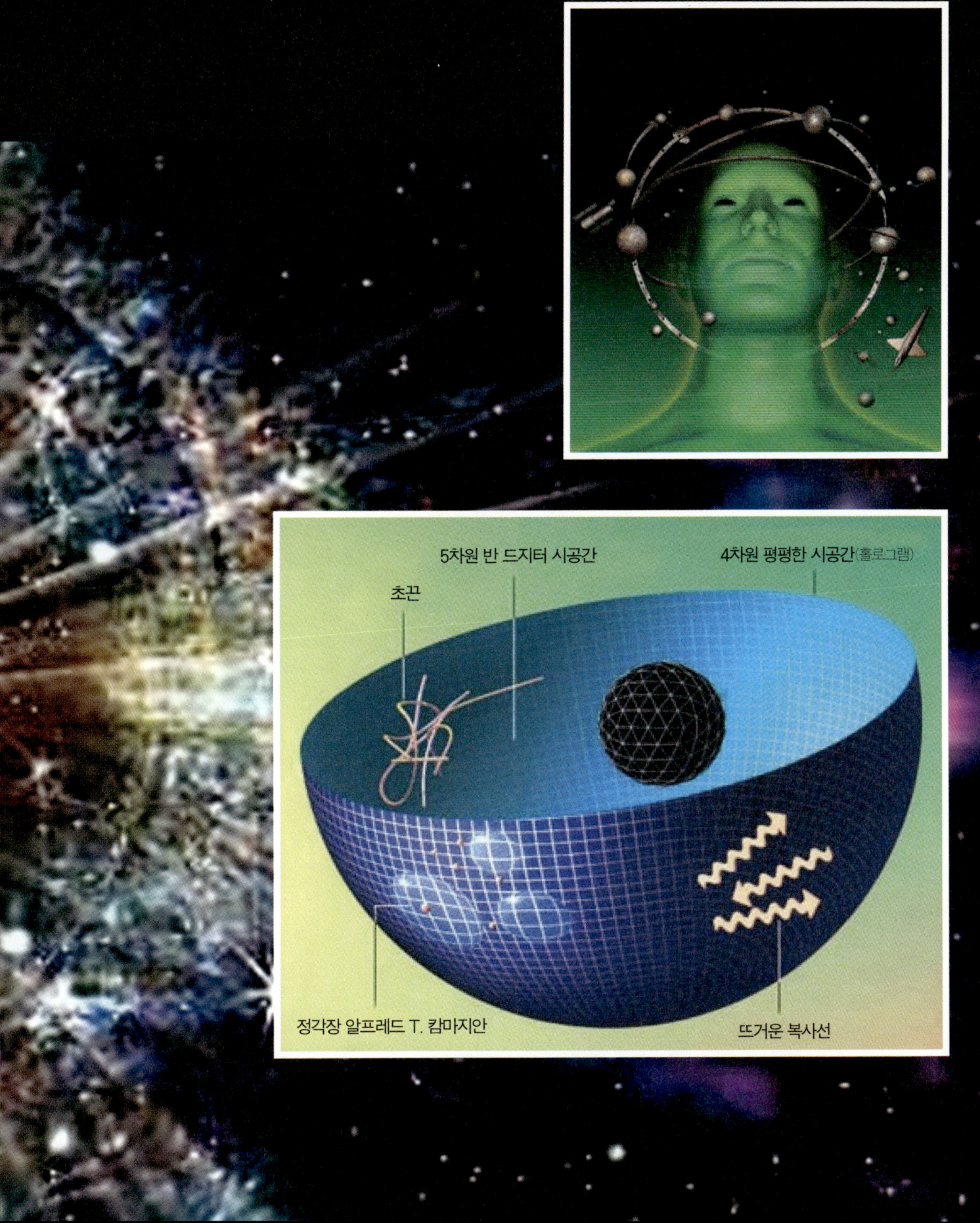
5차원 반 드지터 시공간
4차원 평평한 시공간(홀로그램)
초끈
정각장 알프레드 T. 캄마지안
뜨거운 복사선

홀로그램은 어떻게 작동하는가?

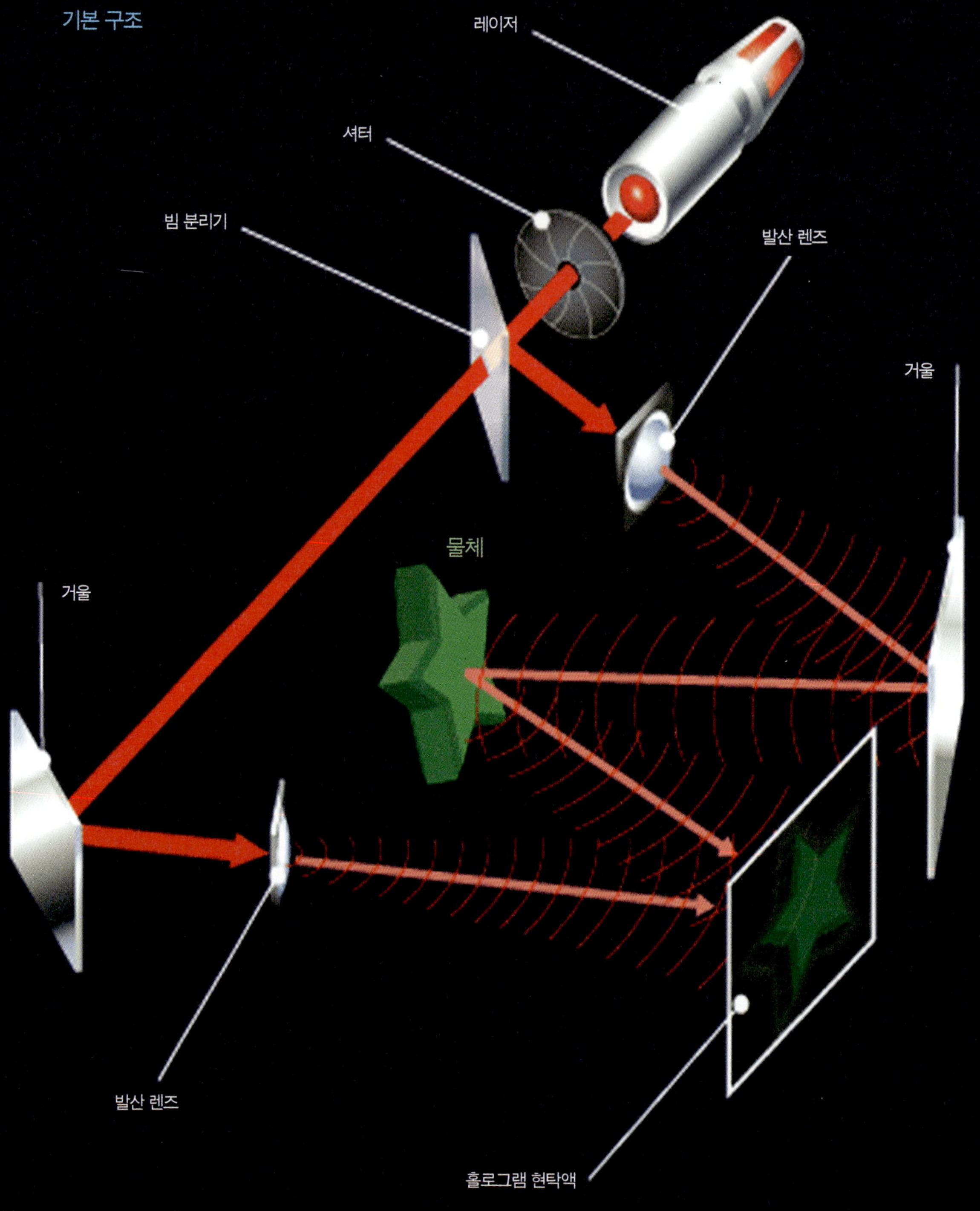

홀로그램은 레이저를 이용해 만든 3차원 사진이라고 할 수 있다. 만약 홀로그램 영상을 찍은 후 그것을 둘로 나눠 레이저를 이용하여 비추면 전체 사진 속에 들어 있는 각각의 면을 볼 수 있다.

또 물체의 홀로그램을 구성하는 레이저 영상을 나누면 각각의 영상이 물체 전체를 담고 있는 것을 보고 놀랄 것이다.

홀로그램 우주에 관한 연구는 1982년에 파리 대학의 연구팀이 물리학자 알레인 아스팍Alain Aspect의 지도 아래 20세기의 가장 중요한 실험 중 하나를 했을 때부터 시작되었다.

홀로그램

이 실험은 적절한 조건 아래에 있는 전자 같은 입자들은 적어도 10조km 떨어져 있는 다른 입자들과 순간적으로 통신할 수 있다는 것을 증명했다.

이 실험을 통해 제기된 의문은 다음과 같은 것이었다. "어떻게 한 입자가 상당히 멀리 떨어져 있는 다른 입자가 무엇을 하는지 알 수 있을까?" "두 입자를 연결해주는 '위대한 마음'은 무엇일까?" 그리고 좀 더 일반적으로는 "우주의 입자들을 상호 연결해주는 위대한 마음은 무엇인가?".

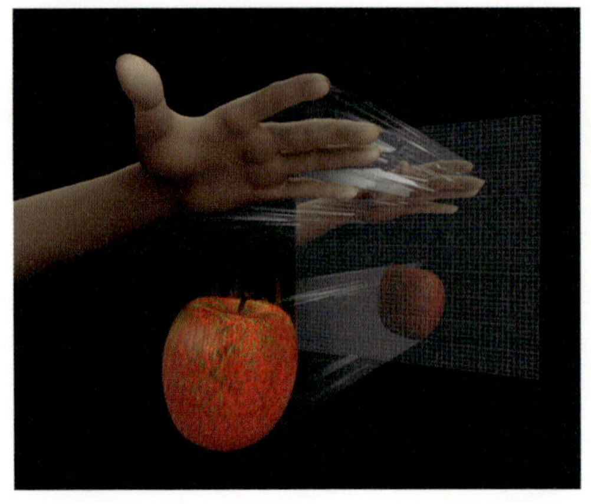

우리는 원자보다 작은 세계의 입자 사이에는 서로를 연결하는 '결합'이 존재한다는 것을 발견했다.

아인슈타인의 상대성이론은 빛의 속도보다 빠른 속도로 통신할 가능성을 배제한다. 그러나 원자보다 작은 세계의 입자 사이에는 '국소성과 관련'이 없는 서로를 연결해주는 '결합'이 존재한다는 것이 발견되었다. 따라서 이 경우 상대성이론 자체가 논란의 대상이 된다.

많은 과학자들이 빛의 속도보다 빠른 속도를 가진 현상의 존재 가능성을 부정하고 있지만, 알레인 아스펙이 주도한 파리 연구팀의 실험은 그러한 공리를 바꾸어놓았다.

영국 런던 대학의 물리학자 데이비드 봄 David Bohm은 "아스펙 교수의 발견은 객관적인 실재가 존재하지 않는다는 것을 증명하는 것이었다"는 충격적인 발언을 했다. 한마디로 말해 우리 눈에는 우주가 어느 정도의 모양을 갖추고 있는 것으로 보이지만, 실제로 그것은 유령이며 한계가 없는 환상적인 홀로그램이라는 것이다.

봄 교수의 견해에 의하면 원자보다 작은 입자들이 접촉해 있지 않다는 사실, 즉 엄청난 거리가 두 입자를 분리해놓고 있는데도 독립적으로 연관이 있다고 보는 기본적인 이유는 우리 생각에는 그러한 분리가 존재하지만 실제로는 존재하지 않으며 환상에 지나지 않는다는 것이다.

봄 교수는 더 깊이 들어가 이야기한다면 이 입자들이 독립적인 존재가 아니라 구조적 개체의 가상적 연장이라고 확신했다. 핵심에서는 분리가 가능하지 않지만, 환상 속에서는 분리되어 모든 분리의 수준에서

알레인 아스펙

데이비드 봄

각 부분이 직접 또는 간접적으로 관련된 것처럼 보인다는 것이다.

봄 교수는 자신의 이론을 다음과 같은 실험을 통해 증명했다고 밝혔다. 수족관 안에 물고기를 넣는다. 관측자는 2개의 스크린을 통해 수족관을 본다. 그중 한 스크린은 수족관에 비스듬하게 초점을 맞춘 카메라와 연결되어 있다. 그런데 2대의 카메라의 각도가 다르기 때문에 실험자는 2개의 스크린의 물고기를 두 마리의 다

다음과 같은 의문이 생겼다. "마음이 주도하는 거리가 두 입자를 떼어놓고 있는데 어떻게 한 입자가 다른 입자가 무엇을 하고 있는지 알 수 있는가?"

른 물고기라고 인식한다.

그리고 두 스크린의 물고기를 더 오래 관측하면 할수록 좀 더 확실하게 두 마리의 물고기가 '공통의 본드'에 의해 연결되어 있다고 확신할 것이다.

양자세계에서 원자보다 작은 입자들의 행동은 인간의 감각이 감지할 수 없는 실재의 수준이 있다는 것을 보여준다. 그리고 불확실한 감각으로부터 정보를 받는 인간의 뇌는 실재를 감지할 수 없다는 것을 보여준다.

우리의 뇌에서부터 행성, 별, 은하, 전체 우주에 이르기까지 주변의 세상은 우리에게서 분리된 것처럼 보인다. 왜냐하면 우리는 객관적인 실재의 일부분만 볼 수 있기 때문이다.

우리의 감각이 감지할 수 있는 모든 면은 최종적으로 같은 실체의 홀로그램이고, 나눠지지 않는 더 깊은 통일체의 부분들이다.

이는 다음과 같은 결론을 내릴 수 있다. 물리적 세상에서의 모든 대상은 우리 뇌가 감지하는 영상에 의해 보인다. 그것은 우주

가 홀로그램 디스플레이라는 것을 나타낸다.

봄 교수의 견해는 직접적으로 플라톤의 두 세상 이론 그리고 2000년 전에 '우주는 하나'라고 믿었던 플로티누스^{Plotinus}의 견해와 연결된다.

이러한 견해는 더 깊이 들어가면 홀로그램 우주가 다른 더 놀라운 성질을 갖고 있을 것이라는 결론을 내리도록 한다.

양자세계에서 입자 사이의 분리는 표면적일 뿐이다. 이것은 우리가 자연의 깊은 곳으로 파고 들어가면 그들 사이의 무한한 연결을 발견할 수 있다는 것을 의미한다.

우리는 인간 뇌 속에 있는 탄소 원자의 전자들이 거북을 구성하고 있는 원자보다 작은 입자들과 연결되거나 관련되어 있다는 것을 상상할 수 있을까? 또는 야생 동물이나 하늘을 나는 새들, 상어

홀로그램 우주에 대한 현대 이론에 의하면 모든 것은 다른 모든 것과 통신하고 있다.

나 태양계 행성들을 구성하는 입자들과 연결되어 있다는 것을 상상할 수 있을까?

모든 것의 상호 관련과 비례관계는 많은 현대 과학 실험실의 연구 과제다. 그러한 실험 중의 하나는 다음과 같다.

과학자들은 불에 타지 않는 투명한 재질로 만든 용기에 살아 있는 새우를 넣는다. 같은 실험실에 놓여 있는 장식용 파초 가지 위에 파초의 기능적인 펄스를 감지하기 위한 센서를 부착한다. 그런 뒤 새우가 든 용기를 버너 위에 놓으면 새우는 고통스러워하다가 곧 죽음을 맞이한다.

　새우가 죽고 나면 파초의 기능을 기록하던 기계는
인간이 죽은 후의 심전도를 나타내는 그래프처럼 직
선을 보여준다.

　이것은 파초가 새우가 같은 환경에 있을 때는 그들
　사이를 연결해주는 알 수 없는 '결합'을 통해 파초
도 죽음을 '느낀다'는 것을 의미한다.

　현대의 홀로그램 우주이론에 의하면 모든 것은 다
른 모든 것과 통신한다. 공간과 시간은 이미 존재하는 이론들의
수학적 개념을 상실하고, 물질의 깊이에서 실재의 성질로 자기 결
정적이다. 여기에서 과거, 현재 그리고 미래라는 시간은 통일된 하
나이며, 공간은 무한하게 통합되어 있다. 즉, 분리되지 않은 우주
의 홀로그램 안에서 인간의 마음은 전체가 아니라 분리된 부분의
환상만 잡을 수 있다.

　충만하고 영원한 전체를 구성하는 우주적인 홀로그램이 '부동
적'인 성격을 갖는다는 것은 확실하다. 하지만 그것의 분리를 통
해 보이는 감각적인 세상과 환상적인 세상 그리고 비실재성은 '운
동적'인 성격도 가지고 있다.

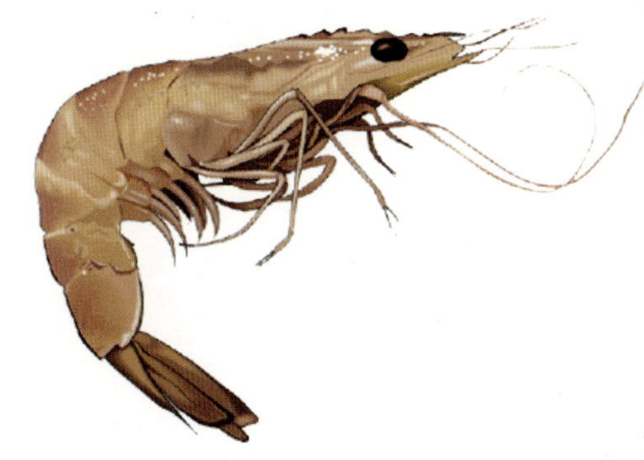

제15장

우주 호수

그리고 입자들에 내재된 우주적인 힘

입자들의 파동 현상을 다루는 양자물리학은 우주에 무한한 크기의 호수 같은 가상적인 형태를 부여한다.

파동의 운동을 알아보기 위해 가상적인 호수의 한가운데에 돌을 던진다고 생각해보자.

파동의 생성을 연구하기 위해서는 운동에 관한 모든 성질에 대하여 절대적으로 정확하게 기술할 수 있어야 한다. 또 호수는 초기에 완전히 정적인 상태에 있어야 한다.

만약 호수에 아주 작은 기복이라도 만든다면 – 예를 들어 돌을 던져 파동을 만들어낸다면 – 호수 표면의 높이는 같지 않을 것이고, 상쇄와 보강이 일어나며, 혼돈스러워 법칙적인 결과나 조화에 의한 예측이 가능하지 않을 것이다. 이것은 법칙의 완전한 작동은 부동성의 원리 때문이라는 결론을 내리도록 한다.

따라서 우리는 호수에 돌을 던지기 전에 물을 법칙, 즉 '우주의 법칙'이라고 가정해야 한다.

마찬가지로 호수 물질에 적용되는 법칙의 전체성은 물을 구성하는 무한히 작은 입자들에 들어 있다고 가정해야 한다.

이처럼 법칙은 다른 형식의 법칙들로부터 고립되어 있거나 분리되어 있지 않다. 각 법칙의 구조 속에 창조를 가능하게 하는 법칙들의 전체성이 존재한다.

한마디로 말해서 호수를 구성하는 각 단위는 전체 호수의 복합적인 모든 것을 갖고 있다. 특히 관심을 기울여야 하는 것은 호수의 깊이에 관한 지각이다. 표면이 무한한 것과 마찬가지로 깊이도 무한하다. 그러니 우리는 무한한 물질과 무한한 법칙들로 이뤄진 길이, 너비 그리고 깊이가 무한하게 확장된 무한한 호수를 상상할 수 있다. 또한 호수의 가성적인 중심에 던진 돌이 어떤 점에라도 존재할 수 있다고 가정할 수 있다. 왜냐하면 호수는 무한하고, 무한한 개수의 가상적인 중심들이 존재하기 때문이다.

다음으로 호수의 가상적인 중심에 돌을 던지기 전에 본질, 즉 그것을 구성하는 법칙과 부동 상태에 있는 질료에 대해 충분히 이해해야 한다.

우주적인 법칙들을 완전히 이해하는 것은 불가능하다. 그러나 물리적 세상에서의 반응을 통해 법칙이 존재한다는 것은 이해할 수 있다.

오늘날 사람들은 눈에 보이건 보이지 않건 주위에 존재하면서 우주 법칙이 작동하는 대상이 되어 작용이 나타난 것은 무엇이든지 알고 있다. 파도를 따라 만들어지는 물보라와 거품은 광대한 호수에서 진화를 시작한다.

파동은 모든 방향으로 진화를 시작한다. 우리가 돌을 던진 개념적인 중심 주변 지역에서 계속적으로 파동이 열려 일련의 파동 흐름이 만들어진다. 그리고 열리는 동안에 파동의 속도가 천천히 그러나 계속적으로 증가하는 것을 관찰할 수 있다.

파장은 점차 길어지는 대신 파동의 높이는 점점 줄어든다. 결국 파동의 높이는 0이 되고 속도는 최소화된 파동 형태에 흡수되며, 그러한 흡수는 부동성에 의해 일어나 부동 상태에 있는 호수 표면과 결합하는 결과를 낳는다. 다시 말해 무한한 호수에서 '최초의 운동'은 부동 상태를 향해 나아가는 경향을 갖고 있다.

우리는 호수의 길이 방향으로 일어나는 일은 무엇이든지 깊이 방향으로도 일어날 수 있다는 것을 알아야 한다.

이때 두 번째 질문도 고민해봐야 한다. "우리가 호수에 던진 돌에는 무슨 일이 벌어졌으며, 이 돌에 의해 움직인 것은 무엇인가?" "돌이 떨어진 호수 중심의 물이 파동이 된다고 믿는가?" 다시 말해 "물질이 마지막에는 부동 상태에 의해 흡수되는 기복으로 전환된다고 생각하는가?"

아니다. 이런 일은 일어나지 않는다. 그렇다면 "파동을 만들어내는 것은 무엇인가?"

우리가 물에 던진 돌이 갖고 있던 자체 동인은 점차 흩어져 파동이 부동 상태가 될 때 완전히 소모된다. 물에서 계속적인 기복을 만들며 이동하는 것은 동인의 성질과 최소량의 물 자체다.

그렇다면 동인이란 무엇인가?

동인은 힘의 작용에 의해 앞으로 나아가는 운동이다. 동인을 만들어내는 힘이 크면 클수록 힘의 효과로 나타나는 결과는 더 커진다.

이 시점에서 현대 과학과 관련된 중요한 의문이 생긴다. 과학은 모든 형태의 운동을 다룬다. 그러나 과학은 '운동의 원리'에 의해 구성되는 원인 그 자체에 대해서는 현대 과학 자료를 이용하여 진지하게 다루지 않거나 다룰 수 없다. 운동은 움직이는 물체의 동인에 의해 특징지어진다. 동인 없이는 어떤 운동도 존재할 수 없다. 동인의 최초 작용은 '작동의 기초'다. 병사들은 작전의 기반 아래 숨어서 전투에 임하라는 명령을 기다리고 있다. 따라서 모든 작전의 기반 뒤에는 명령이 있다.

세상의 모든 자연적인 물체 안에는 동인이 물체 자체와 함께 내재되어 있거나 공존한다. 따라서 우리는 모든 것을 본능적으로, 다시 말해서 자동적으로 움직이도록 하는 유일하고 영원하며 동일한 효과를 나타내는 명령이 있다는 것을 이해해야 한다. 이런 면에서 명령은 전체적이어서 모든 물체와 자연계에서 상호작용에 의해 만들어지는 모든 상태에 적용된다.

두 번째로 운동을 나타내는 동인은 진정 혁명적인 성격을 갖고 있다. 회전운동과 궤도운동이 그것인데, 회전은 자신의 축 주위를 회전하는 모든 기본 입자들이 가진 기본적인 성질이다.

또 다른 기본적인 성질인 궤도운동은 입자세계와 물질세계를 특징 지으며 미시시계에서나 거시세계의 물체가 "주변과 관련해서 무엇을 해야 하는가?"를 아는 성질이다.

한마디로 말해서 모든 형태의 운동은 인식적인 특징을 갖고 있다. 세상의 모든 운동하는 물질적인 것들에 대해 우리가 알고 있는 것은 이들이 우주적인 조화와 법칙적인 질서 그리고 우주의 영원성을 구성하는 대칭성 안에서 원인을 갖고 있다는 것이다.

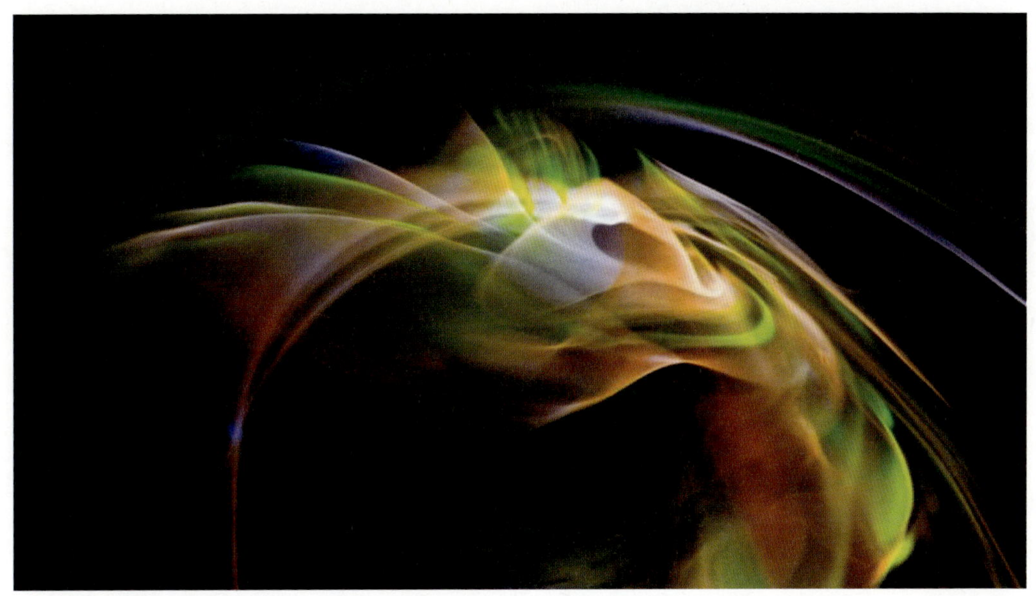

아리스토텔레스는 운동의 의미를 명료하게 분석했다. "운동 상태는 영원하다. 영원 역시 운동의 최초 원인을 갖고 있다. 운동의 첫 번째 원인은 순수한 에너지를 핵심에 가진 원리여야 한다. 이 원리는 전체적으로 비물질적인 것이며 절대적으로 순수한 것이다. 그리고 물질적 접근이 불가능한 원리는 완전한 영혼이며 신성이다."

우리에게 절대적인 영혼의 부동성을 이해하는 데 도움을 주는 아리스토텔레스의 불멸하는 창조는 연역적인 분석을 통해 '과학이 무엇을 보여주는지'를 설명한다.

이 결과가 보여주는 것은 위대한 사상가를 매료시켰다. 과학이 보여주는 것은 다른 주어진 전제에서 유도된 새로워 보이는 사고를 위해 필요한 전제다. 이러한 필요성 없이는 새로운 기초를 요구하지 않는다.

제16장

놀라운 양자세계

약 우리의 일상 대화에서 나무나 식물 또는 꽃들이 한 곳이 아닌 여러 곳, 즉 두 장소나 세 장소 또는 많은 장소에 동시에 존재할 수 있다고 주장한다면 정신 나간 사람 취급을 받을 것이다.

그러나 양자세계에서는 어떤 일이든지 일어날 수 있다는 간단한 이유 때문에 정신 나간 사람의 법칙이 적용되지 않는다. 양자세계에서는 알려지지 않은 논리의 맥락에서 가장 이상한 일들도 일어날 수 있다. '작은 크기'의 세상에 대해 널리 알려진 현상 중의 하나는 전자 같은 실체가 동시에 한 곳 이상의 장소에 나타날 수 있다는 것이다.

'이중 슬릿 실험'에서 실험 환경을 완전하게 알고 있으면 앞에 놓여 있는 판에 뚫려 있는 슬릿을 통과하여 다음 공간으로 들어갈 수 있는 각각의 전자가 어느 곳에 도달할지에 대해 완전하게 이해할 수 있을 것처럼 보인다. 그러나 전자들의 위치를 결정하기 위해 필요한 속도, 행동 등 모든 것을 측정할 수 있는 장치를 이용한다고 해도 정확한 위치를 아는 것은 불가능하다.

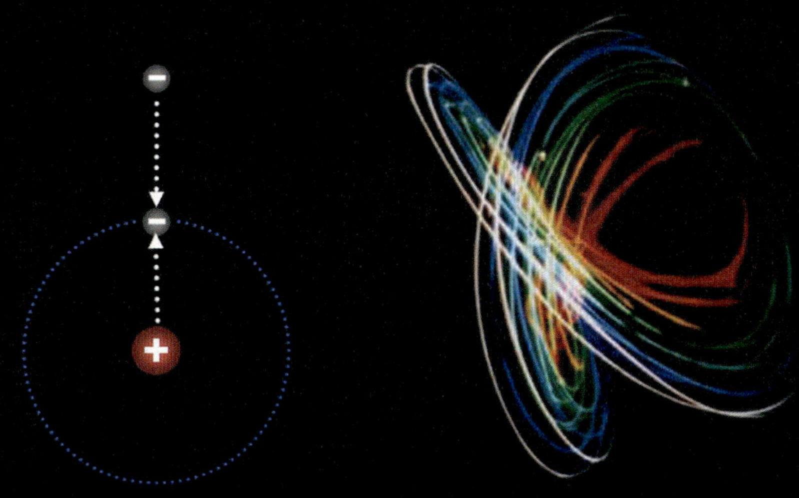

이러한 성질을 '비국소적 현상'이라고 부른다. 알려진 것처럼 대부분 전자들은 다른 입자들과 계속적으로 상호작용한다. 소위 말하는 '형이상학적' 세계에서는 상호작용의 법칙을 모르거나 믿고 있지 않는 경우 설명할 수 없는 현상을 초자연적인 현상으로 간주한다. 그리고 적어도 최소한의 이론적 설명을 제공하기 위해 자연 법칙 너머에서 상상적이거나 초월적인 해답을 찾게 된다.

그러나 양자물리학은 이런 해법에 동의하지 않는다. 원자 속의 전자는 원자핵과 상호작용하기 때문에 원자핵 주위의 한정된 공간에서 허용된 특정한 에너지를 갖고 원자핵을 돌아야 한다.

일부 경우에 양자역학의 지배를 받는 입자들은 다른 양자역학적 입자들과 특정한 방법으로만 상호작용하는 것을 발견할 수 있다. 이 때문에 비국소성이 크게 나타나게 된다. 이것은 실험 가능성이라는 한계 안에서 전자의 자유로운 운동을 결정하는 것이 어

커피 잔을 들어 올려 깨뜨리지 않고 하나씩 두꺼운 벽을 통과시킨 다음 옆에 다시 놓을 수 있다.

렵다는 것을 나타낸다. 우리는 전자와 상호작용하는 원자핵으로 관심을 돌려 그것을 성공적으로 알아낼 수 있다.

마음이 물질에 어떻게 영향을 줄 수 있는지를 설명할 수 있게 되기를 기대하면서 양자역학의 원리를 전문적으로 연구하는 심리학자들도 있다.

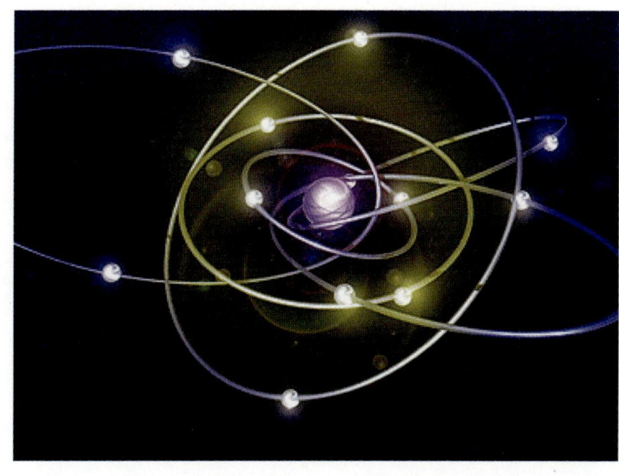

첫 번째로 우리가 해야 할 일은 사고와 물질이 모두 공통의 정신적인 질료로 만들어졌다는 것을 이해하는 것이다. 실제로 두 가지는 같은 원형의 영향 아래 작용한다. 따라서 모든 형태의 상호작용은 원형을 통해 실현된다.

'독립의 법칙'과 함께 또 다른 강력한 법칙은 우리가 살아가는 세상의 모든 것은 다른 모든 것과 직접 또는 간접적으로, 관련이 있다는 상호 연관성의 법칙이다.

원자보다 작은 입자들로 이뤄진 미시세계에서 일어나는 현상들은 종종 예상과 다른 경우가 많아 우리로 하여금 할 말을 잃게 만든다.

심리학자이자 과학자였던 헬몬트 슈미트^{Helmond Schmidt}는 이미 여러 해 전에 특정한 정신적 능력을 가진 사람 중에는 양자 수준에서 특정한 사건에 영향을 줄 수 있다는 것을 확인했다. 예를 들면 커피 잔이나 주변의 물체를 깨뜨리지 않고 들어 올려 하나씩 단단한 벽을 통과시킨 후 다시 내려놓을 수 있다.

만약 오늘날의 양자물리학이 우리에게 초자연적인 것처럼 보이는 사건을 긍정적으로 조사할 수 있는 예를 제시하지 않았다면 이런 사건은 설명할 수 없으며 비현실적인 것처럼 보였을 것이다.

커피 잔은 원자핵, 중성자 그리고 전자를 포함하고 있는 원자들로 이뤄졌다. 마찬가지로 벽도 원자들로 이뤄졌다. 명령하는 인간

헬몬트 슈미트

의 마음도 사건이 일어나는 공간에 자기력을 작용한다. 이것은 정신적인 구조를 이루고 있는 것과 같은 원자보다 작은 원소들로 이뤄져 있다.

만약 커피 잔이 벽을 뚫고 들어갈 수 있다면 마음, 벽 그리고 커피 잔의 합일이 이뤄진 것이다. 만약 커피 잔이 벽을 통과하지 못하면 그러한 합일은 성공하지 못한 것이다.

여기서 합일은 조건이 일치될 때, 즉 파동이 보강간섭을 통해 강해질 때만 효과를 발휘한다는 것을 잊어서는 안 된다.

형이상학적인 능력을 갖고 있다고 주장하는 사람들은 어떤 한 장소에서 물체를 사라지게 하고 그들이 선택한 다른 장소에 나타나게 할 수 있다. 그들은 의지의 작용을 통해 비국소성 현상이 가능하도록 한다.

양자물리학은 이런 현상을 설명할 수 있는 놀라운 실험 결과를 제공했다. 1960년대에 제네바에 위치한 CERN 유럽입자물리 연구센터에서 10여 년 동안 연구한 아일랜드의 물리학자 존 벨^{John Bell}이 행한 실험이었다.

존 벨

존 벨은 양자 수준에서 비국소성을 실험적으로 증명하기 위해 과학자들로 이뤄진 연구팀을 초청했다. 이 실험은 1980년대 초에도 이뤄졌다. 과학자들은 원자를 들뜨게 하여 2개의 광자를 다른 방향으로 분출하도록 했는데 두 광자는 같은 원자에서 나왔으므로―즉 기원이 같으므로―둘 사이에 '내재적'인 관계를 갖고 있어야 한다.

양자역학 방정식에 의하면 이것은 두 광자가 '얽힘' 상태에 있다는 것을 나타낸다. 다시 말해 두 광자는 멀리 떨어져서도 하나의 입자처럼 행동한다.

실험이 진행되는 동안 과학자들은 어떤 실험 지역에서 하나의 광자 성질을 측정했을 때 동시에 다른 지역에 있던 전자도 측정의 영향을 받는다는 것을 확인했다.

이것은 독립의 법칙과 함께 상호 연관성의 법칙도 강력한 법칙이라는 것을 증명하는 것이다. 따라서 우리는 모든 것이 직접 또는 간접적으로 서로 '중간' 매질을 통해 정보를 주고받으며 통신하는 세상에 살고 있다는 것을 알 수 있다. 우주의 모든 경계는 하나가 다른 것을 위해 존재하는 것과 비슷하다.

1990년대 중반에 제네바의 과학자와 연구자들로 이뤄진 연구팀이 광섬유 속에서 10㎞를 이동한 광자 실험을 통해 이런 종류의 실험에 더 넓은 차원을 제공했다. 2개의 광자는 서로 10㎞나 떨어져 있었지만, '중간' 매질을 통해 완전하게 연결되어 있었다. 두 광자 중 하나를 자극하자 다른 광자도 똑같이 반응했던 것이다.

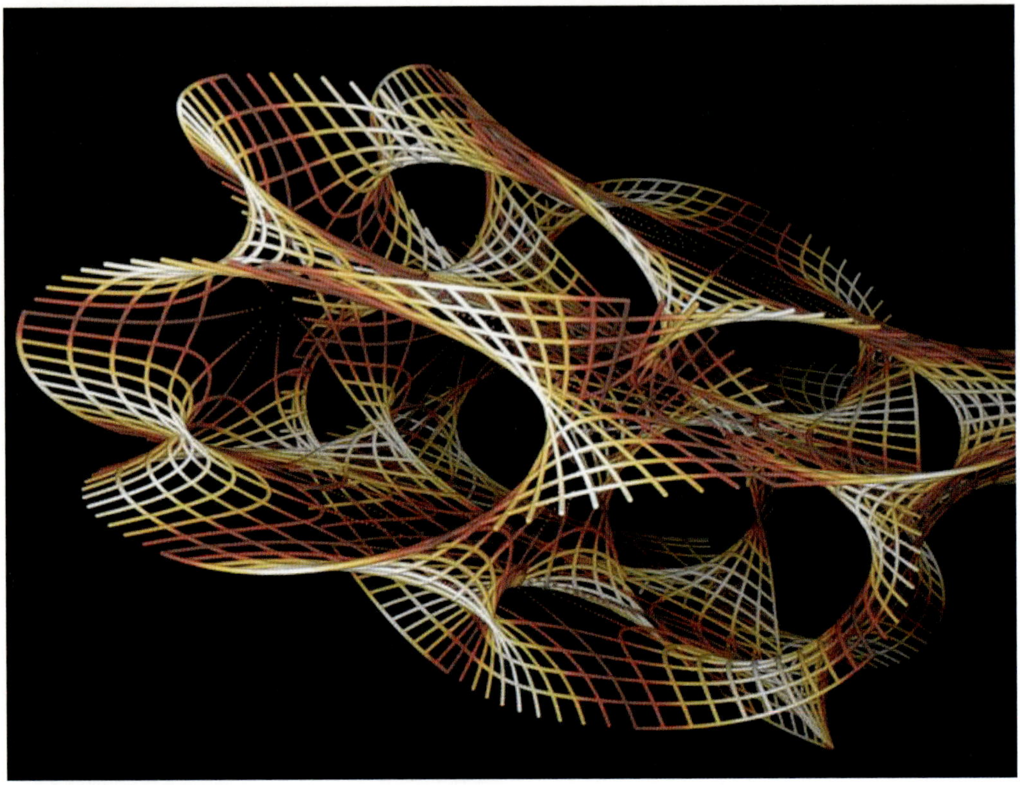

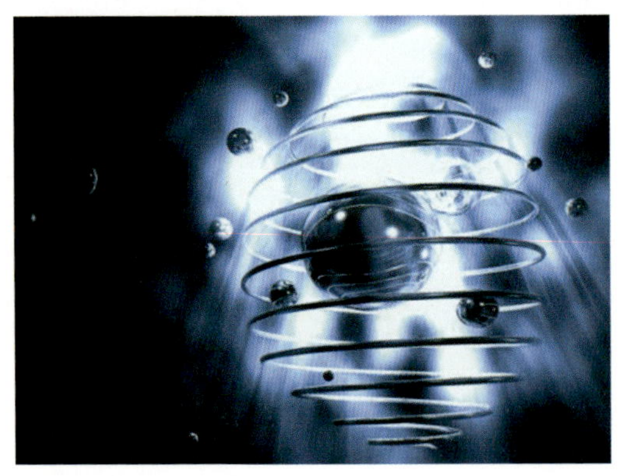

우리는 모든 것이 다른 모든 것
과 직접 또는 간접적으로 관계를
가진 세상에 살고 있다.

그렇다면 중간 매질은 무엇일까?

암호화된 메시지는 어떻게 만들어지고 어떻게 작동할까? 아마도 전체 자연계가 완전하게 연결되어 있어 모두가 다른 모두와 통신하는 연합체를 이루고 있는 것은 아닐까?

나는 그러한 질문에 과학적인 해답이 있는지 알고 싶다.

제17장

어떻게 암호화된 메시지가 전달될까?

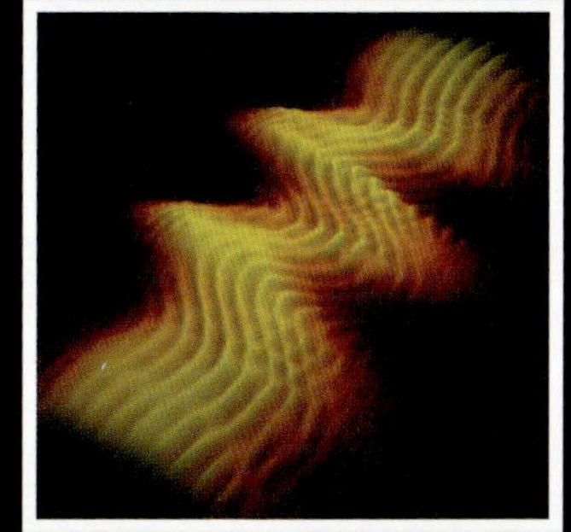

1초 동안 한 지점을 지나가는 마루의 수를 '진동수'라고 한다. 파동이 '존재'하기 위해서는 진동수가 있어야 하고, 진동수가 존재하지 않으면 파동이 아니다.

존재해야 한다는 면에서 진동수는 본질적인 것이다.

이러한 파동의 본질이 어떤 지점으로 보내지기 위해서는 그것을 전달하는 '매질'이 있어야 한다. 다시 말해서 어떤 방향으로 파동이 전파되든지 '매질'을 거쳐야 한다.

만약 점을 이루는 물질을 결정할 수 없다면 가상적인 시공간에 점이 있다고 말할 수 없다. 그런 점은 상상의 산물에 지나지 않기 때문이다.

반대로 만약 우리가 파동을 발산하는 점을 시공간에 도입하는 것을 받아들인다면 파동이 무한한 존재의 본질이 실제 시공간으로 계속적으로 흘러들어가는 전체성을 가진 본질이라는 것을 받아들일 수 있다.

우리가 이런 생각을 발전시키기 위해서는 파동이 정신적인 물질로 이뤄졌다는 것과 마찬가지로 부동 상태에 있는 공간도 정신적인 물질로 이뤄졌다는 것에 동의해야 한다. 그러면 파동의 궤적을 가장 정확하게 결정하는 법칙의 효과를 생생하게 볼 수 있게 된다.

이제 바다의 파도 같은 파동이 어떻게 만들어지는지 알아보자. 만약 바다가 육지와 경계를 갖고 있지 않고 공기의 흐름인 바람이 물에 영향을 주지 않는다면 파도는 만들어지지 않는다. 다시 말해서 바닷물의 높낮음이 없어지지 않고 계속되기 위해서는 '매질'이 필요하다. 초속 30만㎞라는 엄청난 속도로 달리는 빛이 빛나기 위해서는 '매질'이 필요하다. 이 매질은 부동 상태에 있는 무한하고 일정한 지평선이다.

바람에 의해 만들어진 바다의 파도가 이동하는 경우에 파동을 전달하는 '매질'은 땅 자체다.

예를 들어 바람에 의해 만들어진 바다의 파도가 이동하고 발전하기 위해 필요한 '매질'은 땅 자체다. 파동은 바닷물이 전체 부피로 땅에 압력을 가하며 이동한다.

무한한 밀리미터 크기의 종이 위를 빛이 달리고 있다고 생각해보자. 밀리미터 크기의 종잇조각으로 이뤄진 그물망은 빛이 방해받지 않고 사건의 지평선으로 여행하는 데 필요한 모든 정보를 보호한다. 왜냐하면 모든 선의 교차점은 법칙들과 규칙들, 우주를 구성하는 수들의 교차점이기 때문이다.

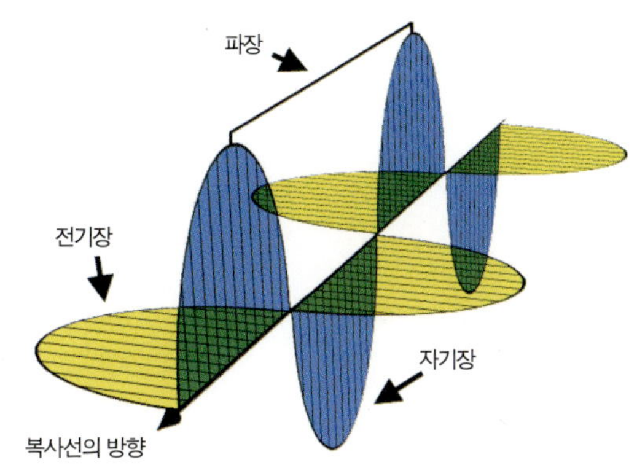

우리가 살고 있는 지구에서 각 순간에 일어나는 모든 사건을 함께 비춰주는 광학적 또는 음향 스크린이라고 생각되는 것도 그리고 이런 모든 정보가 우주 반대쪽에 있는 지적인 존재에게 전달된다고 생각하는 것은 매우 그럴 듯하다.

빛이 정상적으로 발산하는 것을 방해하기 위해 끼어드는 것, 즉 밀리미터 크기의 종잇조각은 방해받지 않고 궤도운동을 계속하기 위해 필요한 정확한 곡률을 갖고 있다.

이 무한한 밀리미터는 전체 우주 어디에서나 발견된다. 그리고 그것은 빛의 파동이 일정한 배경 장 안에서 흘러갈 수 있도록 하는 매개체다. 고대 그리스 철학자들은 이것을 '에테르'라고 불렀다.

밀리미터 에테르에는 전체 우주에서 일어나는 사건에 관한 모든 정보가 기록되어 있다.

멀리 떨어져 있는 광자 사이에 '매개체'가 활성화되어 두 광자가 순간적으로 연결되어 있다는 사실에도 불구하고 아무도 그들 사이에서 빛보다 빠른 속도로 전달될 수 있다고 주장하지 못한다.

일부 과학자는 하나의 광자를 측정하는 것이 다른 광자에 무작위적인 방법으로 영향을 준다고 주장한다. 이것은 상식을 부정하는 일이다. 우주는 방정식을 이용하여 풀어낼 수 있다.
우주는 수학적이고 조화를 갖고 있으며, 같은 작용에
대해 같은 반응을 보이며, 완전히 그리고 동시에 무한
하다. 무작위성에 기대는 것은 주장의 약점을 드러내
보이는 것으로 물리 작용에 대한 올바른 설명이라고
할 수 없다.

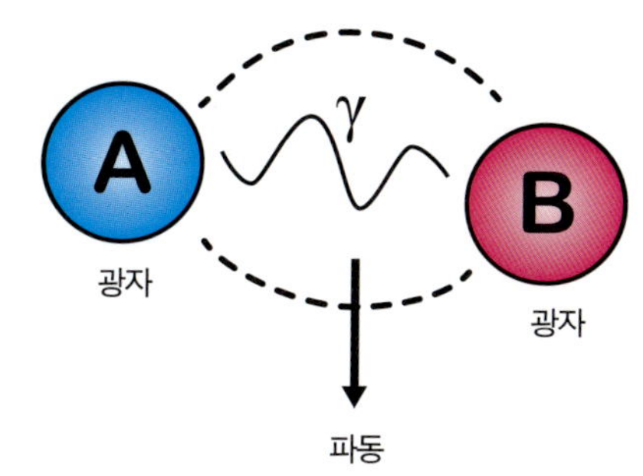

현대 과학자는 겸손해져야 하고 '매개체'에 관심을
가져야 한다. 다시 말해 1개 또는 그 이상의 광자나 다른 입자 사
이를 연결하고 상호 관계를 갖도록 하는 매개체에 관심을 가져야
한다.

입자들을 구성하는 법칙들의 합일이 그들의 '매개' 관계를 결정
하는 것은 명백한 사실이다.

그리고 합일은 선형으로 작용하는 것이 아니라 구형으로 작용
하기 때문에 전체 우주에서 그리고 모든 순간에 축적된 총합이 만
드는 하나 — 다시 말해 동시에 발산하면서 받아들이는 하나 — 의
근원에서 정보가 일치하여 우주의 작동을 완전하게 지배한다는
것이 확실하다고 간주해야 한다.

지금까지의 관측 결과는 우리가 광자 A를 방해하면 이와 연관
상태에 있는 광자 B도 방해를 받는다는 것을 보여주었다. 그러나
광자 B가 반응했던 것과 같이 반응하도록 한 것이 무엇인지는 아
직 이해하지 못하고 있다.

만약 우리가 양자적 얽힘 상태에 대한 암호를 깊이 연구한다
면 — 즉 두 광자 사이에서 작동하는 '매개체'에 대해 깊이 연구한
다면 그리고 그러한 연구를 공간의 넓은 지도와 연결시킨다면 —
지구의 주민이 팩스, 전자메일이나 전화를 이용하여 지구상의 두

지점 또는 더 많은 지점 사이에서 주고받는 모든 메시지와 전달되
는 정보가 우리 은하 안이나 은하 밖에 있는 진보된 기술을 가진
존재에 의해 수집되고 있다는 것을 확실하게 알 수 있을 것이다.

　지구는 지구에 살고 있는 주민과 함께 우리 행성에서 상상하기
힘들 정도로 멀리 떨어진 행성에 살고 있는 지적인 존재에 정보를
알려주는 책일지도 모른다는 과감한 생각도 해볼 수 있다. 우리가
살고 있는 지구를 각 순간에 일어나는 모든 사건을 함께 비춰주는
광학적 또는 음향 스크린이라고 생각하는 것도 그리고 이런 모든
정보가 우주 반대쪽에 있는 지적인 존재에게 전달된다고 생각해

지구와 지구에 살고 있는
생명체들을 우리 행성에서
멀리 떨어진 다른 생명체를
가진 행성에 대한 정보를
전해주는 책이라고 생각하
는 것도 매우 그럴 듯하다.

볼 수도 있다.

확실한 것은 지구에 살고 있는 우리가 메시지를 보내고 있다는 것, 그 메시지를 외계인이 수신하고 있다는 것이다. 그러나 우리는 외계인들이 우리가 보내는 메시지에 어떻게 반응할지, 그런 반응의 형식이 무엇이며 어느 정도일지는 모르고 있다. 왜냐하면 우리는 현재 외계에서 오는 메시지를 수신하지 못하고 있기 때문이다.

지구 규모에서 이런 현상을 조사하면 암호 해독에 큰 도움이 될 것이다.

숨기고 싶은 메시지가 있다면 메시지를 두 부분으로 나눠 보낸 다음 두 부분을 모두 확보한 사람만이 읽을 수 있도록 하는 방법이 있다. 말하자면 메시지의 절반은 배달원을 통해 보내고, 나머지 절반은 비둘기를 통해 수신자에게 보내는 것이다. 수신자는 양자 얽힘 현상을 이용하여 편지의 두 부분을 모두 받아 전체 메시지를 읽을 수 있을 것이다.

이때 우리가 이해해야 하는 것은 메시지의 전달 속도는 가장 빠른 빛의 속도를 넘을 수 없다는 것이다.

때문에 우리 은하 안에 있거나 다른 은하에 있는 지적인 생명체를 가진 행성까지 메시지를 전달하는 경우, 지금 출발한 메시지가 운 좋게 수신자에게 도달하기 위해서는 빛의 속도로 5~10만 년을 달려야 할 것이다.

제18장
우리는 우리 자신의
원형 아니면 복제?

지구상에 살고 있는 당신이 이 순간 가깝거나 아주 먼 다른 곳에 존재하는 당신 자신의 복제품일 가능성이 있다는 생각을 해본 적이 없는가?

이 세상에 있는 우리의 물리적인 구조, 존재 그리고 자아가 다른 세상에 살고 있는 존재의 복제품 – 즉, 이 세상에 살고 있는 당신과 끊임없이 상호작용하고 있는 원형 – 다시 말해 초자아의 양자복제일지도 모른다는 생각을 해본 적이 있는가?

이런 생각을 믿을 수 없는 것과는 관계없이 양자물리학은 그것을 증명할 수 있는 과학적 증거들을 갖고 있다.

복제의 경우 양자물리학은 든든한 기반을 갖고 있다. 양자물리학에는 하나의 존재를 다른 하나와 구별할 수 없다는 성질이 있다. 그것은 우리가 같은 존재를 다루고 있다는 것을 의미한다.

당신은 지금 복사기 앞에 서서 복사할 문서를 들고 있다. 원본을 복사하면 이제 두 손에 두 장의 문서를 들고 있게 된다. 우리는 어떤 것이 원본인지 알고 있다. 이러한 복사를 '양자 전송'이라고 부른다.

양자 전송은 다음과 같은 방법으로 작동한다. 우리는 2개의 얽힘 상태에 있는 광자를 만든다. 그리고 그중의 하나를 먼 곳, 예를 들면 수성으로 이동시킨다.

지구상에 살고 있는 당신이 다른 곳에 존재하는 당신 자신의 복제품일 가능성이 있다는 생각을 해본 적이 있는가?

이 세상에 있는 우리의 물리적인 구조, 존재 그리고 자아가 원형의 양자복제일지도 모른다는 생각을 해본 적이 없는가?

다른 광자는 전자와 상호작용한다. 우리는 상호작용의 결과 발생한 모든 사건을 기록하고 저장한다.

그런데 전자가 광자와 상호작용하는 순간 처음의 광자 상태는 파괴된다는 것을 강조해둘 필요가 있다. 그와 동시에 이 상호작용에 의해 수성에 가 있는 광자의 처음 상태도 파괴된다.

우리가 빛의 속도를 넘지 않는 속도로 상상 속의 여행을 한다고 가정해보자. 수성에 도착하여 처음 광자가 전자와 상호작용하면서 발생하는 모든 사건의 기록을 수성에 있는 두 번째 광자 옆에서 우리를 기다리고 있는 '노련한' 물리학자에게 건네준다. 그러면 물리학자는 자신에게 전달된 자료를 조사한 후에 광자를 뒤로 돌려 양자 얽힘에 의해 발생한 모든 변화를 지우고 첫 번째 전자의 처음 상태를 가진 정확한 복제 광자를 만들어낼 수 있을 것이다.

이런 놀라운 현상에 대해 오늘날까지 이뤄진 모든 실험적인 측정은 이렇게 만들어진 광자는 원본이며, 진품 광자라는 것을 보여주고 있다.

이 시점에서 연구자는 양자 반응의 장을 여행하고 있다. 이것은 경험이 없는 사람들에게는 이상하고 환상적인 것으로 보일 것이다.

현재까지 이와 비슷한 과학적 실험은 광자와 전자의 원격 제어가 가능하다는 것을 증명하고 있다.

이것은 멀지 않은 미래에 아주 먼 거리에서 빛보다 약간 느린 속도로 인간을 원격 이동시킬 수 있을 것이라는 예측을 가능케 한다.

이런 종류의 원격이동을 통해 인간 전체를 관측 가능한 우주에서 멀리 떨어진 지점으로 이동시키기 위해서는 인간을 구성하는 모든 원자에 포함된 입자들에 대한 정보를 알고 있어야 한다. 만약 모든 정보를 갖고 있지 않으면 원격이동된 사람은 죽은 사람일 것이다.

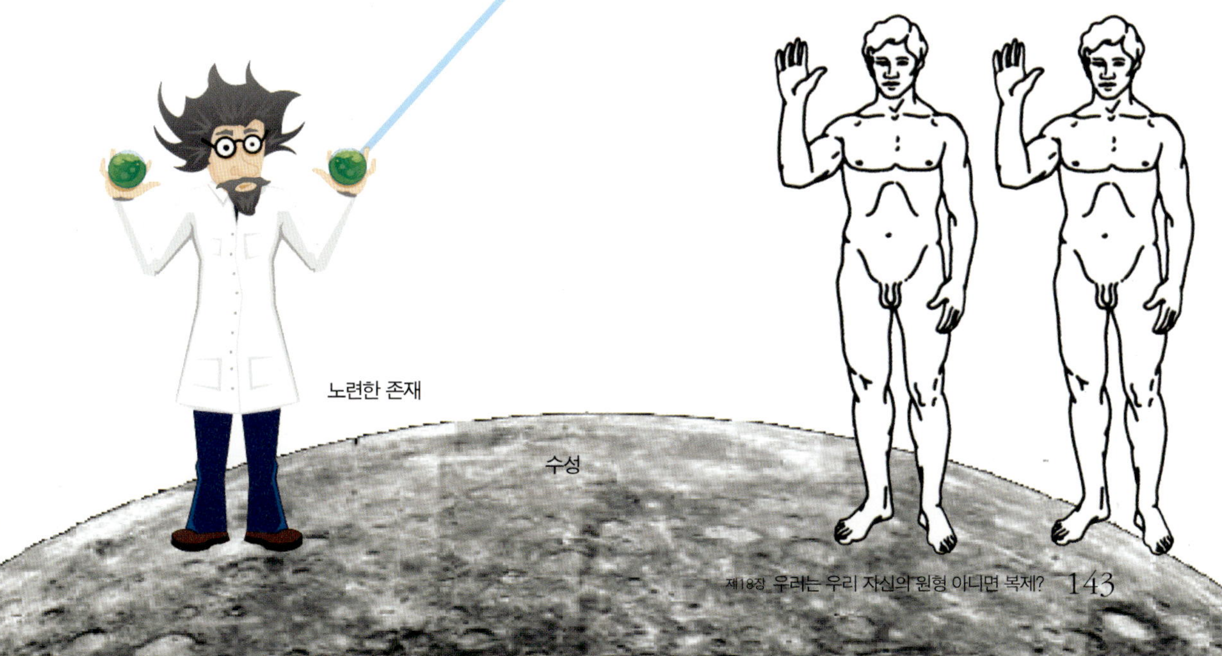

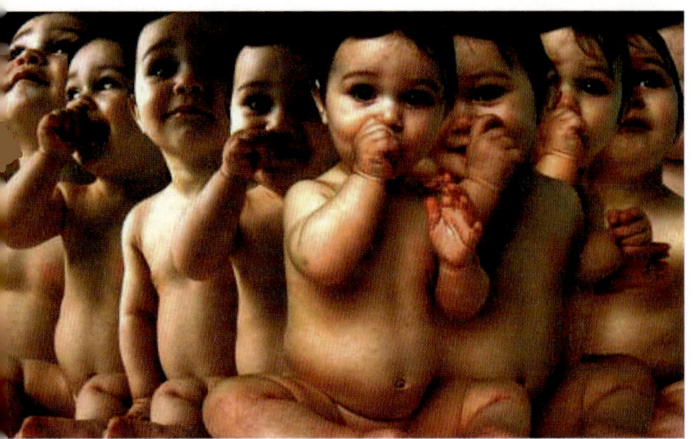 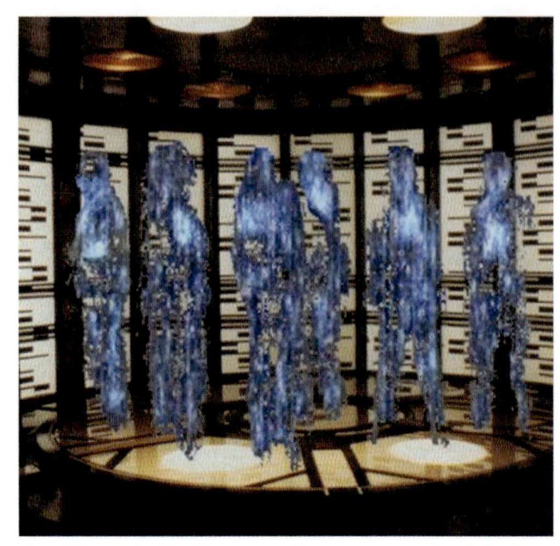

그러나 정보가 옳다는 것이 확인되면 거의 생각의 속도에 가까운 속도로 다른 행성으로 전송하는 것도 가능할 것이다.

양자물리학이 제공하는 이 모든 놀라운 요소는 지구 위에서 태어나 죽어가는 우리가 원본이거나 우리 자신의 복제일지도 모른다고 생각할 수 있는 근거가 된다.

매개체와 관련된 법칙에 적용되는 상호작용의 법칙과 얽힘의 법칙은 우주에 우리가 적어도 둘은 존재한다고 생각하게 한다.

이와 관련해 제기되는 문제는 우리가 우리 자신의 원본이고, 우리의 복제가 우주의 다른 어느 곳에 존재하는가 아니면 그 반대인가 하는 것이다.

지상과 하늘세계에서의 삶을 나타내는 가상 지도에는 운동성과 부동성이 합일된 공간에 있는 우리 자신의 원본 그리고 거시세계와 미시세계가 작용하는 공간에 존재하는 우리 자신의 복제가 원형으로 이뤄진 영원한 세상과 인간을 규정하는 결정적인 역할을 한다.

　운동과 작용으로 이뤄졌으며 물질적인 신체 부패와 변화법칙의 지배를 받는 이 생애에서 우리의 역할과 (영혼의 파라다이스라고 할 수 있는 원형으로 구성된) 영원한 세상에서의 우리 자아의 부동성과 관련된 존재의 최종 목적을 인식할 수 있다면 우리는 가장 멀리 있는 지혜의 영역으로 들어갈 수 있다.

　양자물리학은 원본과 복제 사이의 상호의존성에 대한 문제에 명확한 답을 제시한다.

　그러나 우리 자아의 원본이 부동 상태의 세상에 있다면 우리의 목적지는 신적인 것이라고 생각할 수 있다. 우주의 경계 밖에 있는 청정한 영혼의 세계에 존재하는 우리 원본이 일상생활을 하는 우리 자신의 복제에 주는 충격은 엄청나다. 그러나 불행하게도 우리는 그것을 관측할 수 없고 설명할 수도 없다.

우리 안에서는 우리를 위협하는 것에 반응하는 자동적인 운동으로 우리의 의지와 관계없는 본능이 작동한다. 우리는 이러한 운동이 어디에서 유래했는지 물어볼 생각도 하지 않는다.

우리는 자신의 의지와 관계없이 숨을 쉬고, 아무런 생각을 하지 않아도 심장이 뛰어 피가 흐른다. 우리는 교육받지 않은 특정한 능력을 갖고 있으며 종종 배운 적이 없는 질문에 대답한다. 또한 자동적인 자기 결정에 의해 좋은 사람이거나 보통 사람, 아니면 나쁜 사람이 된다. 우리는 눈앞에 위험이 닥치면 아무 생각 없이 눈을 깜박거린다. 그리고 종종 무의식적으로 저지른 잘못에 대해 이유를 알지 못한 채 죄책감을 느낀다.

그렇다면 우리 신체 구조 밖 어디에 우리가 지구상에 살아가는 데 꼭 필요하다고 예상되는 것들을 확보할 수 있도록 관측하고 제어하는 능력이 존재하는 것일까?

제기되는 문제는 우리가 우리 자신의 원본이고, 우리의 복제가 우주의 다른 어느 곳에 존재하는가 아니면 그 반대인가 하는 것이다.

천성을 지니고 있는 원본이며, 영혼의 세계에서 일정하고 부동 상태에 있는 인간의 진정한 자아가 물질과 감각의 세상에 살고 있는 우리 복제의 마지막 종착지를 결정할 것이라는 생각을 해본 적이 없는가?

나는 무엇이 원형과 우리 자아의 복제, 다시 말해 자아와 초자아 사이에 작용하여 스스로를 인식하게 하고 상호작용하게 하는지 알고 싶다. 그리고 우리 원형과 복제 사이의 독립성은 어떤 것이며, 얼마나 서로 의존하고 있는지에 대해서도 알고 싶다.

앞에서 가상적인 어느 '노련한' 물리학자가 2개의 상호작용하는 광자 중 한 광자의 모든 정보를 조사하면 첫 번째 광자와의 양자 얽힘에 의해 두 번째 광자에 일어난 모든 변화를 상쇄시키는 방향으로 거꾸로 돌려 최초의 광자 상태를 만들어낼 수 있는 능력을 갖고 있다고 언급한 것을 떠올려보자.

현대 과학의 실험적 증명은 이러한 특정 실험 결과를 원형과 복제품에 전달한 연구자는 인간의 삶과 관련해서는 어디로 이끌게 될까?

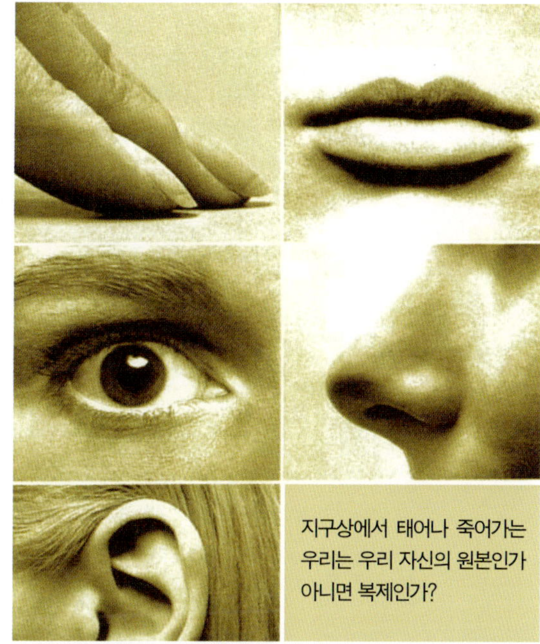

지구상에서 태어나 죽어가는 우리는 우리 자신의 원본인가 아니면 복제인가?

인간의 행동, 자신의 동류들, 사회 그리고 자연 자체에 대항하는 악행은 자동적으로 원형 초자아에게 전송된다.

우리 모두는 또 다른 영원한 세계인 부동 상태에 있는 공간의 위대성을 경험할 수 있는 원형인 '초자아'에서 유래했다.

초자아가 분리되면 복제는 부동 상태에 있는 세상에서 지상의 자연과 삶의 세상인 운동성의 세상으로 하강한다.

복제의 생활방식에 대한 모든 정보는 원형에게 전달된다. 한마디로 말해서 원형 초자아는 이 세상에서 살아가는 자아인 복제의 행동을 전달받는다.

인간의 행동, 자신의 동류들, 사회 그리고 자연 자체에 대항하는 악행은 자동적으로 원형 초자아에게 전송된다. 그리고 부정적인 요소들이 쌓이면 때때로 격렬한 변화가 나타난다.

그런데 '초자아' 옆에 서 있는 '노련한' 존재는 누구인가? 복제가 남긴 자료를 조사하여 원형의 어지럽혀진 상태를 되돌려놓고 사태를 진정시킬 수 있는 능력을 가진 존재는 누구인가?

원형의 전체성을 정의하고 통제하고 제어하며, 물리적 세상에 살고 있는 인간을 구성하는 입자들로부터 받아들인 충격을 완화시켜 영혼의 축복을 받는 환경 속에 조화시키는 웅장하고 넘어설 수 없는 능력은 무엇일까?

우리가 이 세상을 떠날 때 절대적인 행복을 약속해주는 영원한 우리 자신의 원본에 대한 책임을 받아들이면 신 자체를 받아들이는 것이다.

신을 우리 자아의 위대한 감독관으로 받아들임으로써 우리는 원형이 신성과 우주를 구성하는 자연과 인간성을 위해 작동하는 영원한 세상에서 우리의 부동 상태를 받아들이게 된다.

그렇다면 이제 지상과 하늘 생활을 나타내는 지도에서 인간과 자연 존재들의 원형이 어떤 방법으로 그들의 복제와 통신하고 상호 의존하는지 그리고 영혼의 세상과 물질의 세상 사이에서 모두가 하나인 '자기 동일성'의 사회를 만드는지에 대해 생각해보자.

우리가 살고 있는 세상은 실재일까?

플라톤

그리스의 위대한 철학자 플라톤은 2500년 전에 무엇이 실재이고 무엇이 실재가 아닌가 하는 문제에 대한 해답을 제시했다.

플라톤은 자신의 제자들에게 우리가 감각을 통해 감지하는 세상은 주관적인 정당성을 갖기 때문에 실재가 아니라고 가르쳤다.

플라톤의 생각을 연구하면 우리는 감각적인 세상에서 일어나는 일들만 연구하는 현대 양자물리학자들의 연구에 만족할 수는 있지만, 필요한 범위의 지식을 얻지는 못한다고 확신할 수 있다.

플라톤은 "계속적으로 변해가는 물체의 감각적인 양은 실재를 구성할 수 없다"고 주장했다. 그리고 "그것은 계속적으로 변할 뿐만 아니라 물리적 세상에서는 변환도 계속 일어나고 있다"고 말했다.

동시에 계속적인 변화는 인간이 자신의 신체와 정신의 기질에 의해 만들어낸 물체에 대한 인상이다. 그가 계속적으로 같은 것을 관찰하는 경우에도 변화를 느낀다. 감각적인 것에는 객관적인 지식과 절대적인 진리가 있을 수 없다. 이런 이유로 우리의 감각기관 자체처럼 끊임없이 변해가는 것을 감지하는 것이다.

진정한 지식은 태어나지 않고, 변화하지 않는 영원한 존재에서만 발견할 수 있다. 그러나 이러한 지식은 우리의 감각에 속하지 않는다. 그것은 청정한 지성을 통해 영혼만이 가질 수 있는 배타적인 특권이다.

나무를 예로 들어보자.

사람이 땅에 작은 나무를 심는다.

땅은 비로 인해 계속적으로 변화하는 상태에 있다. 작은 나무에 물을 주면 나무는 계속 뿌리를 뻗어 물과 땅에 포함된 다른 물질을 흡수하여 다양한 화학물질로 변화시킨 후 수액의 형태로 줄기와 가지 그리고 잎으로 보낸다.

나무는 무럭무럭 자라다가 점차 수명이 다하면 시들기 시작하고 가지와 줄기가 해체된다. 나무는 땅에 쓰러진 후 비와 바람에 쓸려가 흙이 된다. 그리고 그 자리에 새로운 사람에 의해 새로운 나무가 심어진다. 그리고 같은 삶의 주기가 반복된다.

이 과정에서 나무는 절대로 '자기 자신'인 적이 없다. 왜냐하면 계속적인 변화의 과정에 있었기 때문이다. 나무뿐만 아니라 환경 전체가 변화 과정에 있었다.

"당신이 보고 있는 이 나무가 당신이 보고 있는 그 나무다."라고 누가 주장할 수 있을까?

어느 누가 "당신이 보고 있는 이 나무가 당신이 보고 있는 그 나무다"라고 주장할 수 있을까?

아무도 없다! 절대로 없다! 내가 보고 있는 이 나무는 다음 순간 다른 나무다. 그리고 그 후에는 또 다른 나무이고, 또 그다음에도 다른 나무다. 이 나무는 환상적인 이론의 일부다!

그래서 플라톤은 생각과 감각을 분리했다. 그는 이 두 가지를 다른 뇌의 활동에 속하는 완전히 다른 것으로 생각했다. 생각은 영혼의 가장 고귀한 능력인 반면 감각은 육체에 속하는 것이라고 보았다.

그러나 사고와 감각에 속하는 이 두 가지 다른 영역은 감각이 감지하는 것에 영혼이 참여하기 위해 필요하다. 그런데 무엇이 진정한 지식이고 어떻게 그것을 획득할 수 있을까?

플라톤은 기원전 399년, 자신의 위대한 스승이었던 소크라테스가 죽은 후에 지식의 문제로 위기를 경험했다. 왜냐하면 지식은 초기에 환경과 관련된 지식을 필요로 하기 때문이다.

플라톤은 자체 결정의 원리를 찾았다. 그는 자신을 우주의 수로 보았고, 순수한 사고의 영원한 윤리적 축복을 우연하게 받은 것으로 결정했다. 그것은 그의 스승인 소크라테스에게서 배운 것이었다.

절대적인 윤리법칙을 구성하는 수학과 윤리 개념은 플라톤이 제시한 존재론을 지탱하는 두 기둥이 되었다.

플라톤적인 존재론은 양자물리학이 증명하려는 것과 같다. 양자역학은 미시세계에서 하나의 실체를 입자와 파동의 두 부분으로 분리한다. 이러한 분리를 통해 양자역학은 입자를 찾아냄으로써 입자라는 아이디어를 보여주려고 한다. 반면에 입자는 찾아내

는 방법과 주변 환경과의 관계를 통해 자신의 존재를 드러낸다.

플라톤은 우리의 다섯 가지 감각으로 감지한 세상은 환상이라고 주장했다.

우리 스스로 그것이 환상이라는 것을 이해하고 우리 자신을 설득했을 때만 하늘세계를 감지할 수 있다. 우리가 보고 있는 꽃의 형식과 모양은 우리 눈으로 느끼는 환상이다.

그러나 꽃을 구성하는 법칙과 꽃의 존재 목적을 구성하는 법칙은 실재다.

옆에 있는 사람과 진정으로 통신하고 싶다면 우리의 감각 너머에서 그를 만나야 한다. 그의 존재 뒤에는 그의 내용, 즉 그의 정신세계와 그 사람이 하늘 존재로 신과 하나가 되어 존재하도록 하는 법칙이 숨겨져 있다.

플라톤은 우리의 다섯 가지 감각으로 감지한 세상은 환상이라고 주장했다.

우리가 보고 있는 꽃의 모양과 형식은 우리 눈이 느끼는 환상이다. 그러나 꽃을 구성하는 법칙과 꽃의 존재 목적을 구성하는 법칙은 실재다.

인간과의 일치를 위한 노력은 자연에 살아 있는 다른 모든 것, 나아가 신 자체와 일치하기 위한 노력과 마찬가지로 우리를 실재와 진리 그리고 신성에 기원을 둔 위대한 세상을 감지할 수 있도록 이끈다. 우리는 그런 세상으로부터 유래되었고, 지상의 삶이 끝난 후에는 그런 세상을 향해 나아가게 된다.

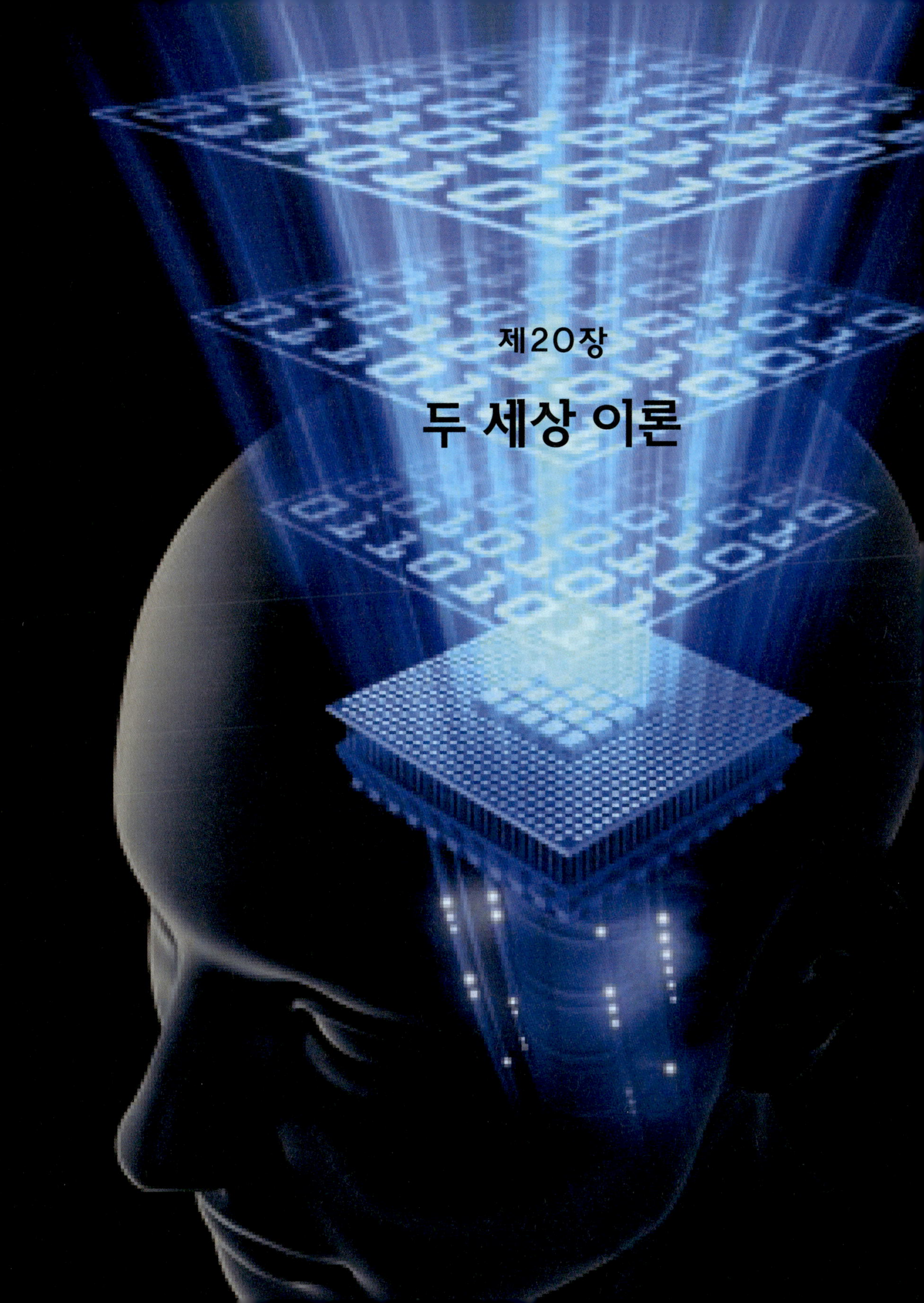

제20장

두 세상 이론

오늘날 사람들이 일상생활에서 '개념'이라고 하는 것이 플라톤에게는 물질적인 것 너머에 있는 영원한 실체였다. 우리에게도 익숙한 것과 같이 개념은 전체적으로 분리되고 인간의 사고 범위를 넘어서는 것이다.

우리를 둘러싸고 있으면서 우리의 감각으로 감지할 수 있는 전체 물리적 세상은 환상적인 현상을 만들어내고 계속적으로 거짓 인상을 우리 뇌에 전달한다.

자연계는 계속 변하기 때문에 한 순간도 같거나 실재이지 않지만, '개념'은 완전하며 영원한 실재이고 변함이 없으며 완전하다.

우리 시대의 선을 향한 노력은 수도원에 살고 있는 수도승이 매일 하는 기도에서 발견할 수 있다.

플라톤에게 보편적 논리와 존재론적 실재는 같은 것이었다. 예를 들어 "덕이 무엇인가?"라고 묻는다면 우리를 덕의 핵심, 즉 존재로 이끄는 것이며 그것은 정확하게 이데아다.

과학적으로 존재를 보여주기 위해서는 부동 상태의 체계 안에서 법칙적인 본질을 찾아야 한다.

덕의 개념은 부동 상태에 있는 법칙이다. 그리고 부동 상태에 있는 것만이 유일하고 태어나지 않으며, 죽지 않고, 완전하며 영원하다.

자기 마음의 결정을 통해 덕을 찾는 사람은 덕이 부동 상태에 있는 실체라는 실재의 법칙을 갖고서도 그것을 이해하지 못한 채 자신의 감각으로 느끼는 세상인 실재가 아닌 것의 법칙과 연결한다.

실재가 아닌 곳, 다시 말해 감각적인 세상에 살고 있는 신의 숭배자는 영원한 세상에 참여하고 부동 상태와 연결되기 위해 노력한다.

이런 경우 부동 상태의 법칙과 감각적인 물체의 법칙은 작용을 통해 연결되고, 결과적으로 그 사람은 직접적으로 신성한 세상과 통신하게 되어 성인과 같이 된다.

간단한 예를 들어보자.

오늘날 선을 향한 노력은 세상과 고립된 수도원의 수도승이 매일 하는 기도에서 발견할 수 있다.

수도승들은 끊임없이 기도한다. 인류의 구원을 위해 기도하고 전쟁과 피 흘림, 질병, 굶주림, 영혼에 대한 무지를 없애 달라고 기도한다. 그들은 동료인 인류를 위해 계속 기도한다.

기도를 통해 신의 영역에 도달하여 어려움에 처한 사람들에게 자비를 간구하는 이러한 계속적인 노력을 '선을 위한 탐색'이라고 부른다. 다시 말해 완전한 사랑을 위한 봉사다.

플라톤은 영혼의 결핍이 자신의 이데아를 전하려고 노력하는 사람을 위해 필요한 윤리의 결핍을 초래한다고 생각했다. 왜냐하면 영혼이 영원과 신성을 향하는 성향인 선은 모든 이데아의 정점이기 때문이다.

플라톤에게 감각적인 세상은 제한적인 능력을 가진 인간의 감각기관에 반응하여 모든 것이 운동 상태에 있는 세상이다. 플라톤은 운동 상태에 있는 모든 것은 환상이라고 생각했다.

지적인 세상은 부동 상태에 있는 안정된 이데아의 공간이다. 그
세상에서는 모든 것이 신적이기 때문에 모든 것이 부동 상태에 있
다. 신적인 것은 전능하기 때문에 움직일 필요가 없다.

이 두 세상이 플라톤의 가르침에서는 제5의 원소를 구성했다.
한 세상은 영혼의 영원한 축복을 약속하고, 다른 세상은 전체 우
주에서 영원한 가능성을 나타내기 때문에 이 두 세상만이 원인과
효과를 포함할 수 있다.

감각적인 세상과 지적인 세상이라는 두 세상 이론은 플라톤의
이데아론 전체 체계의 열쇠다. 그리고 그것은 절대적인 실재의 체
계를 이룬다.

실재는 인식론과 형이상학적 측면에서뿐만 아니라 원리적으로
는 인류학적인 면에서도 든든한 기초와 이중성을 갖고 있다.

제21장

무한

현대의 컴퓨터는 전자와 원자의 양자적 성질에 기반을 두고 있다. 전자와 원자의 양자적 성질은 마이크로칩이 기능하는 데 중요한 역할을 한다.

오늘날 전 세계의 실험실에서는 연구팀들이 양자컴퓨터를 만들 수 있는 가능성을 연구하고 있다. 양자컴퓨터를 만들면 엄청난 과학 혁명이 될 것이 틀림없다.

지금까지 양자물리학 분야 연구자들의 끊임없는 노력으로 컴퓨터 수행 속도의 문제를 해결했고, 그것은 자연계에 충격을 주었다. 현재 마이크로칩은 60년대에 만들어진 방 크기의 거대한 전자컴퓨터보다 빠르게 작동한다.

양자 시스템에 대한 연구와 계속된 발견으로 더 작은 크기에서 작동하는 컴퓨터가 가능할 것이라는 기대를 할 수 있게 되었다. 현재는 수없이 많은 전자가 하던 일을 하나의 전자가 수행할 수 있게 되었기 때문이다.

미래의 양자컴퓨터는 현재 사용하는 개인용 컴퓨터 크기 정도로 우주 전체의 원자를 이용하여 만든 보통 컴퓨터만큼 빠르게 작동할 것이다. 하지만 우리 인간이 그 결과를 이해할 수 없다는 문제를 안고 있다.

컴퓨터 진화의 철학은 시간이 지남에 따라 미래로 가면 갈수록 정보 처리 속도는 무한에 접근하면서 크기는 점점 더 작아지는 전자컴퓨터를 만들어낼 것이라는 결론을 내린다. 한마디로 말해 멀지 않은 미래에 인간은 무한한 존재를 다루게 될 것이다.

그렇다면 무한이란 무엇인가? 간단한 대답은 "끝이 없는 것"이다. 그리고 조금 길게 대답하면 "시작이 없는 것"이라고 할 수 있다. 만약 우리가 '모든 것의 시작'이 사실은 '시작이 아니라는 것'을 알게 된다면 의문이 생길 것이다. 우주와 자연에서 살아가기 위해 시작하는 모든 것은 다른 것의 끝에 연속된 것이 아닐까? 예를 들면 우리가 심어서 자라고 시들어 죽어가는 꽃에게 시작은 무엇이며 끝은 무엇일까?

첫 번째 대답은 "무한은 현상과 존재의 눈에 보이는 기능과는 아무 관계가 없고 그것들의 본질에만 관계가 있다"이다.

이 세상의 모든 것은 그 안에 무한을 숨기고 있다!

만약 우리가 커다란 규모에서 우주를 조사하면 팽창은 '작은 세상의 성질'이라는 결론에 이르게 될 것이다. 다시 말해 팽창은 우주 전체가 아니라 무한한 우주의 아주 작은 부분인 세상의 성질이라는 것이다.

무한의 개념은 "전체 우주는 무한하고 혼돈스럽기 때문에 우주는 팽창한다"고 주장하도록 허용하지 않는다.

우리는 중력이론에 근거해 부분적인 우주의 팽창을 받아들일 수 있다. 예를 들면 세상 A 다음에 오는 세상 B의 부피와 중력이 A보다 클 때 B는 A를 한계까지 잡아당길 것이다.

그러나 세상 A의 물질의 속도가 커지면 별들과 은하들은 타서 없어질 것이다. 오늘날 매스컴의 과학 난에는 우주가 계속적으

로 팽창하고 있다는 허블의 발견에 근거한 대중의 의견이 넘쳐
나고 있다.

이것은 과장이며, 우주의 크기와 차원의 무한한 속성에 대한 모
욕이다.

팽창을 전체가 아니라 부분에서도 조사해보면 우리는 눈으로
관측할 수 있는 우주를 구성하는 암흑물질이 아니라 우리 은하가
'열려' 있다는 것을 확인할 수 있다. 암흑물질은 운동과 관련된 성
질을 숨기는 하이젠베르크의 불확정성 원리의 근거가 되어왔다.

오늘날 그리고 앞으로도 영원히 과학은 암흑물질 입자의 경로
와 방향을 확인할 수 없을 것이다. 암흑물질 입자는 전체 우주 물
질의 96%를 차지하고 있다. 무한은 내적으로나 외적으로 존재의
영원한 계속성을 나타내는 개념이다.

예를 들면 조개의 계속성은 태어나서 얼마나 오래 살고 언제 죽
느냐가 아니다. 왜냐하면 그것은 계속성을 중단시키는 것이기 때
문이다.

계속성은 조개가 영원한 원형으로부터 유래되는 것을 정하는
법칙이다. 원형을 통해 일정한 모양이나 수를 갖춘 조개가 된 뒤,
일생을 살고 다시 원형으로 돌아가는 데 필요한 암호를 전달받는
다. 그리고 살아가는 동안에 필요한 모든 물리적 특성도 전달받는
다. 그것의 물질과 형식은 영원하다.

그러나 조개의 무한한 성질은 여기에서 끝나지 않는다.

조개는 지적인 물질로 이뤄졌다.

생각할 수 있는 각각의 원자는 독립적으로 자신의 무한을 숨기
고 있다.

조개의 본질은 절대 끝나지 않는다. 시간이 감에 따라 '존재'를 결정하고 존재하도록 하는 원인은 부동 상태가 된다.

존재를 구성하는 원자의 '무한한 분할 가능성'은 부동 상태의 무한과 만난다. 그것이 존재의 원시적이고 기초적인 원인이다.

이런 방법으로 우리는 우주지도 앞에서 물질과 형식을 가진 물질세계가 물질의 본질이며 부동성을 갖고 있고, 무한한 영혼의 세계인 지식세계가 만나고 통신하고 일체가 되는 것을 발견할 수 있다.

무한은 하나의 부모를 갖고 있지만, 하나의 세계에 국한되는 것은 아니다. 무한의 모든 구성단위는 물질의 전체성과 동질이다.

무한은 때때로 하나 안에 또 다른 무한한 세상을 만들어낸다. 각각의 세상은 자신 안에 자신의 무한을 숨기고 있다.

따라서 우리는 무한한 수의 세상으로 이뤄진 다중 우주의 장관을 대하는 우리 자신을 발견하게 된다. 여기에는 하나의 세상 안에 또 다른 세상이 들어 있으며, 동시에 이들 모두는 부동 상태와 만나고, 그것에 흡수되기 위해 입구를 향해 기울어져 있다. 그리고 모든 것은 존재의 '잠재적으로' 무한한 본질 안에서 절정에 이르기를 바라고 있다.

물론 부동 상태에 있는 영혼의 세계와 결합하는 우주의 가장자리에서 지적인 생명의 이데아를 받아들임으로써 우리의 의지를 우주의 한계에 놓을 수 있다.

상대성이론을 만들기 위해 아인슈타인과 긴밀하게 협조했던 위대한 그리스의 수학자 콘스탄틴 카라테오도리스는 '잠재적' 법칙성 안에서 우주가 전체적으로 부동적이라고 확신했다.

상대성이론을 만들기 시작한 첫 단계에서 아인슈타인은 우주가 정적이며 부동적이라는 절대적인 믿음을 갖고 있었다.

1915년, 아인슈타인은 우주가 정적이라는 절대적인 신념으로 자신의 방정식에 '우주상수'라고 이름 붙인 한계를 더하는 방법으로 이론을 수정하여 우주의 부동성을 예측하도록 했다.

우주상수는 반중력을 나타내는 것이었다. 이 상수의 물질적 정당성이 증명되지는 않았지만, 시공간의 구조 속에 남아 있다.

아인슈타인은 시공간이 중력에 의한 축소와 정확하게 같은 정도로 확장되는 내적인 경향을 갖고 있다고 확신했다. 따라서 우주에 있는 모든 물질의 인력과 균형을 이룰 수 있다고 믿었다.

상대성이론을 만들기 위해 아인슈타인과 긴밀하게 협조했던 위대한 그리스의 수학자 콘스탄틴 카라테오도리스^{Constantine Karatheodoris}는 '잠재적' 법칙성 안에서 우주가 전체적으로 부동적이라고 확신했다.

먼 미래에 상대성이론의 설명이 수정될 가능성에도 불구하고 우리에게는 "인력과 우주의 확장이 절대적으로 균형을 이루고 있다"는 아인슈타인의 고전적인 설명이 설득력을 갖는다. 그리고 그것은 수학적인 그리고 우주론의 과학적인 방법으로 우주가 영원히 팽창하고 있더라도 우주는 양적인 면에서 무한하며 매순간 무한하다는 증명 가능한 결론을 이끌어내도록 한다.

제22장

빅뱅의 신화

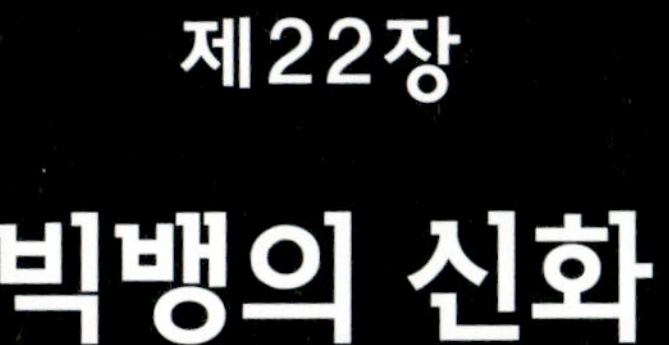

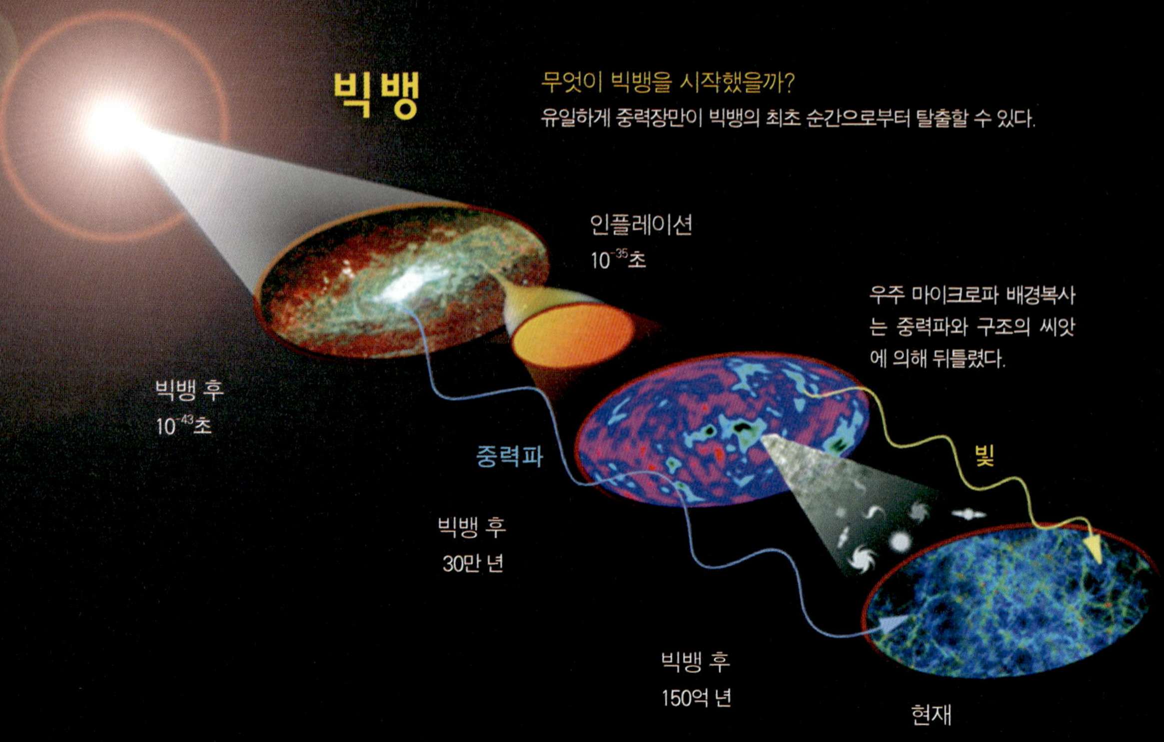

인간은 자신의 존재 안에 선천적으로 무한을 숨기고 있을까?

대신 과학은 인간의 무한한 면에 대해서 관심을 보이지 않았다.

지금까지 과학자들은 우주가 어떤 시점에서 시작되었고, 언젠가는 끝날 것이라는 빅뱅의 신화에 기초하여 우주를 바라보았다.

수많은 사람이 아무 근거도 없이 유토피아와 허무주의라는 토대에서 이러한 신화의 추종자가 되었다.

빅뱅이론은 법칙, 원형, 규칙, 대칭성, 동인, 무한, 스케일 그리고 무엇보다도 중용이 영원한 연속성을 보여주고 있음에도 분석을 통한 최종 결론에서 우리가 미래 어느 시점에 내부로 응축되어 모든 것이 무로 돌아가는 무서운 세상에 속한다고 주장한다.

지금까지는 "인간이 모든 것의 척도"라는 철학적인 언명이 효력을 잃지 않았다. 어두운 영안실에 고립된 과학이 창문을 닫고 있는 동안 그 뒤에서는 끊임없이 계속되는 세상의 존재와 형식을 위해 창조가 놀라운 역할을 하고 있다.

얼음처럼 차갑고 멈출 줄 모르는 수학과 방정식에 정신을 빼앗긴 연구자들은 자신이 제3자가 아니라 연구하는 주인공이라는 사실을 잊고 있다. 그들은 인간이 그 자신과 관련하여 자연을 관측하지 않으면 자신의 연구 결과가 무엇이건 실재나 진리와 아무 관련이 없다는 것을 잊고 있다.

만약 과학자들이 자신의 성격이 신과 세상의 성격과 유사하다는 것을 깨닫는다면, 그리고 영원과 무한의 사건들에 참여할 수 있다는 것을 이해한다면 그의 연구는 진정으로 인식적 특성을 갖게 될 것이다.

우리는 우주의 조화가 만들어낸 작용과 반작용으로 서로 반대되는 것들이 완전한 조화를 이루는 무한한 세상에 살고 있다. 만약 우리가 순수한 지적인 특성인 무한을 생각한다면 우리의 혈관에 흐르는 신을 감지할 수 있을 것이다.

또 우리가 지상과 하늘세계의 존재와 구조를 정의하는 원형에 귀를 기울인다면 그리고 우리의 무한한 정신세계를 정신적으로 여행한다면 미시세계와 거시세계의 끝없는 심연 속에서 우리의 운동 상태는 부동 상태와 연결되고, 순간은 영원과 연결되며, 유일

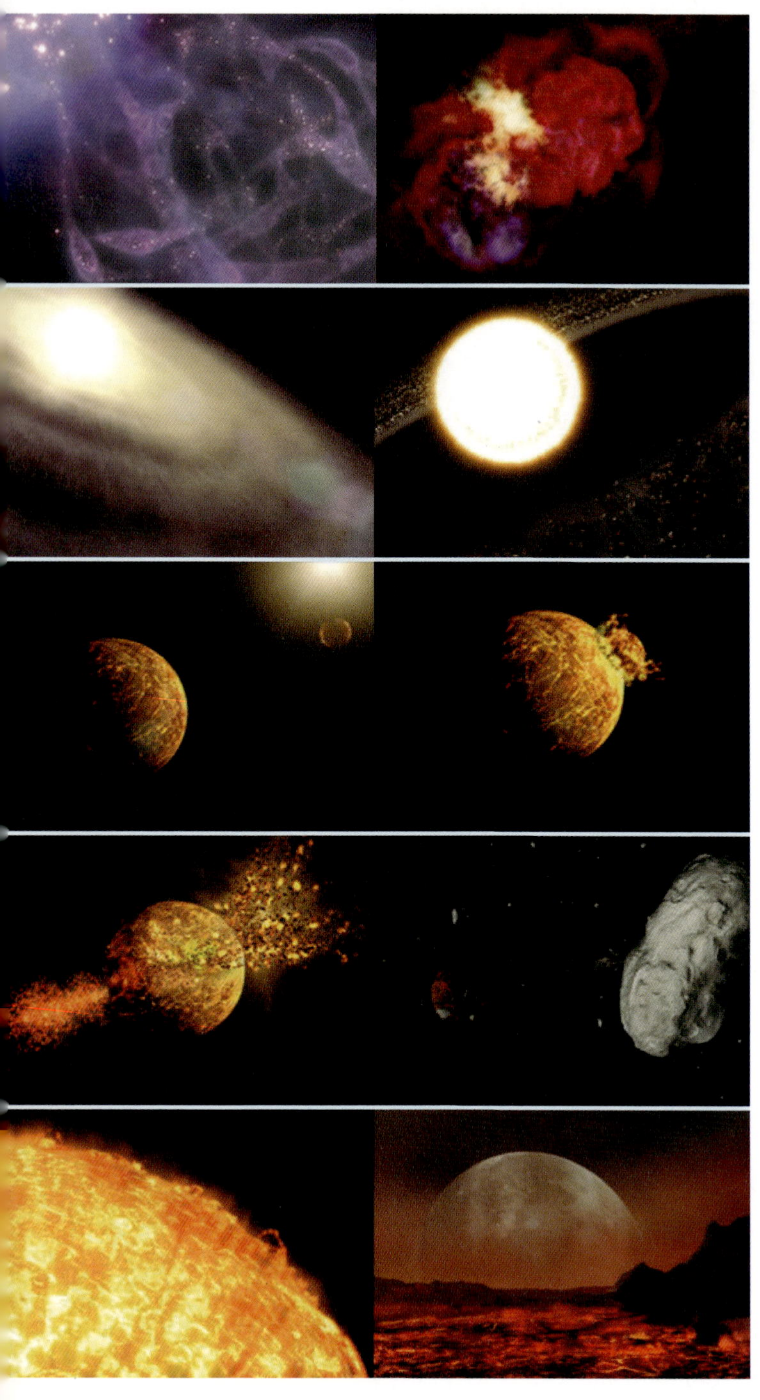

한 것이 신격화된 인간의 변하지 않는 법칙과 연결되는 경계를 만나게 될 것이다.

오늘날 세상은 CERN의 입자 가속기와 과학자들이 입자를 분해하는 방법을 통해 발견하려는 물리적 세계와 관측이 가능하지 않은 우주를 포함하는 전체의 구조적 기초가 되는 기본 입자에 관심을 기울이고 있다. 그런데 그런 일이 일어날 확률은 얼마나 될까? 나는 없다고 본다.

태초에 무한한 열과 무한한 밀도를 품은 아주 작은 입자의 대폭발을 이야기하고 있는 빅뱅 이론은 우주가 작동하는 조건과 법칙을 지배하는 좀 더 일반적인 법칙 체계와 전혀 일치하지 않는다.

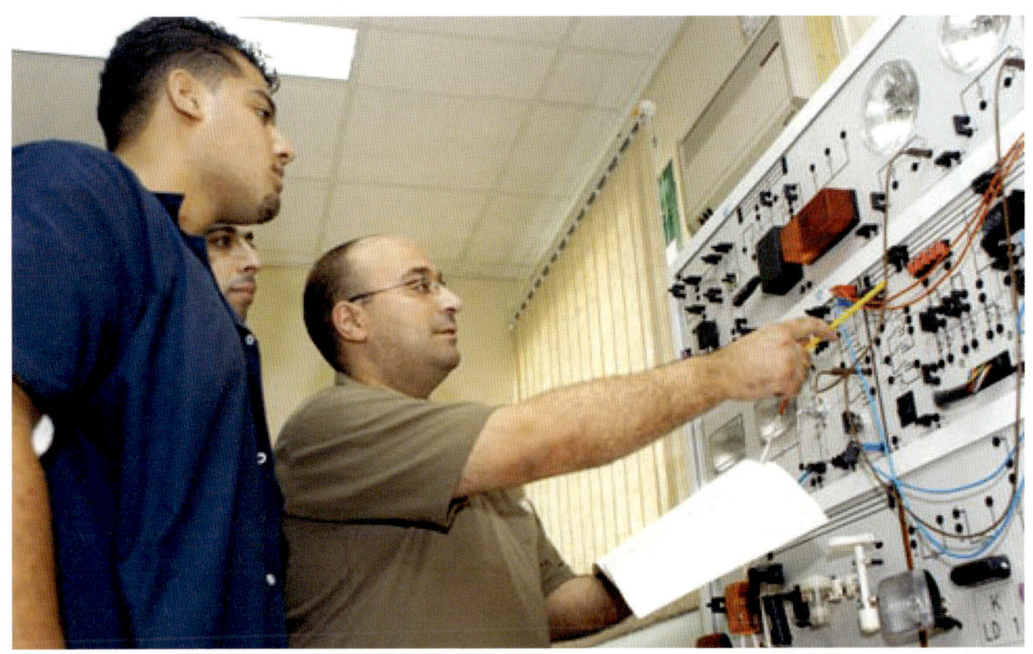

모든 것은 법칙과 물리적 세상의 모든 감각적인 것의 활성화 성격에 의존하고 있는데, 어떻게 법칙이 작용하지 않으며 물리적 세상이 존재하지 않는 무한 과거가 존재한다고 주장하는 것이 가능할까?

만약 빅뱅의 견해를 받아들이는 과학자들이 고대 그리스 철학자들을 공부하게 된다면 그들은 무엇보다 물질의 동적인 성질과 그것을 구성하는 요소들을 연구하기 전에 우선 물질을 정의하고 움직이는 법칙에 관심을 가져야 할 필요를 느끼게 될 것이다.

그럴 경우에 과학자들은 즉시 완전한 우주를 감지하고 연구할 수 있게 될 것이며, 사고와 구조의 전체성에 의해 우주를 이해할 수 있게 될 것이다. 원형의 법칙들과 규칙들, 상호의존성, 우주적인 조화와 연속성은 우주가 그것을 시작했고 완성하려고 노력하고 있는 신에 의해 조금씩 창조되었다는 것을 확신하게 될 것이다.

만약 빅뱅의 견해를 받아들이는 과학자들이 고대 그리스 철학자들을 공부하기로 결정한다면 그들은 무엇보다 물질의 동적인 성질과 그것을 구성하는 요소들을 연구하기 전에 우선 물질을 정의하고 움직이는 법칙에 관심을 가져야 할 필요를 확인하게 될 것이다.

태초에 무한한 열과 무한한 밀도를 숨긴 아주 작은 입자의 대폭발을 이야기하는 빅뱅이론은 우주가 작동하는 조건과 법칙을 지배하는 좀 더 일반적인 법칙 체계와 전혀 일치하지 않는다.

완전은 불완전한 것의 진화적 결과가 아니다. 그것은 상식에 위배된다. 완전은 '일정하고 절대적인 성격'을 갖고 있어 우리는 그것을 완전하고 완성된 것으로만 판단할 수 있다. 빅뱅의 신화는 과학이 원자로 같은 엄청난 비용이 드는 연구를 통해 아원자 입자를 분해하여 신의 입자를 발견할 것이라고 주장할 수 없다.

만약 신이 우주를 구성하는 데 사용한 입자가 처음부터 있었다면 그것은 신이 결함을 갖고 있거나 존재하지 않는다는 것을 의미하며, 완전한 우주는 유령의 작품이 된다.

만약 과학자들이 양성자를 분해하는 방법으로 시공간을 놀라운 속도로 이동하는 최종 초원자 입자를 발견하는 시점에 이르렀다고 가정해도 움직이는 기본 우주 원소는 우주를 구성하는 '법칙의 측면에서 볼 때' 아무런 중요성을 갖지 못한다는 것을 나는 확실히 하고 싶다.

그것은 우주 전체를 구성하는 에테르라는 구성 물질 안에서 아원자 입자로 분류될 수는 있겠지만, 어떤 경우에도 그러한 주장—아무것도 없는 곳에서 어떤 특정 시점에 있었던 폭발에 의해 만들어졌으며 창조 작업을 구성한다는 주장—을 지지하지는 않을 것이다.

이와는 또 다른 이유에서 어떤 연구자들은 빅뱅이론이 확실성과 실험을 통해 확인할 수 없는 여러 가지 비과학적인 이론을 지지하기 위한 이론이라는 개인적 견해를 갖고 있다.

진지하게 생각하는 지성인이라면 우주를 이야기할 때는 모든 것이 존재하는 절대적인 원인으로 무엇보다 법칙을 먼저 조사하고, 물리적 세상의 작동을 전능한 관측자의 입장에서 바라본 그리스 철학자들의 견해를 공부해야 한다.

이쯤에서 존경할 만한 고대 그리스 사상을 간단히 살펴보고자 한다. 이는 종교를 부정하는 과학과 과학을 부정하는 종교의 어두운 지평선을 밝혀줄 것이다.

이를 위해 철학 사상이 형성되는 초기부터 시작해 절대적인 철학 구조가 완성되는 과정을 여행해보기로 하자.

제23장

에테르

관측 가능한 우주는 에테르의 부동 상태가 작용한 결과다. 우리가 때때로 완전히 아무것도 없다고 생각하는 공간은 존재하지 않는다. 그런 공간은 중력장과 전자기장 같은 여러 가지 장들도 무력화시킬 것이기 때문이다.

장의 리듬과 크기는 입자의 속도나 위치 같은 양과 비슷한 양을 나타낸다.

하이젠베르크의 불확정성 원리로부터 알 수 있는 것처럼 입자의 위치를 더 정밀하게 측정할수록 속도의 측정값은 덜 정확해진다. 한마디로 말해서 동시에 입자의 위치와 운동을 정확하게 측정하는 것은 불가능하다.

이것은 빈 공간에서 장은 0이 될 수 없다는 결론을 도출해내도록 한다. 왜냐하면 장의 값이나 리듬의 변화가 0으로 결정되기 때문이다. 그것은 불확정성 원리에 맞지 않는다.

우리가 '빈 공간'이라고 부르는 곳에도 최소한의 부정확성이 있어야 한다고 생각하는 것은 절대적으로 필요하다. 이는 양자적 실재는 장의 시간적 변화의 값이나 리듬과 같은 것이기 때문이다.

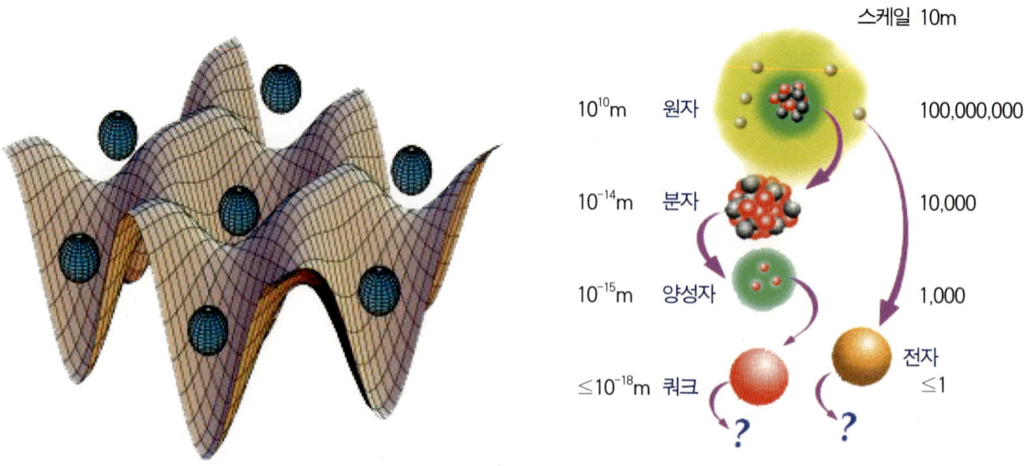

이 시점에서 절대적으로 일정하고 등방적^{等方的}이며, 모든 것이 존재하는 물질적 기원이 되는 장의 존재를 생각해보자. 우주적인 양자 테이블 위에 우주의 법칙이 잠재적으로 기록되어 있는 이러한 장을 고대 그리스인들은 '에테르'라고 불렀다. 고대 그리스인들에게 에테르는 감각적이거나 초감각적인 세상을 구성하는 기본적인 물질이었다.

그리고 우리의 예상과 맞지 않는다고 해서 어떤 것들은 임의로 결정된다고 주장하는데 실제로 그것은 임의적인 것이 아니라 단순한 혼돈이다.

여기서 우리는 인간의 마음이 혼동스러운 수학적 복잡성을 파악할 수 없다는 것을 알아야 한다. 우리는 우주에 사건이 일어나기 전부터 법칙들과 우주 공간에서 일어나는 모든 운동이나 진화적 과정의 배타적인 조정자가 존재했다는 것을 받아들여야 한다.

그러나 법칙들은 활성화될 수 있기 때문에 '존재'해야 한다. 다시 말해 그들은 실재다.

그들이 무한한 연장, 즉 전체 지적인 우주 안에서 작용하더라도 절대적인 속도와 관련해서 물질과 에너지, 공간과 시간을 무력화하는 빛보다 빠른 속도로 추진되는 부동 상태의 측면에서 볼 때 그들은 어느 곳에나 있어야 하고 부동 상태여야 한다.

왜냐하면 만약 그들이 동적이라면 운동하고 있는 것 자체와 공존할 수 없기 때문이다. 사건 자체가 법칙에 따르기 때문에 법칙은 부동 상태여야 한다. 따라서 법칙은 부동 상태에 있는 우주 테이블에 기록되어 있어야 한다.

전체 우주를 구성하는 에테르의 부분이 현실로 나타나기 위해 전체에 의해 흡수될 때 무한은 에테르의 배타적인 성질이 된다.

아이작 뉴턴

피타고라스

크리스티안 하이휜스

아인슈타인이 '우주상수'라고 부른 것은 '정적인 우주'를 유지하기 위해 필요한 '반중력'적인 힘을 나타낸다.

우주상수는 에테르의 이중성이 나타난 것에 지나지 않는다. 거시세계의 부분들이 팽창하고, 미시세계의 부분들이 수축할 때 특정한 값에서 정적인 성격을 나타내게 된다.

에테르의 존재는 고대 그리스 철학자들의 저작들 속에 널리 기록되어 있을 정도였으며, 물리학에서 상대성이론이 주류를 이루기 전에는 빛이 전파되기 위해 탄성을 갖는 '매질'인 에테르가 항상 어디에나 존재해야 한다고 생각했다.

17세기에 아이작 뉴턴은 빛의 전파를 위해서뿐만 아니라 중력의 작용에 의한 가속을 위해서도 '빛나는 에테르'가 필요하다고 주장했다.

에테르가 기본적인 4원소, 즉 흙, 공기, 불, 물 다음의 다섯 번째 원소라고 믿었던 피타고라스는 그래서 에테르를 '제5의 원소'라고 불렀다. 고대인들은 공간 (그리스 사람들은 '에테르'라고 불렀고, 힌두에서는 '프라나'라고 불렀으며, 중국에서는 '기^{氣}'라고 불렀던) 얇고 투명한 물질로 가득 차 있다고 믿었다.

에테르

고대 그리스 철학자들과 신비주의자였던 오르페우스, 피타고라스는 에테르의 존재를 강력하게 믿었고, 이에 관한 많은 기록을 남겼다. 아인슈타인의 상대성이론이 물리학 분야의 주류가 되기 전까지만 해도 '에테르'는 우주 공간을 가득 채우고 있는 탄성적인 '매질'로, 빛의 파동성을 뒷받침하기 위해 꼭 필요한 것으로 생각했다.

'인광을 내는 에테르' 이론은 1700년대 초에 아이작 뉴턴 Isaac Newton에 의해 제기되었다. 그는 에테르를 빛의 분포와 중력에 의한 가속을 설명하기 위해 필요한 이상적인 '방법'이라고 생각했다. 그 이후 에테르는 자연과학의 핵심적인 요소가 되었다.

에테르를 측정하기 위해 마이컬슨Michelson과 몰리Morley가 실험하는 동안 에

데카르트

코페르니쿠스

에테르는 특히 17세기의 과학계에서 널리 받아들여졌다.

네덜란드의 천문학자 크리스티안 하이휘스^{Christian Huygens}는 아리스토텔레스의 이론을 받아들여 외계의 공간에는 자신이 '에테르'라고 이름 붙인 눈으로 볼 수 없는 액체가 가득 차 있다고 확신했다. 공기가 소리를 전달하는 파동을 만들어내는 것처럼 이 액체가 빛의 파동을 만들어낸다고 생각했다.

데카르트와 코페르니쿠스는 모든 것의 기초적인 요소로서 에테르의 존재를 인식했다.

뉴턴 또한 천체의 운동을 기술하는 데 없어서는 안 될 '부동 상태에 있는 기준계'로서 에테르의 존재를 열정적으로 지지했다.

뉴턴적인 '어디에나 존재하는 부동 상태의 공간'은 에테르를 이용해야 절대적으로 규정할 수 있다. 19세기 위대한 과학자 패러데이 역시 빛나는 에테르의 존재를 지지했다.

전자기파의 운동을 설명하는 4개의 방정식을 발견한 스코틀랜드의 과학자 제임스 클러크 맥스웰^{James Clerk Maxwell}은 빛이 운동하는 절대적인 원인은 '부동 상태에 있는 에테르'라고 믿었다. 이뿐만 아니라 1887년, 노벨물리학 수상자인 앨버트 마이컬슨^{Albert}

테르의 존재에 대한 분명한 증명에도 불구하고 두 과학자는 에테르가 빛의 속도에 아무런 영향을 미치지 않는다는 결론을 내놓았다.
이중성이라는 특권을 가진 에테르는 지상과 부동 상태인 하늘세계를 연결하는 '매질'의 역할을 한다.
이 경우에 에테르는 안정 상태에 있으며 부동적이다. 그와 동시에 동적이어서 세상과 자연의 모든 존재와 종 그리고 물체의 형식을 만들어낸다.
우주를 채우고 있는 '에테르의 그물'은 부동 상태의 세상에서 관측 가능한 세상으로 내려온 법칙, 원형, 규칙과 수들을 활성화시킨다.
때문에 지상과 하늘세계라는 두 세상 사이의 경계선에서 에테르는 두 세상 사이의 상호의존성과 통일된 관계를 연결해주고 있음이 확실하다.

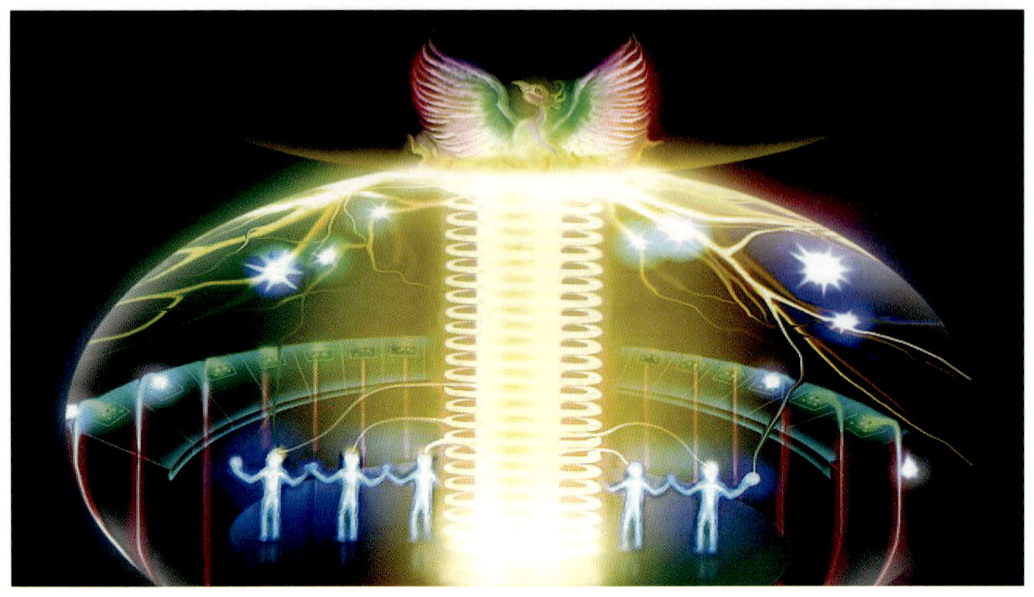

19세기에 패러데이는 빛나는 에
테르의 존재를 지지했다.

마이클 패러데이

Michelson과 에드워드 몰리Edward Morley가 그 존재를 증명하기 위한 실험을 하기 전까지 에테르는 실험실에서 없어서는 안 될 도구였다.

마이컬슨과 몰리는 만약 지구가 '부동 상태에 있는 에테르'의 바다를 달리고 있다면 선장이 물에 대한 배의 속도를 측정하는 것처럼 부동의 에테르에 대한 지구의 속도를 측정할 수 있을 것이라고 생각했다. 그래서 그들은 부동의 에테르 속을 달리는 지구와 같은 방향으로 달리는 빛의 속도, 수직 방향으로 달리는 빛의 속도를 비교했다.

마이컬슨과 몰리는 두 속도가 같다는 것을 확인하고 매우 놀랐다. 이론대로라면 일정한 배경을 이루는 에테르는 지구의 운동에 의해 발생하는 거리 차이로 인한 시간 차이를 통해 그 모습을 드러내야 했다. 그러나 그러한 차이를 발견할 수 없었고, 두 속도가 같아 두 지점을 왕복하는 데 걸리는 시간 역시 같았기 때문에 그들은 에테르의 가설을 폐기하는 것이 옳다고 결정했다.

데카르트와 코페르니쿠스는 모든 것의 기초적인 요소로서 에테르의 존재를 인식했다.

공교롭게도 1900년에 아인슈타인도 "절대시간에 대한 생각을 버리기로 결정한 사람에게는 에테르가 필요 없다"는 내용의 논문을 발표했다.

몇 주 후에 상대성이론의 기초를 만든 사람으로 알려진 프랑스의 천재 수학자 앙리 푸앵카레Henri Poincare도 같은 견해를 지지했다. 그 결과 에테르가 존재한다는 생각은 차츰 과학계에서 버려지게 되었다.

연구실과 대학에서 에테르에 대한 생각이 제거되는 이러한 일련의 과정으로 과학은 세상과 자연의 신비를 파고드는 데 돌이킬 수 없는 해를 끼쳤다고 생각한다. 그것은 또한 빛의 파동을 전파시키는 일정한 배경 장이 무엇인가와 어떻게 창조의 '비밀스러운 프로그램'에 의해 작동되는 '무한한 컴퓨터'의 존재에 대한 생각이 지지를 받을 수 있는지
에 대해 생각해볼 여지조차 남기지 않았다.

상대성이론에 근거한 물리 법칙들은 움직이는 속도에 관계없이 등속도로 움직이는 모든 관측자에게 같다.

전자기파의 행동을 설명하는 4개의 방정식을 발견한 스코틀랜드의 과학자 제임스 클러크 맥스웰은 빛이 운동하는 절대적인 원인은 '부동 상태에 있는 에테르'라고 믿었다.

빛의 속도가 일정하다는 맥스웰의 이론과 천체의 운동을 설명하는 뉴턴의 운동법칙에도 같은 아이디어가 포함되어 있다. 여기서 제기되는 문제는 간단하다. "우주에서 빛, 운동, 에너지의 법칙들이 그들의 작용을 '지지하고', '조절하고', '감독하는' 일정한 배경 없이 같다는 것이 가능할까?" 하는 것이다.

마이컬슨과 몰리의 실험을 설명하기 전에 $E = mc^2$라는 유명한 방정식과 그 어떤 것도 빛의 속도보다 빠른 속도로 달릴 수 없다는 법칙을 포함하는 아인슈타인의 상대성이론에 대해 다시 언급해보자. 우리는 에너지와 질량이 동등하다고 확신하고 있으며 두 가지를 비교해보면 전체 합이 0이 된다는 것을 알고 있다.

여러 해 동안 사람들이 질량과 에너지의 동등성과 관련해서 관측한 자연과 우주는 이들의 값에 아무런 차이가 없다는 것을 보여주었다. 이는 물질 내부에서 일어나는 모든 운동이 조화를 이루기 위해서는 그 값이 1.618인 황금수 파이(Φ)를 기반으로 기능한다는 것을 보여주는 것이다. 그 결과 반대 힘의 합은 항상 0이 된다.

알베르트 아인슈타인

1900년에 아인슈타인은 "절대적인 시간을 버리기로 한 사람에게 에테르는 더 이상 필요하지 않다."는 내용의 논문을 발표했다.

상대성이론에 의하면 물체가 운동을 통해 얻는 에너지는 질량과 에너지의 동등성에 의해 질량을 증기시키기 때문에 빛보다 빠른 속도라는 한계를 넘는 속도로 달리는 것은 불가능하다.

만약 질량을 가진 물체가 빛의 속도로 달릴 수 있다고 가정하면 질량은 무한대가 될 것이다. 그러나 만약에 내재적인 질량을 갖고 있지 않은 빛나는 파동이나 또 다른 파동이 존재한다면 그것은 빛 속도의 제약을 받지 않고 운동할 수 있을 것이다. 물론 적절한 동인이 있는 경우에 말이다.

이 경우 무한한 비내재적인 질량이 창조될 것이다. 이처럼 질량의 미묘한 배치가 일정한 배경을 이뤄야만 그 위에 우주의 법칙이 깃들 수 있을 것이다. 그리고 그것은 속도의 스케일을 낮춰 모든 것의 성질을 감독하고 구조를 만들어낼 수 있을 것이다.

무한에서는 에테르와 같이 고유한 질량을 갖고 있지 않은 물체는 완전하게 운동할 수 있으며 빛보다 빠른 속도로 일정하게 운동할 수 있다. 그러면 그것은 우주 안에 있는 파동과 모든 움직이는

마이컬슨과 몰리는 (부동 상태에 있는 에테르에 대하여) 지구가 움직이는 방향의 빛의 속도와 수직 방향의 빛의 속도를 비교했다.

물체와 관련해서 부동 상태에 있는 것으로 전환된다.

에테르는 이중성을 갖고 있다. 에테르의 성질 중 하나는 부동적인 것이며 거시세계와 미시세계의 기준계로 작용한다. 에테르의 두 번째 특성은 동적인 것으로, 속도의 스케일 안에서 그리고 창조의 엔진 안에서 우주의 모든 물질적인 현상을 만들어낸다.

지적인 우주에서 이중성을 가진 에테르는 절대적으로 물질과 영혼이라는 두 가지로 이뤄진다. 물질은 영혼화되고 영혼은 물질화된다.

만약 질량을 가진 물체가 빛의 속도로 달린다고 가정하면 이 물체의 질량은 무한대가 될 것이다.

　이 둘의 관계는 완전하여 깨뜨릴 수 없으며 이들은 분리되어 작동하지 않는다.

　부동성으로부터 속도 강하의 초기 스케일에서 우주상수의 힘은 빛, 양성자, 중성자 그리고 전자를 구성한다.

　빛은 시공간을 가열하여 원시적인 물질인 양성자, 중성자, 전자가 스핀의 비례적인 속도에 의해 모양을 갖추게 되고 가열된 구성단위를 이룬다. 그리고 이들은 화학 결합을 통해 무한한 세상을 구성한다.

　현대 과학은 철학과 협력하지 않고 제한적인 실험에만 의존한 채 전체적인 계산을 하지 않기 때문에 모든 물리법칙의 설명에서 오류를 범하게 된다.

　밖에서 안을 들여다보는 철학자들의 도움 없이 안에서 밖으로 우주를 측정한다는 면에서 과학이 이끌어낸 사실들은 항상 결함을 갖고 있었다.

　마이컬슨과 몰리가 에테르가 있는지를 증명하기 위한 실험에서 빛의 속도는 관측자의 운동에 의해 방향에 따라 변화가 있어야 했다.

두 과학자는 에테르의 '일정한 배경 장'이 이중성을 가진다는 것과 움직임과 동시에 부동성을 가진다는 것을 생각하지 않았다.

빛과 같은 모든 형태의 속도는 감각적인 세상의 운동이나 작용과 관계가 있다. 이와는 대조적으로 그것은 일정한 에테르적인 시간인 절대적인 시간의 속도와 관계가 없으며 그렇게 인식되지 않는다.

모든 움직이는 물체에는 물체의 운동을 '잠정적으로' 관장하는 일정한 배경으로 에테르가 작용한다. 그러나 동시에 물체도 그것으로부터 유래했기 때문에 그것은 물체 자체의 구조 속에도 존재한다.

에테르가 이중 성질을 가진다는 생각은 2개의 다른 시계의 존재를 나타낸다. 하나는 에테르의 동적인 성질을 나타내기 위해 작동하고, 다른 하나는 부동 상태를 나타낸다.

에테르가 일정한 배경일 뿐만 아니라 동시에 전체 우주 물질을 발생시키는 것이라는 견해를 완성시킬 때만 우리는 운동성과 부동성을 모두 포함하는 에테르의 이중성을 이해할 수 있게 된다. 그렇게 되면 마이컬슨과 몰리는 에테르의 고유한 활동인 절대적인 시간에 동의하게 될 것이다.

제24장

에테르의 이중성

우리의 감각이 감지할 수 있는 아원자세계와 원자세계가 원자로 이뤄진 보통 물질의 분해를 통해 서로 연결되는 순간 물질은 이중성을 갖고 있다는 결론을 이끌어낼 수 있다. 하나는 무한하게 작은 것으로 원형으로서의 에테르이고, 다른 하나는 무한하게 큰 것으로 형식 창조자로서의 에테르다.

결론적으로 미시세계는 거시세계 안에서 본질적으로 작동한다.

에테르 같은 비본질적인 질량은 빛의 속도보다 빠른 속도를 가질 수 있다. 그러나 거시적인 질량에서는 이것이 가능하지 않다. 따라서 우리는 물리세계에서의 모든 물체는 그 구성 물질 안에 2개의 운동이 내재되어 있다고 결론지을 수 있다.

부피에 대한 물체 자체의 운동인 아원자 구조의 운동과 형식 그리고 조성은 무한하게 작은 크기와 놀라운 속도 때문에 거시적으로는 알아차릴 수 없다.

그러나 엄청난 속도로 이동하는 비본질적인 아원자세계의 전체성이 물리적 세상의 전체성을 형성하기 때문에 초기 질량이 비본질적인 구조임에도 실제로 그것은 우주가 부동 상태에 있다는 것을 따른다.

창조자의 존재를 인정하는 경우 황금수의 존재 이유와 동일한 물리적 현상 운동은 절대적인 시간을 정의하는 부동성으로부터의 역동적인 흐름이다.

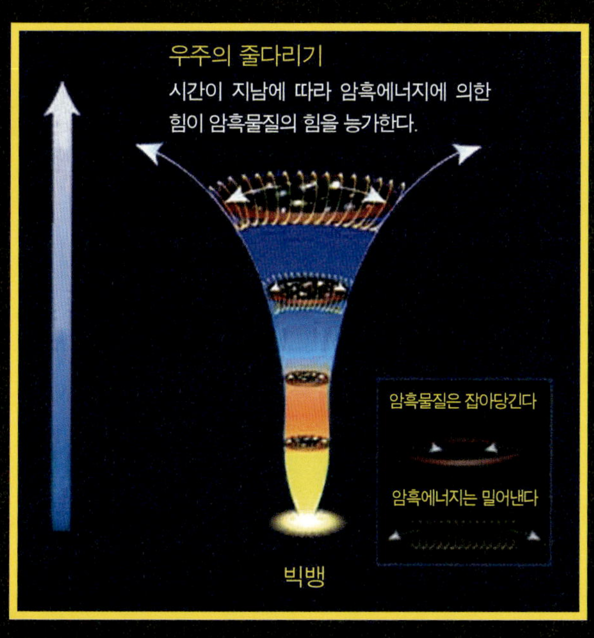

아리스토텔레스는 세상의 통일성과 유일성을 결정하는 문제에서 운동과 운동의 원리 통합에 '근거'를 둔 명확한 답을 제시했다. 아리스토텔레스의 두 세상 중 하나는 항상 일정하고 부동적이며 변함이 없는 '외부적 질서의 세상'과 관련이 있고, 다른 하나는 감각적인 운동의 세상으로 끊임없이 변화하고 발생과 부패 그리고 재탄생이 반복된다. 이런 아리스토텔레스의 두 세상은 신성한 물질인 에테르로 이뤄져 있으며, 이 에테르는 우주 자체임과 동시에 우주의 조정자다.

그러나 우주의 '열림'은 의문을 갖게 한다. 우주상수는 시공간에서 우주의 본질적인 팽창 경향을 나타내는 것일까? 우주는 본질적으로 부동 상태에 있으며 에테르로 이뤄졌기 때문에 팽창하는 것일까? 그리고 이런 이유로 은하의 팽창이 원자와 아원자 물질의 수축과 동등하게 반응하는 것일까?

만약 질량과 에너지의 동등성과 법칙이 지지하는 방법으로 판단한다면 우주에서 반대로 작용하는 힘의 전체성은 부동 상태에 있는 에테르로 이뤄진 0의 값을 갖는 바탕으로 향한다는 것을 확인할 수 있다.

과학적 연구는 정적인 상태는 일시적으로 변하지 않는 상태라는 것을 알려준다. 일정한 주기로 회전하는 구는 부동 상태가 아님에도 각 순간마다 같게 보이기 때문에 정적인 상태에 있

그러나 우주의 '열림'은 의문을 야기한다.

다고 할 수 있다.

이 경우 빛이 구의 지평선을 따라 일정한 속도로 달리면 외부의 관측자는 내부의 관측자와 마찬가지로 빛뿐만 아니라 구의 표면도 부동적인 것으로 볼 것이다.

이제 내부의 관측자와 외부의 관측자가 구의 표면으로 접근해 장의 작용에 의해 흡수된다면 관측자는 부동성인 환경으로 들어가게 될 것이다. 그의 운동은 빛의 속도로만 측정할 수 있다는 단순한 이유 때문이다.

만약 관측자를 구성하는 물질과 구를 구성하는 물질이 에테르 물질 자체라면 관측자는 느린 속도로 운동하는 한 안에서 밖으로(거시세계), 그와 동시에 밖에서 안으로(미시세계) 표면을 볼 수 있는 구의 일부가 될 것이다.

그러나 관측자가 죽어서 구의 회전 속으로 들어가는 행운을 얻는다면 부동성의 세상으로 들어가게 된다. 그러면 질량과 에너지 동등성의 법칙에 의해 실제 우주를 만들고 있는 원인에 대한 완전

이 경우 구 표면의 지평선에서 빛이 일정한 속도로 달리면 구 외부의 관측자는 내부의 관측자와 마찬가지로 빛뿐만 아니라 구의 표면도 부동성인 것으로 볼 것이다.

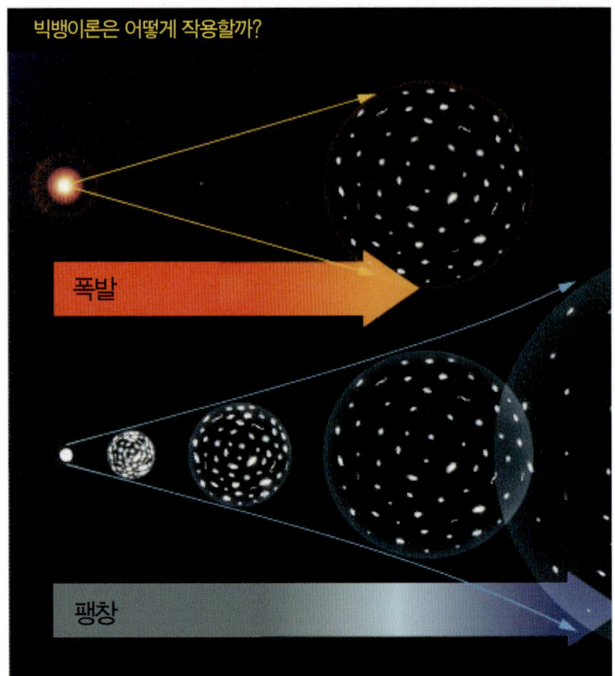

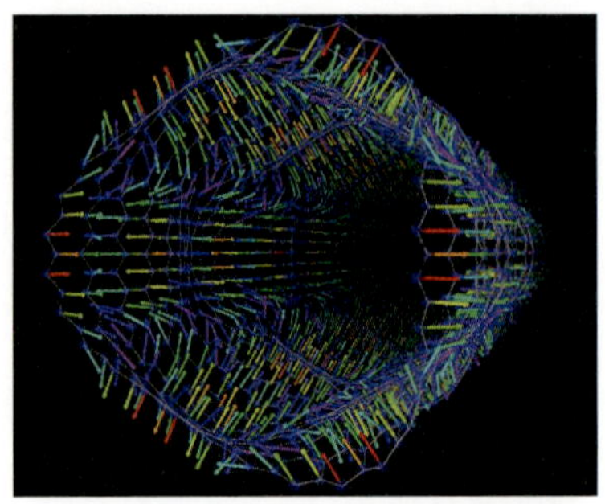

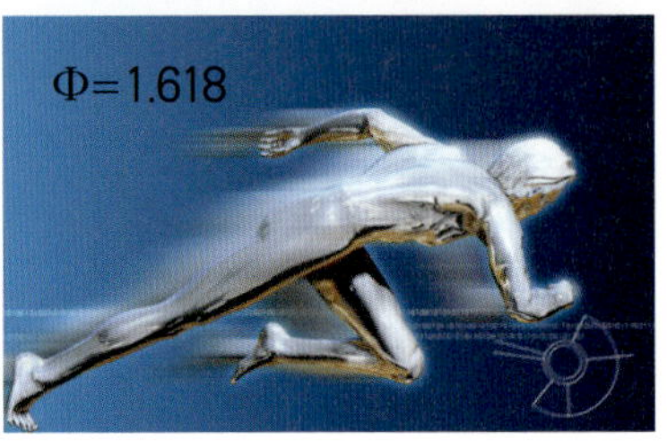

창조자의 존재를 인정하는 경우 황금수의 존재 이유와 동일한 물리적 현상의 운동은 절대적인 시간을 정의하는 부동성으로부터의 역동적인 흐름이다.

한 지식을 얻게 될 것이다. 그는 이제 밖에서 안으로 그리고 안에서 밖으로 볼 수 있는 모든 것을 알 수 있기 때문이다.

수학적인 과학 방정식을 이용하여 우주의 작동을 이해하려는 확장된 선상에서 우주는 부동성을 보여줄 것이다.

2개의 다른 실험 평면에서 지구 같은 물리적 물체에 대한 빛의 속도를 측정하거나 비교하면 두 실험 평면 중의 하나를 구성하는 지구가 어떻게 또는 얼마나 빨리 움직이건 빛은 일정한 배경인 에테르와 비교할 때 항상 같은 속도를 가져야 한다. 그리고 이것은 에테르가 가진 이중성 때문에 나타나는 것이며, 본질적으로 지구와 빛이 이동하는 주변의 공간에서 발견된다.

따라서 일정한 배경을 이루는 에테르와 비교하여 빛의 시간을 측정하면 관측자가 움직이는 방향과 관계없이 항상 같아진다.

물론 이것은 물리적 세상에서 움직이고 있는 물체 사이에서 측정할 때는 일어나지 않는다. 우리가 그들을 에테르의 일정한 배경장과 비교하면 단순한 이유로 그들의 속도는 빛의 속도보다 느려진다.

어디에나 존재함과 동시에 무한한 에테르는 완전하고 등방적인 빛의 장을 형성하여 원점의 위치에 관계없이 빛의 속도가 항상 초속 30만km로 측정되도록 한다. 이것이 바로 아인슈타인이 그렇게 쉽게 거부했던 절대적인 시간을 구성한다.

각자 자신의 시계를 차고 속도와 시간의 결과를 측정하는 상대성이론 관측자에게 무슨 일이 일어날까?

이 이론은 1925년 오스트리아의 물리학자로 1945년에 노벨 물리학상을 수상한 볼프강 파울리Wolfgang Pauli에 의해 제안되었다. 파울리는 등장한 것만으로도 실험을 망친 것으로 유명하다. 도시를 통과하는 것만으로 유명한 이 이론물리학자는 도시의 모든 실험을 망칠 수 있는 '영적인 능력'을 갖고 있었다. '배타 원리'는 다음과 같다. 2개의 동일한 입자는 절대로 같은 양자역학적 상태에 있을 수 없다. 즉 하이젠베르크의 불확정성 원리의 한계 안에서 위치와 속도가 같을 수 없다는 것이다.

'배타 원리'는 물질을 이루는 입자들의 밀도가 매우 높은 경우에도 붕괴하지 않는 이유를 설명해준다. 물질을 이루는 2개의 입자가 근사적으로 같은 위치를 차지하고 있다면 다른 속도를 가져야 한다. 따라서 다음 순간에는 다른 위치에 있게 된다.

경계조건이 없다

경 계조건이 없다는 것은 우주가 유한하지만(다시 말해 무한하지 않지만) 가상적인 시간에서 한계가 없다는(가장자리를 갖고 있지 않다는) 생각이다.

만약 우주의 크기에 가상적인 시간에서의 빛의 속도를 이용하여 측정되는 한계를 부여하면 우리는 '우주 위격'의 의미를 설명할 수 있는 답을 구할 수 없다. 그런 것이 존재한다면 말이다.

우주는 무한하다! 물리과학의 문제는 '무한이 무엇인지'를 우리에게 설명하지 못한다는 것이다. 왜냐하면 과학이 그것을 설명할 수 있는 철학과 협조하지 않기 때문이다.

과학자들은 무한이 밖을 향한 우주의 진화에 의해 결정된다고 믿는다. 이러한 견해는 우주 내부에서 '공간'의 진화라는 문제를 불러온다(왜냐하면 우주는 내부적으로 연속된 공간이기 때문이다).

현대 과학은 진화와 퇴화의 개념이 "우주를 영원히 존재하도록 한다"는 의미에서 볼 때 낡았다고 감히 생각하지 못한다.

진화와 퇴화는 운동 상태와 부동 상태가 동시에 작용하는 두 위계에 있는 에테르의 작용과 관계가 있다. 물질은 에너지, 속도 그리고 절대적인 공간과 함께 에테르가 만들어낸 결과다.

에테르의 우주에서 물리과학은 소위 모든 '정신적인 관측자'가 말하는 시공간으로 자신의 구조 안에 운동 상태와 부동 상태를 모두 가진 에테르에 대한 가상적인 실험 결과를 지지할 수 있도록 해야 한다.

빛의 속도를 설명하는 방정식과 시공간의 개념 그리고 '잠정적'이면서 '실재적'이라는 이중성을 가진 에테르의 '일정한 배경'과 관련한 천체 운동의 상호 연관성만이 위계를 만들어낼 수 있다. 다시 말해 방정식의 결과로부터 유도된 실제 사건을 구성할 수 있다.

실제적으로 나타낼 수 없는 가상적인 시간과 가상적인 수들은 방정식을 풀기 위해서는 사용될 수 있겠지만, 인간성 자체를 위해서는 아무런 의미를 갖지 못한다.

우리는 "우주가 열려 있다"고 주장할 근거를 갖고 있지 않다. 왜 나하면 은하들은 전체 질량의 4~6%만으로 구성되어 있으며, 나 머지 질량은 하이젠베르크의 불확정성 원리로 인해 위치와 궤도 를 결정할 수 없고, 관측이 가능하지 않은 암흑물질이 공간을 채 우고 있기 때문이다.

에테르는 우주와 반우주를 함께 이해하도록 해준다!

에테르는 물질의 영혼임과 동시에 영혼의 물질이다!

에테르는 시간과 공간이며, 가까운 곳과 먼 곳이고, 안과 밖이 며, 빈 공간과 물질이 차 있는 공간이고, 부분과 전체이며, 인력과 척력이고, 엔트로피와 질서다!

에테르는 일반적으로 이야기하는 거시세계와 미시세계다.

에테르는 운동성과 부동성의 작용 안에서 법칙을 나타낸다.

에테르는 우주의 창조, 감독, 진화, 퇴화를 구성한다.

에테르는 '합들의 합'이고, 어떤 과학 이론이나 방정식도 에테 르 없이는 물질을 포함할 수 없다.

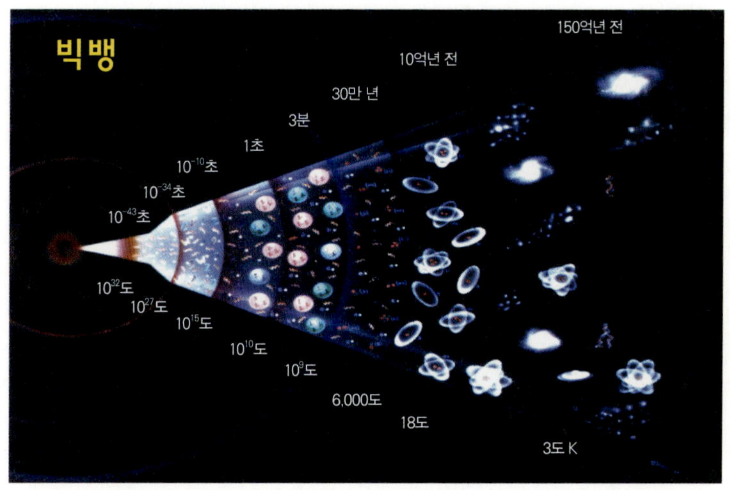

우리는 우주가 "열려 있다."고 주장할 근거를 갖고 있지 않다. 왜냐하면 은하들은 전체 질량의 4~6%만으로 구성되었으며……

경계조건이 없다. 만약 에테르를 무한의 개념 안에서 인식한다면 그것을 제한하는 어떤 힘도 있을 수 없다!

무한을 물질로 차 있는 공간이 활성화되는 공간이라고 한다면 물질로 차 있는 공간이 무엇인지를 설명해야 하고, '무한하지 않은 한계'의 개념과 한계를 가진 '제한되지 않은' 상태를 설명해야 한다.

에테르 그 자체인 무한은 같은 입자들로 이뤄진 공간의 모든 방향에서 빛의 속도와 같거나 빛보다 빠른 끝없는 속도로 운동하는 비본질적인 입자들로 구성되었다.

이 비본질적이고 무한히 작은 입자들은 등방적인 질량을 형성한다. 이 입자들은 더 이상 쪼갤 수 없는 물질 안에서 무한하고, 더 이상 나눌 수 없다는 성질에서 무한하다.

그것의 나눌 수 없는 상태는 부동적이며, 나눌 수 있는 상태는 동적이다.

나눌 수 있는 것은 계속 열리고 속도가 빨라지는 우주의 세상을 만든다. 이런 세상은 결국 부동 상태에 흡수된다.

유한

무한은 시작과 끝이 없지만, 이와는 대조적으로 유한은 공간, 크기, 수, 강도, 유지되는 시간 등에서 한계를 갖고 있다.

감각적인 세상에서 유한과 잠재성은 스스로 증명할 수 없는 모든 존재의 본질이다.

시공간에서 유한은 계산될 수 있지만 측정할 수는 없다.

시작과 끝은 논리적 결론과 계산에 기초를 두고 있다.

유한한 실체가 자신과 비슷한 것을 따라가기로 결정한다면 유한의 개념은 그것의 속성, 종류 또는 조건의 조화로운 연속체와 함께 동일할 것이다.

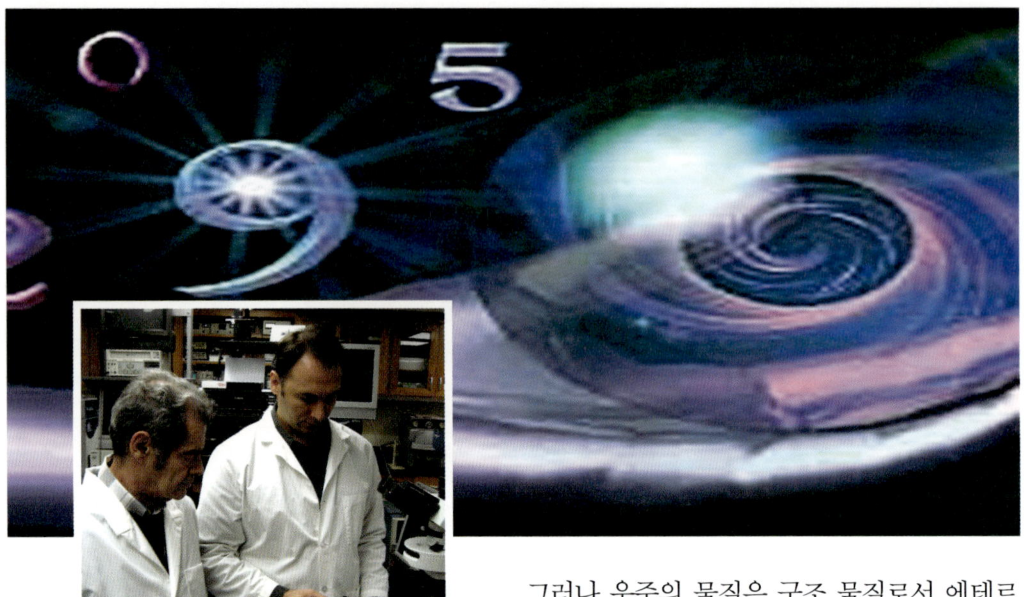

과학자들은 "무한은 밖을 향한 우주의 진화에 의해 결정된다"고 믿고 있다.

그러나 우주의 물질은 구조 물질로서 에테르를 갖고 있기 때문에 우리는 부동 상태에 있는 에테르를 내쉬고 운동 상태에 있는 에테르를 들이마신다고 결론 지을 수 있다.

따라서 에테르는 자신만을 비교의 기준으로 삼는다.

부동 상태에 있는 에테르에 의해 우주가 흡수되는 경계는 '무한하지 않은 한계'를 만들어낸다. 반면에 무한으로서의 에테르는 '한계를 갖고 있지 않은 부정형'이다. 그러나 비율의 놀라운 법칙의 작용은 우리에게 작으면서 무한하고, 분리할 수 없으면서 분리할 수 있고, 빈 공간임과 동시에 물질이 차 있는 것으로 하나 안에서 다른 하나를 발견할 수 있는 것을 설명해준다.

중력에 관한 양자이론은 시공간, 즉 에테르에 한계가 없을 가능성을 허용한다. 따라서 우리는 주어진 한계 안에서 우주의 행동을 결정할 필요가 없다.

이 이론은 물리법칙이 폐지되는 특이점이 존재하지 않으며, 시공간에 끝이 없다고 주장한다. 그것은 시공간의 최소한 조건을 정의할 새로운 법칙의 필요성을 제기한다.

스티븐 호킹은 이것에 대해 간결하게 언급했다. "우주의 최소한의 조건은 한계를 갖고 있지 않다는 것이다. 우주는 자신 안에 모든 것을 갖고 있으며 우주 밖의 어떤 것의 영향도 받지 않는다! 우주는 창조되지 않았고, 파괴되지도 않는다. 단순히 존재할 뿐이다."

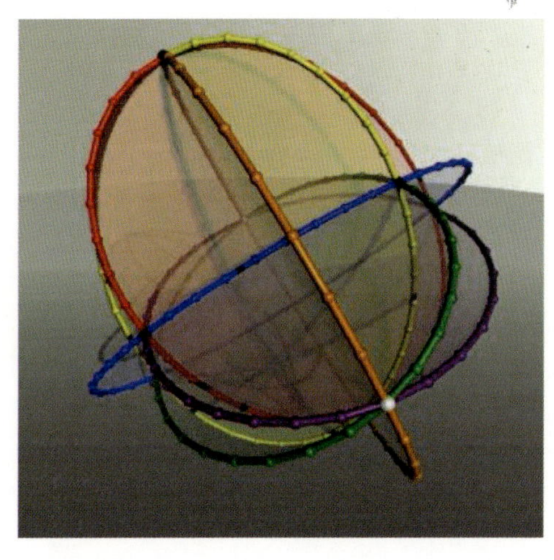
양자 중력이론은 시공간에 한계가 없을 가능성을 허용한다.

호킹은 "현대 천체물리학의 시공간(에테르)에 가장자리가 없다는 제안은 우주의 팽창률이 모든 방향으로 같을 것이라는 예측을 가능하게 한다"라는 설명을 덧붙였다.

이러한 예측은 우주배경복사의 세기가 모든 방향에서 거의 같다는 과학적 관측 결과에 의한 것이다.

이것은 에테르의 균일한 행동을 나타내며, 마찬가지로 우주 팽창의 균일한 행동을 지지한다.

만약 에테르가 균일하지 않다면 우주는 일정하지 않은 팽창의 경계를 갖고 있을 것이며, 우주배경복사의 세기도 일정하지 않고 일정하지 않은 적색편이를 보일 것이다.

만약 우리가 "우주는 부동 상태에 있는 에테르 안에서 운동 상태에 있는 에테르로 구성되었다"고 생각한다면 호킹 교수가 주장한 이 모든 것은 전적으로 옳다.

만약 우주가 창조되거나 파괴되지 않는다면 우주는 절대적인 영혼의 개념 안에서 스스로 생성되어야 하며, 완전하고, 동질이며, 충만해야 한다.

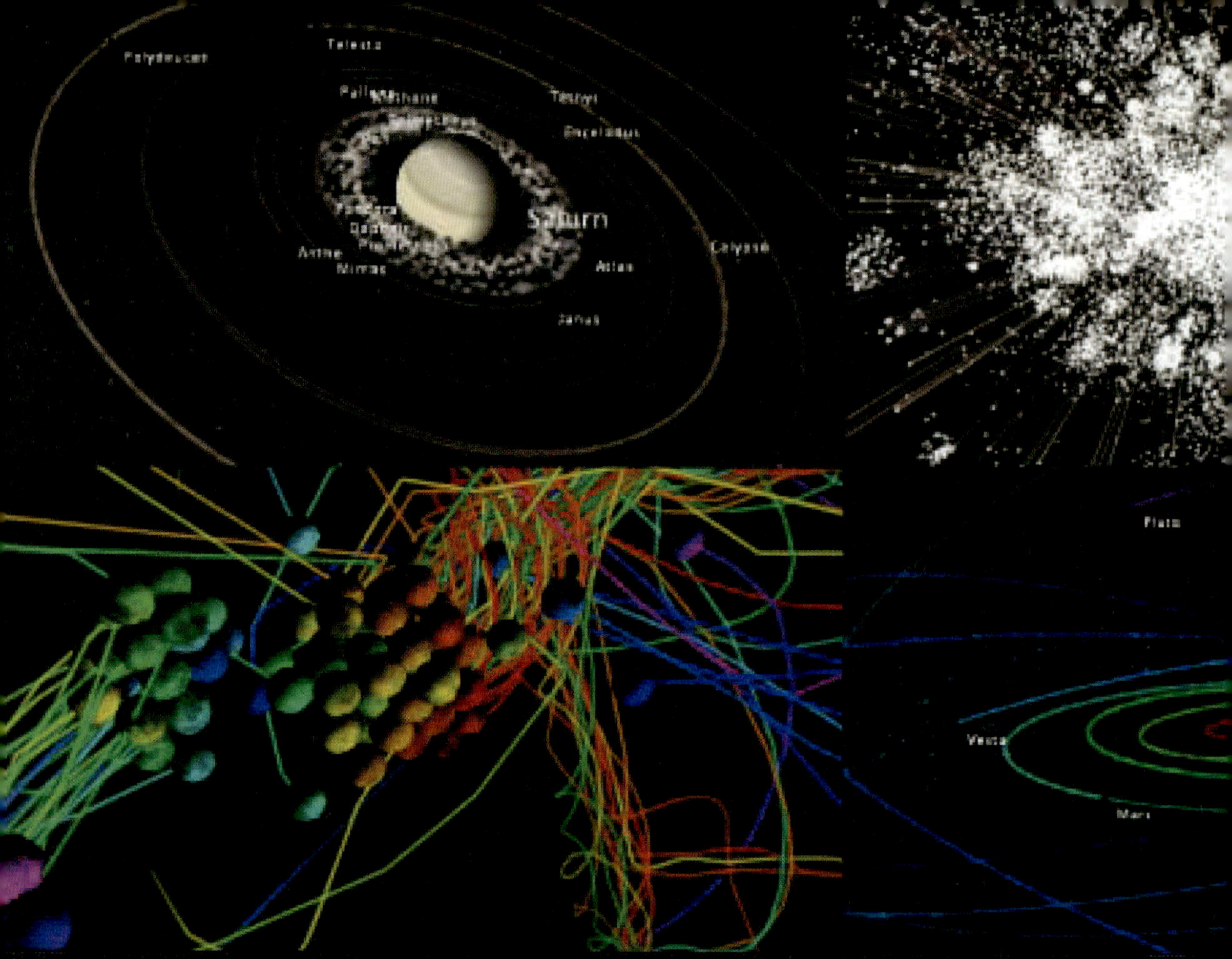

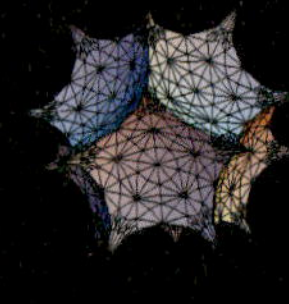

제26장

일정한 배경 장에 대한 실험

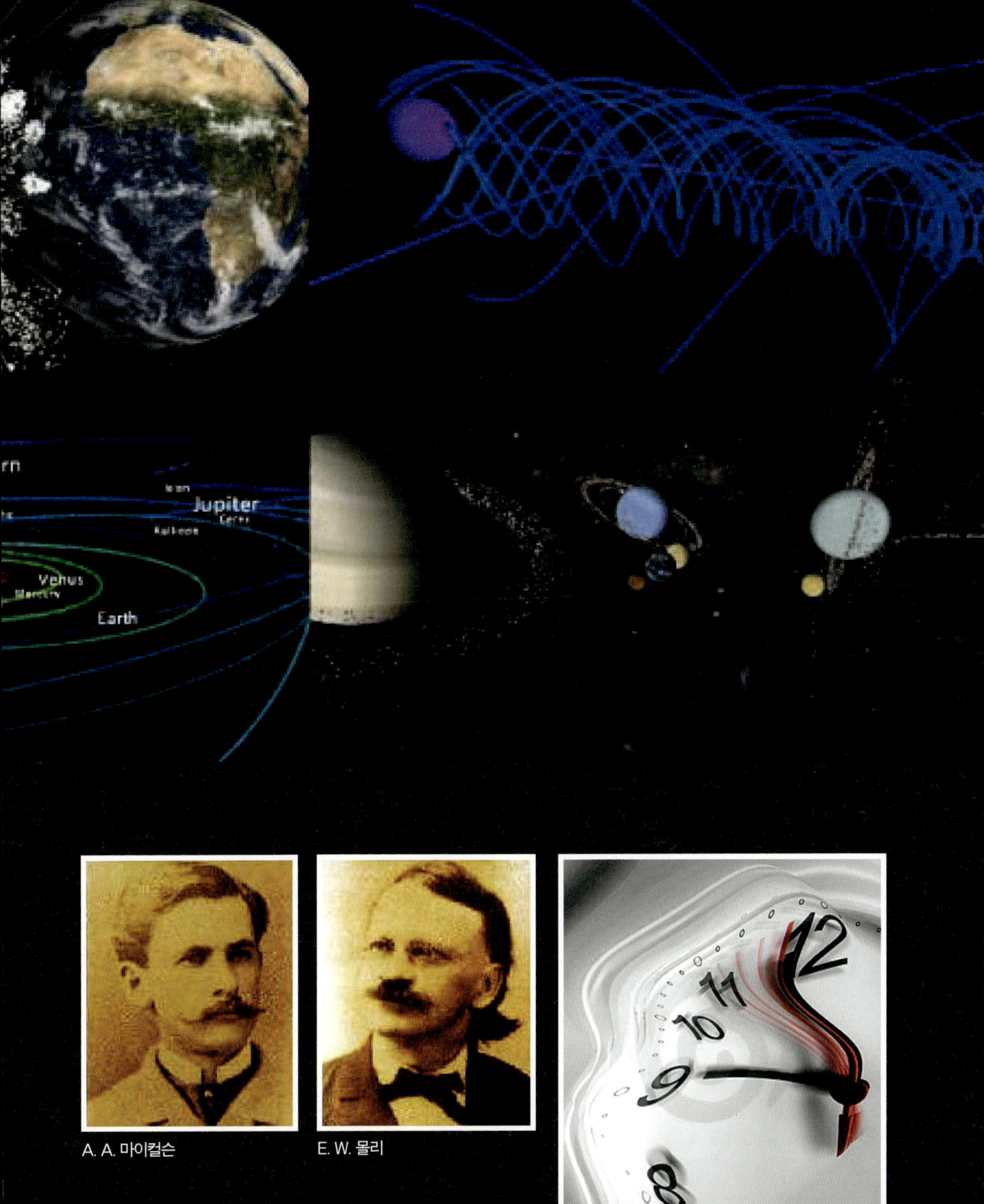

A. A. 마이컬슨

E. W. 몰리

마이컬슨-몰리 실험은 우주가 작동하는 기반이 되는 알려지지 않은 메커니즘을 알아내려고 한 앨버트 마이컬슨의 시도로 시작되었다.

지구의 절대속도 - 다시 말해 부동 상태에 있는 에테르에 대한 지구의 속도 - 를 결정하기 위해 그는 실험을 통해 빛의 속도를 측정하려고 했다.

마이컬슨은 지구가 에테르의 바다에서 타원궤도를 따라 태양 주위를 특정한 속도 V로 돌고 있다고 생각했다. 이 운동은 정지해 있는 지구 주위로 속도 V의 '에테르의 흐름'이 지구가 운동하는 방향과 반대 방향으로 지나가는 것과 같다.

그 당시는 에테르의 파동이라고 믿었던 빛이 지구 위에서 전파된다면 태양 주위를 돌고 있는 지구의 궤도운동과 같은 방향으로 전파하는 경우에는 그 속도가 $c-v$이고, 빛이 전파되는 방향이 반대면 그 속도는 $c+v$가 되어 두 속도의 차이는 $(c+v)-(c-v)=2v$가 될 것이라고 생각했다. 다시 말해 에테르 흐름의 방향으로 전파되는 빛의 속도와 반대 방향으로 전파되는 빛의 속도

마이컬슨 간섭계의 구조를 나타내는 그림. 광원은 S 점에 있고 관측자는 O에 있으며 M₁과 M₂는 거울이 놓이는 위치다.

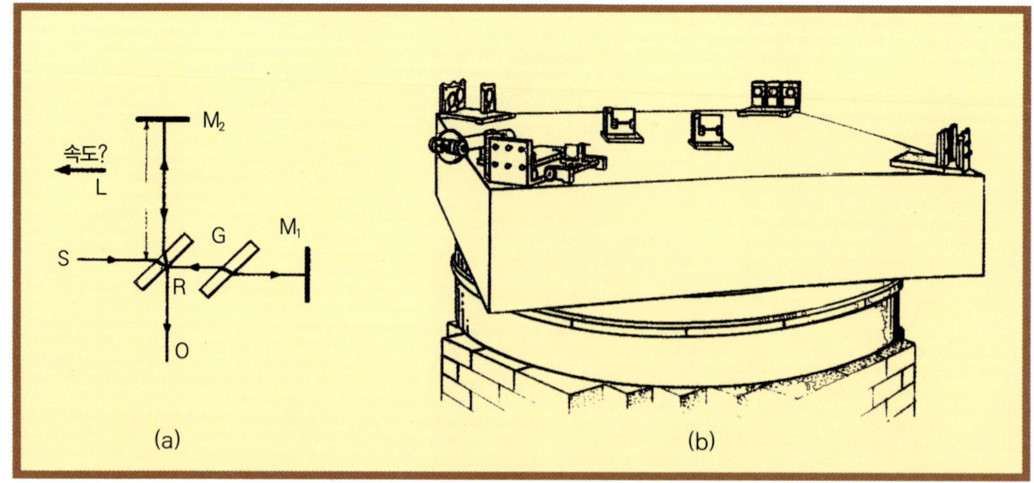

차이는 지구 속도의 2배가 될 것이라고 생각한 것이다. 마이컬슨은 전파되는 방향에 따른 빛 속도의 이런 차이를 실험을 통해 확인하려고 시도했다.

1887년에 앨버트 마이컬슨과 화학자 에드워드 몰리는 자신들의 연구를 완성하기 위해 실험 장치를 만들었다.

그들이 사용한 방법은 다음과 같았다. 광원에서 나온 광선 S는 은을 얇게 입힌 거울에 의해 2개의 광선으로 갈라졌다. 하나의 광선은 반투명 거울을 통과한 다음 거울 M_2를 향했고, 다른 한 광선은 반투명 거울에 반사된 후 거울 M_1으로 향했다. M_1으로 향하는 광선은 중간에 놓인 유리를 통과하도록 함으로써 두 광선은 모두 같은 길이의 유리를 통과하도록 했다.

관측자가 있는 O 점에는 반투명 거울을 통과한 후 거울 M_2에서 반사된 다음 다시 반투명 거울을 통과한 빛과 반투명 거울에서 반사된 후 거울 M_1에서 반사된 다음 다시 반투명 거울에서 반사된 빛이 도달했다.

이 2개의 반사된 빛은 상호작용을 통해 어떤 현상을 나타낼 것으로 믿었다.

관측을 단순하게 하기 위해 거울 M_1과 거울 M_2가 R에서 같은 거리에 있도록 하고, 에테르와 관련해서 정지해 있다면 두 거울에서 반사된 빛은 위상이 같아 서로 보강 간섭을 할 것이기 때문에

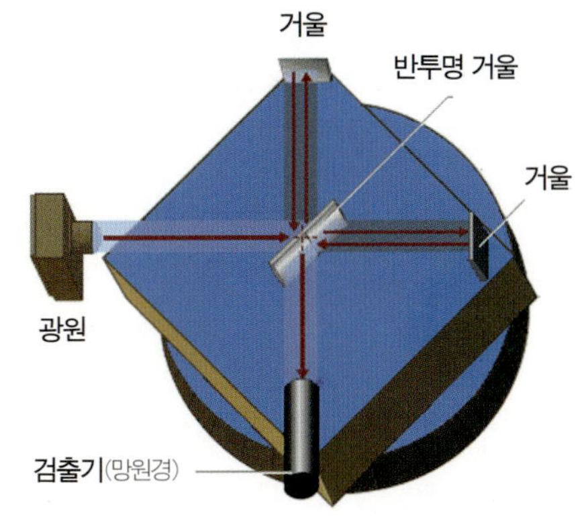

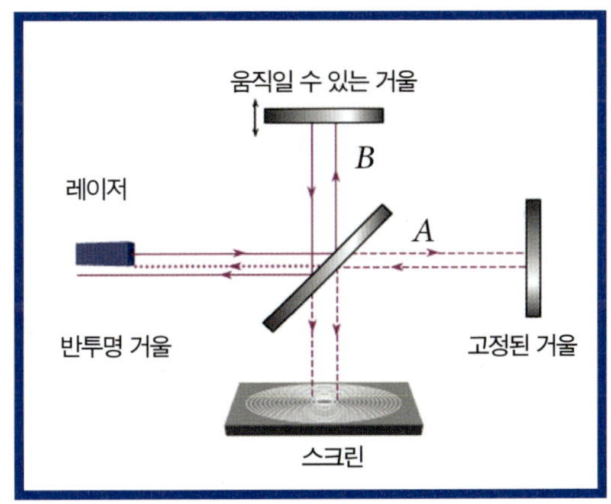

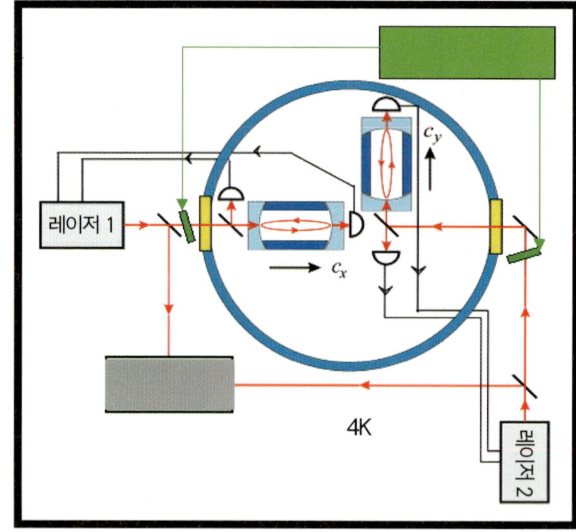

데이턴 밀러가 윌슨 산에서 행한 실험에서 앨버트 마이컬슨의 간섭계 대신 사용한 간섭계

밝은 점이 관측될 것이다.

그러나 측정 장치가 에테르의 작용으로 지구와 함께 그림상에서 좌측으로 이동하고 있다면 거울 M_2에서 반사된 빛은 거울 $M1_1$에서 반사된 빛에 비해 약간 지연될 것이다. 따라서 두 빛이 O 점에서 만나면 빛의 위상이 맞지 않아 소멸 간섭을 하게 될 것이다. 그 결과 간섭무늬를 나타내게 되어 가운뎃부분이 덜 밝아 보일 것이라고 생각했다.

마이컬슨과 몰리는 가운뎃부분의 밝기가 변하는지를 확인하기 위해 전체 실험 장치를 90° 회전하여 에테르가 흐르는 방향에 대해 빛의 진행 방향이 바뀌도록 했다. 그리고는 태양 주위를 도는 지구의 운동 방향이 바뀌는 다른 계절에 같은 실험을 반복했지만,

어떤 밝기의 변화도 관측할 수 없었다.

　이처럼 자신들이 만든 매우 정밀한 측정 장치를 이용하여 관측하고자 했던 작은 차이를 발견할 수 없자 마이컬슨은 이런 부정적인 결과는 지구가 태양 주위를 도는 동안에 지구 주변에 있는 에테르가 지구와 함께 끌려가기 때문이라고 주장했다. 에테르가 지구와 함께 운동하는 영역이 있다면 그 안에서는 어떤 상대속도로 관측할 수 없다는 것이다.

　이러한 질문에 대한 답은 아리스토텔레스가 주장한 "에테르가 가진 운동 상태와 부동 상태의 이중성"에서 즉시 찾을 수 있다. 지구를 둘러싸고 있는 공간과 빛 자체는 에테르로 '구성'되어 있다. 따라서 역시 에테르로 이뤄졌으며, 절대시간을 구성하는 일정한 배경 장에 대해 최대 속도인 초속 30만km로 달릴 수 있다. 다시 말해 에테르는 운동 상태와 부동 상태의 두 가지 성질을 가졌다고 할 수 있다.

제27장

마이컬슨-몰리 실험에 대한 대답

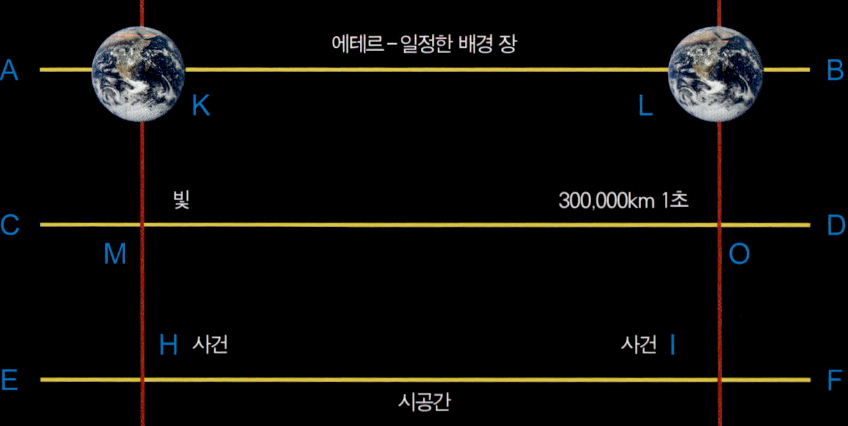

마이컬슨과 몰리가 했던 실험을 충분히 이해하고 실제 결과와의 차이에 대한 실현 가능한 시나리오를 이해하기 위해서는 에테르에 대한 생각에 근거한 적절하지 않은 방법을 이용한 측정을 배제해야 한다. 때문에 에테르의 존재를 증명하기 위해 우리가 직접 설계한 새로운 방법으로 분석할 것이다.

직선 AB를 '일정한 배경 장(에테르)'이라고 정의한다.

직선 CD를 '초속 30만km로 달리는 광선'이라고 정의한다.

직선 EF를 '1차원 형식의 시공간'이라고 정의한다.

점 K와 L은 광선 CB와 같은 방향으로 달리는 지구의 운동에 의해 정의된 일정한 점들이다.

점 H와 I는 시공간에서 사건이 일어난 점들이다.

이 실험의 관측자는 일정한 배경 장, 즉 에테르의 존재를 확인하고 싶어 한다.

실제로 빛이 일정한 속도로 여행한다면 '일정하다'는 것은 부동 상태에 있는 에테르 배경에 대해 '일정한' 것이기 때문에 관측자 자신이 위치한 지구의 궤도 안에서 일정해야 한다. 점 M에서 점 O까지 이동하는 같은 광선은 빛이 같은 거리를 이동했음에도 HI를 이동하는 데 걸리는 시간과 같지 않을 것이다. 왜냐하면 지구가 달리는 거리는 다른 관측자의 시계가 측정한 시간이 MO 사이에서 측정한 시간보다 줄어들 것이기 때문이다.

　마이컬슨과 몰리는 빛의 속도는 일정하지만 두 사건 사이의 거리는 같지 않다는 것을 다시 확인했다.

　같은 실험에서 마이컬슨과 몰리는 지구가 '부동 상태의 에테르 바다' 안에서 운동하고 있다면 선장이 부동 상태의 바닷물에 대한 배의 속도를 측정하듯이 지구의 속도를 측정할 수 있을 것이라고 생각했다. 그들은 지구가 운동하는 방향으로 전파되는 빛의 속도와 지구가 운동하는 방향과 수직인 방향으로 전파되는 빛의 속도를 비교하여 두 속도는 같지 않아야 하지만 같다는 것을 확인했다.

　결과: 그들은 근본적으로 불완전한 실험을 통해 일정한 배경 장을 구성하는 에테르를 부정했다.

　두 과학자가 정지해 있는 에테르에 대한 지구의 운동으로 인해 발생하는 속도의 두 다른 측정을 비교하여 찾아내려고 했던 차이는 에테르가 우주 공간과 지구 위에서뿐만 아니라 빛 자체에서도 본질적으로 닫혀 있기 때문에 나타날 수 없다는 것을 생각하지 못했다. 그 결과 일정한 배경 장은 '지구'를 부동 상태에 있는 것으로 본다. 그리고 빛은 계속적으로 같은 일정한 배경 장과 관련되기 때문에 빛의 속도는 절대적으로 상수다. 즉 움직이거나 움직이지 않는 다른 관측자가 일정한 배경 장에 대해 측정한 빛의 속도는 항상 절대적이어야 한다. 왜냐하면 빛은 에테르 자체로 만들어졌기 때문이다.

에테르는 모든 형태의 물질과 에너지가 나오는 작동하는 장이기 때문에 우리는 그것의 동적인 성격과 부동적인 성격에 대해 비정상적인 것이라고 주장하거나 분리된 성질을 측정하려는 시도를 할 수 없다.

미래의 과학은 에테르의 동적인 면과 부동적인 면이 가진 비밀을 이해하고 그것을 우주의 팽창과 연결함으로써 하늘 지도를 분석할 수 있게 되고, 우주를 연구하는 과학자들을 괴롭히기만 하는 특정한 우주 모델을 바꾸게 될 것이다.

마지막으로 우리가 알아야 할 것은 빛뿐만 아니라 우주의 물질도 본질적으로 부동적이라는 점이다. 그리고 에테르로 이뤄진 일정한 배경 장에 대한 속도를 비교할 필요가 있을 때는 그런 속도들은 모든 경우 일정하고 변하지 않는다고 생각해야 한다.

제28장

시공간

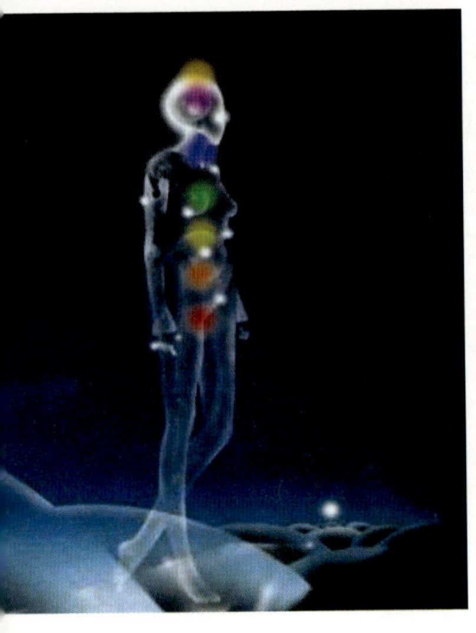

에테르가 만들어낸 시공간은 전체적으로 영원히 존재하는 '준비된 우주'를 나타낸다.

공간과 시간의 암호를 해독하는 것은 과학자들에게는 특히 매력적인 일이다. 시간은 독립적으로 필요한 장인 공간의 성질을 만들어내는 '점재적인' 활동성이다. 이 공간 안에서 창조가 이뤄진다.

에테르가 만들어낸 공간과 시간은 운동의 변환과 구조 안에서만 실현되는 창조의 개념과 함께 전체적으로 이전에도 존재했고 앞으로도 영원히 존재할 '준비된 우주'를 나타낸다. 반면에 계속 변화와 구조를 들이마시고 내뱉는 전체는 부동 상태이므로 창조되지도 않으며, 완전하고, 자동적으로 완성된 상태로 남아 있다.

시간과 무한이 영원한 정적인 상태에서 발견된다는 사실은 우주의 동적인 '내부' 안에서 모든 것이 절대로 오류가 없는 비밀 프로그램을 성실하게 따라야 하고, 영원한 정적 상태를 최종 목적으로 하고 있다는 결론을 이끌어내도록 한다.

아리스토텔레스는 어떤 힘에 의해 밀거나 밀리지 않는다면 모든 것이 절대적으로 일정한 정적인 상태, 즉 부동 상태에서 발견될 수 있는 원인은 '자연의 비밀'이라고 믿었다. 이 위대한 현인은 제자들에게 "물체의 자연스러운 상태는 항상 부동 상태다"라고 가르쳤다.

현대 물리학에서 공간과 시간은 '시공간'이라는 단어로 압축되었다. 오늘날의 시공간은 사건의 점들로 나타내어지는 4차원 공간이다. 시공간의 언어적 요소와 정의는 현재 상대성이론의 수학적 필요성을 만족시키고 있다. 그러나 의미와 물질의 창조 측면에서는 다음과 같은 질문을 하는 연구자에게 아무런 정보도 제공하지 못한다. "그것을 관측하는 나는 시공간과 무슨 관련이 있는가? 그리고 무엇이 나와 시공간을 연결하고 있는가?"

수학적 설명이 실재를 구성해야 할 필요는 없다. 관측자가 '시공간과의 관계'를 느낄 수 없다면 그는 시공간의 세 가지 '요소'를 결정할 수 있는 대답을 요구할 권리가 있다.

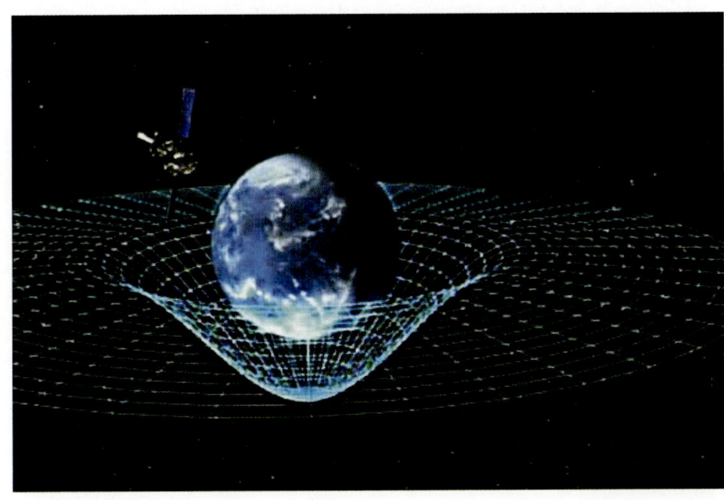

시간은 원형적인 실체이자 절대적인 실재
여서 부동성의 환경 안에서 일정하고 변
화가 없다. 시간은 과거와 미래의 '재생의
장'으로서만 이해될 수 있다.

만약 우주가 흘러가는 미래를 갖고 있다면 흘러가는 시간도 갖고 있어야 한다. 그렇지 않다면 우주는 절대적으로 부패하여 완전히 사라지는 저주받은 미래를 맞이하게 될 것이다. 왜냐하면 그런 우주는 과거는 갖고 있지만 최종 목적은 없는, 죽어가야 하는 존재이기 때문이다.

그러나 절대적인 시간이 일정한 배경 장 안에 '기록'되어 있어서 우주의 영원성을 감독하고 있다면 시간의 지적인 후손이 부동 상태에 동적인 성질을 갖는 즉시성을 만들어낼 것이다. 그것은 우리의 지구 시계이고, '순간'이라고 부르는 것이다.

지구에 사는 인간에게 '즉시성'은 기본적으로 태양 주위를 돌고 있는 지구의 운동과 관계된 시간 간격이다.

즉시성은 전체와 전체의 부분 안에서 유한한 반면 시간은 무한하기 때문에 시작과 끝이 없다. 즉시성은 항상 동적인 반면에 시간은 움직이지 않고 정적이지도 않다.

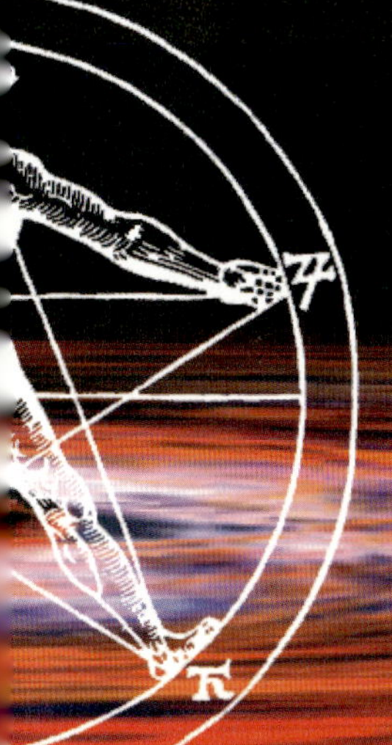

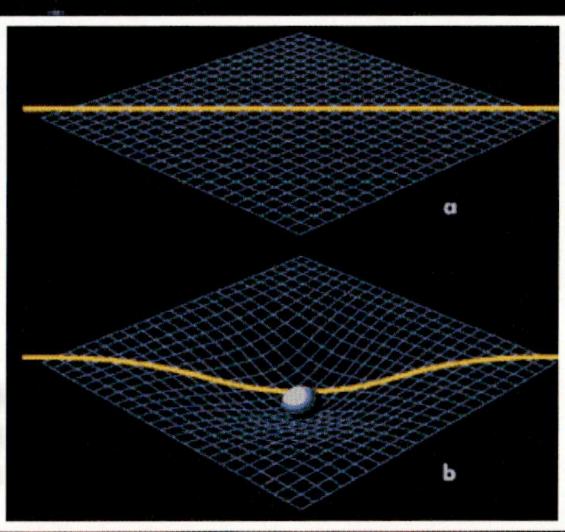

시공간의 연속체를 시간과 공간으로 분리하면 인간이 측정하는 '시간'과 '공간'이라고 정의한 것은 우주의 실재를 설명할 수 없을 것이다.

우리가 해가 뜨는 것과 지는 것을 감지하는 것은 볼 수 있는 눈을 갖고 있고, 밥을 먹고 맛을 볼 수 있는 입과 일상생활에서 물건을 만질 수 있는 손을 갖고 있기 때문이다.

즉시성은 세기, 연, 달, 주, 시, 분, 초 그리고 그것들의 부분으로 측정한다. 즉시성은 우리 생활에서 분이나 시를 이용해 둘 또는 그 이상의 사건 사이를 측정한다.

즉시성은 우리가 얼마나 자랐는지, 우리 나이가 얼마나 되는지 설명해주지만 우리가 영원하다는 것은 절대로 설명하지 못한다. 그러한 설명은 시간의 기능에 속하기 때문이다.

즉시성을 나타내는 시곗바늘은 '정해진 길을 가는 화살'을 따라 항상 미래로 향한다. 시간을 나타내는 시곗바늘은 동시에 같은 속도로 '현재'에서 미래로 돌아가고, 과거에서 현재로 돌아간다.

고대 철학은 즉시성을 '환상'이라고 설명했다. 유일한 실재는 인간의 감각으로 분별하는 절대적인 즉시성이며, 그것의 스케일은 감각 기능의 측정에 맞춰져 있다. 우리는 태양이 뜨는 것과 지는 것을 감지한다. 왜냐하면 볼 수 있는 눈과 밥맛을 볼 수 있는 입, 일상생활을 하는 동안에 물건을 만질 수 있는 손을 갖고 있기 때문이다. 밤의 적막은 잠을 자게 하는 자장가다.

시간의 흐름을 바탕으로 하는 우리의 감각기능은 태양 주위를 도는 운동에 관한 지구의 프로그램에 의해 작동된다. 시간

의 측정은 무한히 작아지는 경향이 있어 인간 지각의 최소 한
계에 도달하고, 무한히 커지는 경향이 있어 인간 지각의 최대
한계에 도달한다.

사람들은 측정이 소수점 아래 여러 자리까지 내려가 각각의 단
위가 인간 이해의 한계에 도달하면 그것을 '무한'이라고 생각한
다. 그리고 사람과 관련해서 인간 이해의 마지막 한계에 도달했을
때 무한으로 향하면 즉시성은 시간으로 변환된다.

찰나(즉시성)와 영원(시간)은 인간만이 측정할 수 있다. 이런 견
해는 즉시성, 시간, 공간뿐만 아니라 물질의 현상과 형식도 인간의
이해를 통해서만 그들의 실재와 작용을 설명할 수 있다는 결론을
내릴 수 있다. 만약 내가 우주를 전혀 생각하지 않는다면 내가 존
재한다고 해도 우주는 절대로 나를 위해 존재하지 않을 것이다.

따라서 우주는 배타적으로 나의 사고 안에 존재한다. 그것은 우
리로 하여금 다음과 같이 생각하도록 한다. 우주가 영혼이라면 우
리 인간은 영혼 우주의 중심이어야 한다.

우리 손은 일상생활을 하는 동안
여러가지 물건을 만진다.

과학과 철학에서 진정으로 뛰어난 생각은 우주가 인간 중심적이라는 것이다!

시간은 무한의 기본적인 특성이기 때문에 변하지 않는 영원한 상태로서만 부동 상태에 있는 에테르의 일정한 배경 장과 관련해서 이해될 수 있다.

지구 위에 살고 있는 인간에게 시간의 실재는 이해하기 어렵다. 왜냐하면 우리의 감각은 그것을 감지하거나 이해할 수 없기 때문이다.

만약 우주가 '풍선처럼 열려 있다면' 은하의 팽창 때문에 그것을 이해할 수 없다. 그리고 우리는 무한과 관련해서 그것을 설명할 능력을 갖고 있지 않으며, 그렇다면 우리는 시간을 이야기할 수 없다.

팽창률이 증가하면서 팽창하는 우주가 계속적으로 그리고 영원히 열리는 것은 불가능하다. 이는 우주가 '비과학적'이고 가상적인 신화인 '빅뱅으로 시작되었기' - 다시 말해 '시간의 시작'이 있었기 - 때문

이 아니라 우주는 특성상 '무한을 향하기' 때문에 열려 있다.

우주의 추진력과 속도를 결정하는 규칙은 정해진 길을 따라 동적인 것에서 부동 상태를 향한다. 은하의 팽창 속도가 빛의 속도와 비교할 수 없는 한 우주는 즉시성에 의해 측정될 수 있다. 이 속도가 '최대 운동의 막'을 파고들어 우리가 무한이라고 부르는 것으로 들어가면 은하는 부동 상태의 지평선과의 마찰 때문에 발화하게 되고, 결국 비물질화되어 우주의 일정한 배경 장인 부동 상태에 흡수된다.

좀 더 분석적으로는 원시 물질인 에테르로 만들어진 은하들은 최대 속도에 더 많이 접근하면 할수록 그들 자신을 향하게 되고, 용해를 통해 그들을 구성하는 원시 물질인 에테르로 되돌아간다.

그러나 에테르는 우주를 죽지 않게 하는 절대시간의 성질을 포함하고 있기 때문에 흡수한 은하의 모든 에너지 물질(에테르)을 모아 속도 암호를 이용하여 은하 물질을 재구성함으로써 우주의 활동적인 물질로 되돌려놓는다.

이러한 재구성은 무한의 두드러진 특성으로 절대시간에 의해서만 결정된다. 하이젠베르크의 불확정성 원리는 우주 아원자 물질의 기능이 실험실에 나타나는 것을 허용하지 않는다.

그러나 계속되는 모든 순간에 '그 무엇이' 변하지 않고 항상 같다면 우리는 '재생산'이 실재이고, 시간은 이러한 재생산의 영원한 작용이라고 생각해도 좋을 것이다.

물질의 비파괴성(라부아지에)과 에너지의 비파괴성(마이어)은 시간의 특성이다. 반면에 운동 상태에서는 물질과 에너지가 에테르의 특성이다.

만약 내가 우주를 전혀 생각해보지 않았다면 내가 존재한다고 해도 우주는 나를 위해 존재하지 않았을 것이다.

자연세계에서 영속성을 만드는 것은 시간 자체가 갖는 성질이다. 시간은 존재의 전체성과 물질세계에 나타나는 현상 사이의 영원한 통합에 관여한다. '영원한 상태'가 존재하기 위해서는 시간이 에테르의 협조를 받아 형식과 현상의 계속적인 유지뿐만 아니라 동시에 무한의 작용에도 참여해야 한다. 영원한 상태가 없는 무한은 생각할 수 없기 때문이다.

따라서 우리는 시간을 무한의 속성 안에 '내재된 성질'이라고 결론 내릴 수 있다. 이 경우 시간과 무한은 동일하기 때문에 수학이나 과학에서 말하는 시간은 방정식을 이용하여 계산되는 무한한 성질을 가져야 하며, 빛의 속도를 이용하여 하나 또는 그 이상의 물체 사이의 거리를 측정하는 데 사용해서는 안 된다.

만약 방정식 안의 시간을 항상 무한한 상태로 간주한다면 각 연구자가 얻는 우주의 모습은 시점이 달라야 할 것이다. 앞선 사람들이 인식한 경계조건의 부재는 '우주의 창조'에 대한 과학자들의 현란한 설명에 포함된 '시작'과 '끝'도 전체적으로 새로운 기초 위에서 조사되어야 하고 제 위치를 새롭게 정해야 한다.

넓은 의미에서 '시간'은 스프링보드라고 할 수 있을 것이다. 이것은 실재와 비실재 그리고 환상과 비환상을 구별하고, 영원에서 순간을 구별하는 과학의 날카로운 관찰 아래에서 세상과 자연에 대한 완전히 다른 접근이다.

상대성이론을 좀 더 깊게 연구하면 방정식과 수 너머에서 공간의 개념에 대한 설명을 발견할 수 있다. 이 이론에 의하면 공간은

(좌) 즉시성은 전체요 전체의 부분 안에서 유한한 반면. ……

(우) 즉시성은 우리가 얼마나 자랐고, 우리 나이가 얼마인지를 설명할 수 있게 한다. ……

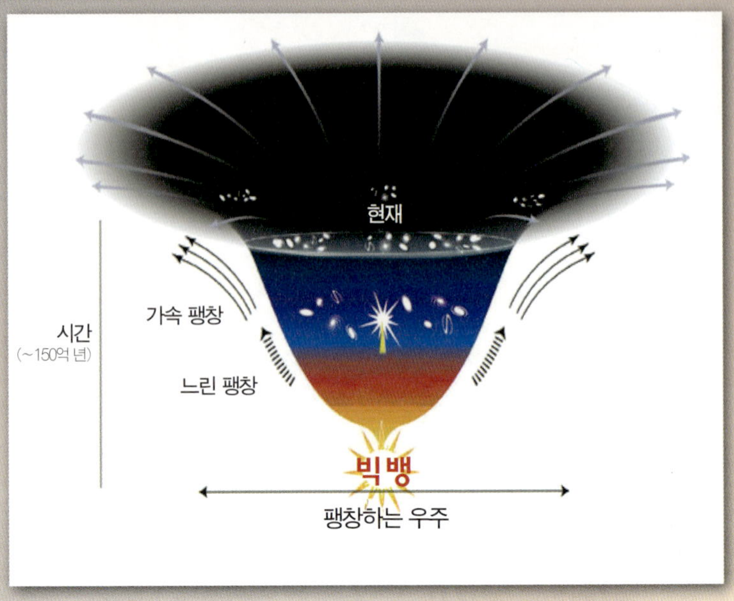

무엇일까? 그것은 어디에서 발견할 수 있을까?

우리의 감각으로 그것을 어떻게 알아내고 어떻게 시간과 결합할 수 있을까?

상대성이론은 지도 위에서 공간을 어떻게 계산해야 하는지에 대한 답을 줄 수 있지만, 지구와 공간을 결정하는 우주의 어디에서 어떤 장소를 발견할 수 있는지는 보여주지 못한다. 공간이 실재의 요소로 보이기 위해서는 부동성의 부분으로서만 인식될 수 있기 때문이다.

뉴턴의 법칙들과 상대성이론이 공간과 시간에 대한 긍정적인 답을 구하려고 한다면 그것을 에테르에서 찾아야 한다.

뉴턴은 '빛나는 에테르'의 성질과 존재를 가장 역동적인 방법으로 나타냈다. 반면에 아인슈타인은 절대시간과 에테르를 거부했으며 일정한 배경 장마저 거부했다. 그리고 그는 자신의 이론법칙을 우주 안에서 공간과 시간의 실재와 법칙을 구성하는 성질에 의

아이작 뉴턴

해서가 아니라 종이 위에 쓴 방정식으로 설명했다.

공간과 시간이 가진 암호 해독은 과학자에게는 특히 매력적인 일이다. 시간은 없어서는 안 되는 장인 공간의 성질을 만들어내는 스스로 존재하는 '잠재적' 활동성이다. 그 안에서 창조는 자신을 드러내야 한다.

에테르가 만들어낸 공간과 시간은 항상 존재했고 앞으로도 존재할 '준비된 우주'를 나타낸다. 창조는 물질과 운동의 변환, 구조를 통해서만 실현된다. 반면에 끊임없이 구조와 변환을 들이마시고 내뱉는 전체는 부동성인 상태 – 창조되지 않고 스스로 존재하며, 자동적이고 완전한 상태 – 로 남아 있다.

시간과 무한이 영원히 정적인 상태에 있다는 사실은 우주의 물체 안에서 이뤄지는 운동에서는 "모든 것이 되어야 하는 대로 돼야 한다"는 결론을 이끌어낼 수 있도록 한다. 다시 말해 모든 것은 영원한 정적 상태를 최종 목적으로 갖고 절대 오류가 없는 비밀 프로그램을 성실하게 따라야 한다.

이상하고 과장된 것처럼 보일지 모르지만, 시간은 움직이는 물체와 영원을 연결하는 끊을 수 없는 연결고리를 포함하고 있다. 그리고 이 때문에 ‘모든 것의 아버지’라고 여겨진다.

“모든 것에 대한 영원성의 요소”라는 시간의 개념은 모든 존재와 우주 현상의 실현이다. 거시세계와 미시세계의 모든 것도 마찬가지다. 왜냐하면 그것들을 만든 것도 ‘영원’이라고 정의된 시간이기 때문이다.

아무것도 시간 밖에 있을 수 없으며, 아무것도 일시적이라고 여겨질 수 없다. 시간은 모든 존재와 세상, 자연의 모든 물체에 절대적인 목적을 부여한다.

인간이 시계나 지나가는 순간을 볼 때 그것을 그의 생애나 가상적인 죽음 시점으로부터의 거리와 절대로 비교하지 않는다는 것을 언급해둘 필요가 있다.

인간의 뇌가 만들어낸 철학의 가장 큰 비밀은 뇌가 우주와 마찬가지로 영원하다는 것이다. 우리는 공간이 구조를 통해서만 그 존재를 보여줄 수 있다는 것에 대해 좀 더 생각해보아야 한다.

공간은 시간의 창작품이다.

이러한 창조를 인식할 수 있는 사람은 미시세계와 거시세계에서 공간의 존재를 보여주는 물질의 구조와 변환을 알아야 한다. 공간은 우주가 들이마시고 내뱉는 모든 물체의 에너지가 지배한다.

우주상수는 아인슈타인이 만들어낸 수학적 모델로, 팽창하려는 본질적인 경향을 가진 ‘시공간’과 관련되어 있다.

이러한 본질적인 경향은 시공간이 한편에서는 팽창하는 우주를 만들어내고, 다른 한편에서는 우주가 ‘비워지지 않으려는’ 성질 – 즉, 알 수 없는 이유로 ‘항상 무엇이려고 하는’ 성질 – 때문에 가득

차 있는 이중성을 가졌다는
것을 나타낸다.

아인슈타인은 팽창하는
우주를 설명했지만, '내재적'
이라는 말의 의미는 설명하
지 못했다. '내재'라는 것은
모든 것의 '이중적인 성격'과
관련된 개념이다. 이중성은
우리가 보통 이야기하는 물
질과 '영혼의 물질'을 구별하

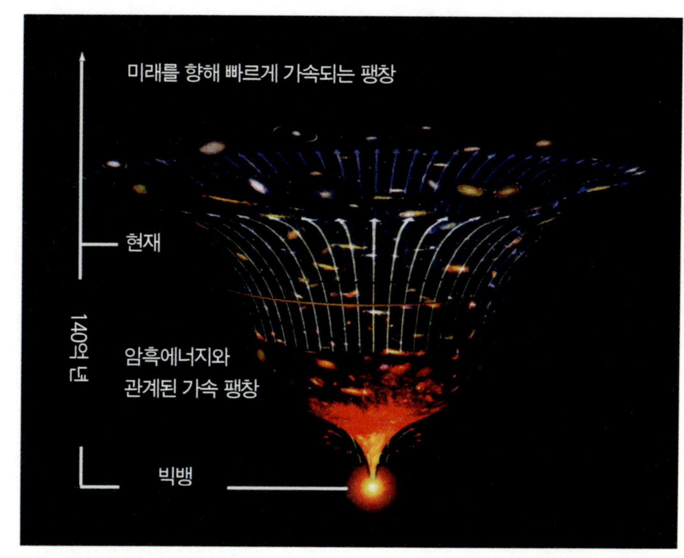

빅뱅이론의 재구성

도록 한다. 만약 인간의 감각을 이용한 측정을 통해 순간만을 나
타내는 시계로 '시간'을 조사하면 시간을 측정하는 관측자에 따라
달라지는 상대적인 시간을 측정할 수 있을 것이다. 그러나 이중성
의 다른 부분을 구성하는 시간의 내재성은 시간을 절대적인 것으
로 정의한다. 그 결과 시간은 영원으로 구성된다.

시간 흐름의 속도를 연관시킨 쌍둥이 실험은 지구 시간을 측정
하는 시계에는 매우 좋은 실험이다. 그러나 여기에는 절대적인 시
간과 두 가지 개념을 포함하는 비밀 프로그램에 의해 작동하는 우
주의 '내재적인 경향'이 빠져 있다.

아마도 이러한 견해는 중력의 핵심이론인 일반상대성이론을 설
명하는 데 심각한 어려움을 초래할 것이다.

만약 합법적인 무기고가 부동 상태에 있는 에테르에 자리 잡고
있다면 그리고 에테르의 동적인 성질 안에서 모든 법칙이 거꾸로
실현된다면 우리는 일반상대성이론과 특수상대성이론이 우주를
설명하는 방법과 태도에 이의를 제기할 많은 이유를 갖게 된다.

아인슈타인

상대성이론

아인슈타인이 제안한 상대성 이론의 기본적인 개념은 다음과 같다. "모든 속도로 관성운동을 하는 모든 관측자에게 물리법칙은 동일하다." 관측자의 속도와 관계없이 모든 관측자에게 빛의 속도가 일정하다는 원리는 뉴턴의 운동법칙은 물론 맥스웰의 이론에도 포함되어 있다. 그 결과 $E = mc^2$라는 식으로 나타내는 에너지와 질량의 동등성 그리고 그 어떤 것도 빛의 속도보다 빠르게 달릴 수 없다는 결과가 유도된다.

이러한 이론이 탄생한 원인은 다음과 같은 질문에 잘 나타나 있다. "우주의 법칙은 에테르인 무한하고 일정한 배경 장 안에서 항상 같게 나타나는가?"

또는 "물리학의 법칙들이 그들이 어떻게 움직이든 그리고 어떤 일정한 법칙에 근거하든 관계없이 가상적인 관측자들에게 항상 같아야 하는가?"

현재와 미래의 시공간 성질인 중력의 성질에 대한 설명, 에너지 보존, 인간 중심주의, 시공간의 특이점, 블랙홀, 분자 배열, 모든 것의 상호의존성 그리고 가장 가능성 있는 해답을 필요로 하는 다른 많은 물리학과 관련된 문제들이 에테르의 현미경 아래 놓여 일정한 배경 장과의 비교를 통해 연구되면 새로운 답을 얻게 될 것이다.

그렇지 않다면 새로운 이론과 오래된 이론의 계속된 분쟁이 과학자 그룹들 사이에 마찰을 야기할 것이다.

인간은 모든 것의 기준이다

프로타고라스

왜 우주가 우주를 관찰하는 인간에게 '열려 있는지' 궁금하게 생각해본 적이 없는가? 열려 있는 우주는 팽창하는 우주다. 우리는 마음의 중심이 인간 자체라는 것을 받아들여야 한다.

그러나 우리를 둘러싸고 있는 모든 천체가 우주적인 속도로 멀어지고 있다면 — 그리고 지구는 태양 주위를 돌고 있으며, 은하의 아주 작은 일부분에 지나지 않는 태양계도 무한한 은하의 바다를 놀라운 속도로 돌고 있다면 — 회전하고 있는 지구 위에 살고 있는 사람은 어떤 경로를 따라가야 할까?

지구와 태양계, 은하, 수백만 개의 은하 주위를 돌고 있는 우리가 망원경으로 평온하게 열려 있는 우주를 관측할 수 있다는 사실을 어떻게 설명할 수 있을까? 어떻게 그리고 왜 우리는 존재할까?

아마 우리가 무엇을 감지하든지, 무엇을 보든지 그리고 무엇을 느끼는지 그것은 우리의 감각으로는 느끼지 못하지만 우리 뇌는 알고 있는 다중운동의 비밀스러운 결합에서 유도된 '감각 프로그램'의 결과다. 그럼에도 감지하지 못하기 때문에 우리는 존재할 수 있다.

아마도 우리 주위를 도는 지구나 우주에는 운동 상태와 부동 상태가 함께 작용하는 '변환기'가 내재되어 있을 것이다. 따라서 우리의 감각은 자연적인 반대 힘들의 균형을 유지하는 핵심 역할을 하고 있다. 그렇다면 그것이 우리를 존재하도록 하는 것일까?

그리고 조각들이 어떻게 다른 조각들을 '알며', 어떻게 다중 중력장이 연결되는지, 이러한 연결의 합이 인간의 감각 능력의 합과 같아지는지 등과 같은 중력의 무한한 수수께끼에 대해서도 알고 싶다. 그 결과 우리는 어려움 없이 걸을 수 있고, 자연의 신비를 즐길 수 있으며, 우리의 감각에 나타난 세상 경험을 즐길 수 있는 것일까?

어떻게 자연과 지구 그리고 우주의 다중적인 운동의 혼돈 속에서 우리가 똑바로 설 수 있으며 먹을 수 있고 잘 수 있을까? 인간의 감각 측정에 의해 '자연세계'라고 해석되는 전체적인 조화를 만들어내는 것은 무엇일까? 또 우리의 감각과 정신적인 능력에서 볼 때 인간 밖에 있는 우주가 존재하는 이유는 무엇일까? 우주에 있는 모든 것을 측정하는 존재가 인간뿐이라면 인간의 존재를 기초로 하여 창조와 자연이라는 비밀 프로그램의 법칙과 관련한 암호를 풀기 위해서 우주론은 인간 중심주의나 철학과 연결되어야 하는 것일까?

우리가 존재하는 우주와 세상이 모두 원형과 규칙, 법칙을 통해 운동을 이해할 수 있는 에테르라면 – 그리고 기초적인 구성 물질로서의 에테르가 끊임없이 인간, 자연 그리고 세상의 모든 것을 창조하고 있다면 – 과학은 궁극적으로 창조의 원리와 에테르의 구조 안에서 인간 자체에 대한 합법적인 설명을 찾을 수 있는 것이 아닐까?

세상의 모든 존재가 가진 위대한 비밀은 그들이 다중의 복잡한 운동을 하는 체계 안에서 회전하며 살아가지만, 그들이 그것을 부동 상태에 있는 것으로 감지한다는 것을 이해하는 것이 그렇게 어려울까? 부동 상태로 느끼는 감각이 없으면 어지럽게 돌아가고 운동하는 우주에서 누가 살아갈 수 있겠는가? 만약 부동 상태에 있는 생명체의 핵심적인 기초가 아니라면 세상이 존재할까? 에테르가 정적인 배경 장이 아니라면 어떻게 빛이 일정한 속도로 달릴 수 있으며, 모든 것으로 이뤄진 하나의 변하지 않는 체계가 작동할 수 있을까?

아리스토텔레스는 운동 상태와 부동 상태가 내적인 그리고 외적인 행동에서 에테르의 우주상수라는 생각을 제안했다. 그러한 우주상수는 결합, 상호의존성, 조화, 균형 그리고 우주적인 규모에서 반대되는 힘과 균형을 이루는 것이라고 설명할 수 있다. 에테르의 우주상수는 우주에 가득 차 있는 절대적인 사고 물질의 결과였다. 이 무한한 물질은 절대로 태어나지 않으며 죽지 않는다. 그와 동시에 사고의 내용이라고 여겨진다.

그리고 인간이 자신의 생각을 우주의 무한한 사고와 결합할 수 있으면 그는 창조의 법칙과 소통할 수 있을 뿐만 아니라 '신과 동등하게' 창조의 법칙에 참여할 수 있다.

제30장
철학의 시작

오늘날까지 자연과 세상의 현상을 설명하는 모든 문제는 고대 그리스 철학자들이 처음 제시한 것들에서 시작되었다.

생명의 기원 문제, 인간의 본질과 관련된 문제, 창조의 이유와 목적, 인간과 자연 그리고 신과의 관계, 삶과 죽음의 궁극적 목적 같은 모든 문제는 고대 그리스 철학자들의 작업장에서 발전되었다.

나는 사모트라스의 카베이리안스 섬에서 열린 철학과 형이상학의 국제적인 학술회의에서 친구인 스콧 올센Scott Olsen 교수를 만나 고대 그리스 철학자들이 세상의 전체성을 인식하고 그것을 대화와 수학, 기하학을 통해 설명한 방법에 대해 의견을 나누었다. 그들의 이론에 대해서는 오늘날까지 전 세계 어떤 나라의 연구소에서도 아무런 이의가 제기되지 않고 있다.

고대 그리스의 영혼이 대단하게 여겨지는 것은 놀라울 정도로 명료함과 뛰어난 논리, 지적인 결합에 의한 광채가 깃든 그리스 자연 속에 잠겨 있는 빛 자체이기 때문이다.

본질적인 원인이 되는 빛과 함께 고대 그리스의 영혼은 세계 역사상 처음으로 그 당시 사람들의 신화, 무지 그리고 미신의 안개와 구름을 파고들 수 있었고 창조적인 마음의 깨끗한 벌판을 날아오를 수 있었다. 다른 나라 사람들이 신을 '동맹국'으로 하여 '위에서부터의 명령'이라는 명목으로 전쟁을 일으키고, 파괴하고, 정복하던 시대에 그리스에서는 '세상의 존재'를 설명하는 철학의 정원에 꽃을 피우고 있었다.

객관적 지식이라고 할 수 있는 최초의 과학은 기원전 7세기 초에 나타났다. 오늘날 우리가 논리학, 물리학, 기하학, 수학, 심리학, 윤리학, 사회학, 정치철학이라고 부르는 모든 학문은 보석 같은 그리스 영혼의 창작품이다.

또한 현대 유럽의 지성과 연구자들이 '철학'이라고 언급하는 것은 그리스 철학을 말한다. 이는 서양 문화의 모든 원리와 개념이 순수하게 그리스적임을 나타낸다.

철학적으로 생각하는 사람은 누구나 그리스어로 생각한다.

그리스어를 아는 사람은 누구나 보편적으로 생각한다.

인간과 영혼, 신을 설명하는 개념의 뿌리는 그리스 땅에 깊게 뿌리 내리고 있고, 그들의 꽃들은 그리스의 태양과 바다, 하늘을 향하고 있다.

그리스 철학을 공부하는 것은 원형, 규칙, 수로 구성된 세상을 움직이는 원리를 공부하는 것임과 동시에 인간이 살아가는 행성의 작동 원리와 유럽 문화를 지탱하는 원리를 공부하는 것이다.

우리가 이 책을 통해 지구와 하늘에서 삶이 작동하는 방법을 이해하기 위해서는 그리스인의 사려 깊은 지식이 예술, 문자, 과학을 구성했으며, 세상의 모든 사회가 열정적으로 답을 찾고 있는 삶과 죽음의 비밀을 설명한 일부 고대 철학자들을 알아둘 필요가 있다.

그리스 철학자들은 영혼의 세계와 물질적인 세상을 지배하는 원리에 대해 각기 다른 견해를 갖고 있었지만, 전체적인 구조 안에서 그들의 생각은 영혼세계의 원형과 법칙들은 물론 우리 인간이 이해한 물리적 세상의 법칙들을 설명하고 보여주는 데 놀랍도록 의견의 일치를 보이고 있다는 것을 알아야 한다.

제31장

탈레스
(Thales, B. C. 624~548)
우주에 관한 최초의 원리

탈레스는 아낙시만드로스와 아낙시메네스 등 그의 후계자들과 마찬가지로 위대한 상업도시였던 고대 밀레투스에서 태어났다.

탈레스의 지칠 줄 모르는 영혼은 신과 우주의 존재에 대한 이집트인들의 단순한 생각에 만족할 수 없었다. 탈레스에게 세상 모든 존재의 기원은 '액체 원소'인 물이었다. 이 위대한 철학자는 그 안에서 에너지를 포함하여 세상의 모든 구조적 요소를 만들어냈다.

이러한 생각을 바탕으로 그는 자연적인 원인에 의해 모든 존재가 만들어졌다는 생각을 제안했고, 끊임없이 변하는 현상들 뒤에는 그들 존재의 이유가 되는 공통적이고 일정한 물질이 있다고 주장했다.

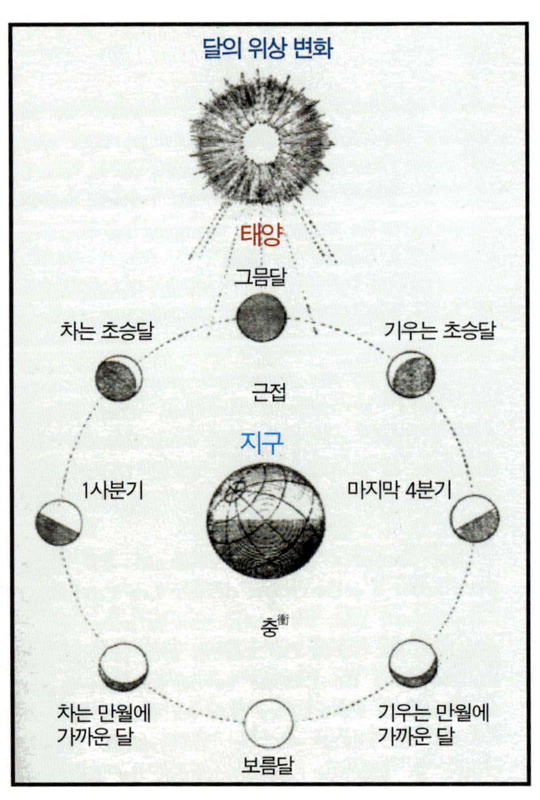

탈레스에게 "처음에 무엇이 있었습니까?"라고 묻자 그는 "현재 우리 눈에 보이는 것과 같은 세상을 만들고 있는 것은 무엇인가?" 하고 되물었다.

고대 전통은 탈레스에게 점성술, 기상학, 지진학과 여러 개의 기하학 정리를 전해주었다. 탈레스는 지진과 수확량을 예측했고, 나일 강의 홍수를 설명했으며, 그림자가 만드는 삼각형을 이용하여 피라미드의 높이를 측정했다.

제32장

아낙시만드로스

무한

탈레스의 제자였던 아낙시만드로스는 지구, 별, 태양 그리고 행성들과 함께 외계 공간이 전체적으로 그 자체로서 세상의 의미를 설명하는 단위인 하나의 유기체라고 생각한 최초의 사람이다.

아낙시만드로스는 "우주의 중심에 지구가 위치해 있으며, 이러한 우주의 부분과 전체는 모든 것을 지배하는 우주적인 법칙의 지배를 받고, 지구상에 존재하는 모든 것의 기원은 궁극적으로 진화의 규칙을 구성하는 온도 변화에 절대적으로 의존한다"고 주장했다.

또한 열정적으로 영혼의 존재를 믿었으며, "자연의 영혼은 공기"라고 생각했다.

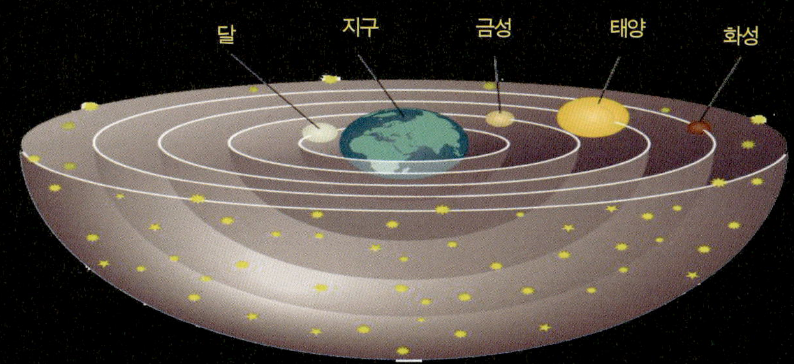

제33장

아낙시메네스

(Anaximenes, B. C. 585~528)

공기

기원전 545년에 밀레투스에서 태어난 아낙시메네스는 인간과 우주에 대한 혁명적인 생각으로 널리 알려진 사람이다.

아낙시메네스는 공기를 영혼으로 인식했고, 공기만이 우주의 생성 원리라고 보았다. "우리 영혼이 우리 자신을 구성하고 있는 공기인 것처럼 전체 우주도 공기의 숨결로 구성되어 있다"

아낙시메네스는 "자연계의 모든 존재는 공기에서 유래했다. 세상의 원리는 공기의 흩어짐과 응축에 기반을 두고 있다. 밀도의 변화는 여러 가지 물질을 만들어 낸다. 공기가 희박해지면 불이 되고, 응축하면 바람이 되었다가 나중에 구름이 되고, 다시 물이 된다. 그런 다음에는 흙과 바위, 지구를 구성하는 모든 원소가 된다. 영원한 운동의 원인은 공기뿐이다"라고 주장했다.

이러한 이론으로 아낙시메네스는 세상의 물체와 현상에 대한 이성적인 설명의 문을 활짝 열었다.

크세노파네스

(Xenophanes, B. C. 570~477)

하나

우주의 단위와 전체 의미를 발견한 이오니아의 물리학은 우주의 물질과 원리를 개념화하고 있던 이 위대한 시기에 크세노파네스에게 영감을 주어 그로 하여금 대담한 주장을 하도록 하게 만들었다.

이 위대한 현자의 생각에서 가장 두드러진 형식은 '신'이었다!

신을 순수한 영혼의 구로 상승시킨 이 위대한 사상가는 혁명적인 생각으로 새로운 윤리적 현상을 만들어냈다. 그것은 헬레니즘 영혼의 역사뿐만 아니라 기독교 자체의 역사를 만드는 데 공헌했다.

엘레아학파의 창시자로 기인이었던 크세노파네스는 "신은 하나다"라고 선언했다. 다시 말해 우주는 하나이고 통합된 것이다. 크세노파네스는 그 당시의 의인화된 신에 반대하고 "황소가 생각할 수 있고 그림을 그릴 수 있다면 그들은 자신의 신을 황소로 묘사했을 것이다"라고 주장했다.

제35장
피타고라스
(Pythagoras, B. C. 580~496)
수
O＋∞＝1

오르페우스 신앙의 독실한 신자였으며 멤피스에서 사제로 지내는 동안에 받아들인 이집트 신앙에서 깊은 영향을 받은 피타고라스는 "영혼은 신성한 기원을 갖고 있으며 죽지 않고, 한 육체에서 다른 육체로 옮겨 다닌다"고 가르쳤으며, "죽음과 삶의 과정을 거치면서 정화되어 처음 시작된 신으로 되돌아간다"고 했다.

피타고라스는 윤리적이고 금욕적인 생활을 해야 한다고 가르쳤으며 수학, 기하학, 천문학, 철학의 지식수준을 높였다. 이 위대한 현자는 조화가 수학적 관계의 결과라는 것을 발견했으며 또한 '수'가 우주의 기본적인 원리를 구성한다고 보았다. 수의 요소는 이븐^{Even}과 언네시서리^{Unnecessavy}다. 이븐은 '무한'이고, 언네시서리는 '유한'을 나타낸다.

피타고라스에게는 언네시서리가 이븐보다 나았다. 언네시서리는 이상적인 형식의 세상이자 완전한 형태인 반면에 이븐은 무정형 물질의 세계였다. 수학적인 조화는 우주의 원리 속에 내재되어 있었고 소리 사이의 수학적 관계 안에도 내재되어 있다. 인간은 초월적인 존재를 인식할 수 있도록 '신적인 영혼의 물질'을 부여받은 '신적인 존재'여서 스스로 신을 찾아낼 수 있다.

남부 이탈리아의 크로톤에 살던 피타고라스의 제자들은 수학자 그룹과 '어쿠스매티코이^{Acousmatikoi}'라는 그룹을 형성했다. 수학자 그룹은 순수하게 과학 연구에 헌신했던 사람들이고, 어쿠스매티코이는 대중 과학을 만들었다.

피타고라스는 절대적인 영혼의 사회로 인간의 영혼과 신 자신인 우주 영혼이 결합된 다른 생의 개념을 충실하게 믿었다. 피타고라스가 볼 때 같은 사람의 생애는 다른 사람들에 의해 이어지지만 각각의 생애는 닮지 않았다. 각각의 생애는 그것의 목적지를 정하는 다른 법칙을 갖고 있으며 이들 생애의 구성은 일반적인 법칙에 따른다. 이 법칙 안에서 이전 생의 모든 법칙이 재생된다.

일반적인 법칙은 한 생의 축적된 결과를 다음 생에 전달한다. 따라서 사람이 죽을 때마다 새로운 탄생이 있다. 새로 탄생하는 사람은 이전 생애의 본능과 행동의 결과를 상속한다.

피타고라스는 "만약 영혼이 영원한 보상을 받기 원한다면 사람은 모든 생에 열심히 투쟁해야 하며 스스로를 희생할 엄격한 선택을 해야 한다"고 가르쳤다.

인간은 초월적인 존재를 인식할 수 있도록 '신적인 영혼의 물질'을 부여받은 '신적인 존재'여서 스스로 신을 찾아낼 수 있다.

행성의 표면을 가득 메운 지성을 가진 인간들은 우주 법칙에 의해 신성의 법칙에 연결되기 위해 점차적으로 위로 흘러간다. 피타고라스는 "동물은 인간의 친척이고, 인간은 신의 친척이다!"라고 말했다.

피타고라스는 이집트에서 수행하는 동안 인도의 신비주의 영향을 많이 받은 환생의 교리를 받아들이게 되었다. 그가 이시스의 사원에서 배운 난해한 가르침은 하늘의 능력에 의한 지구의 창조와 관계되는 1차적인 선택뿐만 아니라 2차적인 선택의 법칙에 의한 동물 종種 간의 변환도 인정했다.

환생에 의해 새로운 형태의 동물이 지구상에 나타나는 것은 깊은 의미에서 이전 종의 자손들 가운데서 함께 살아가는 더 높은 형태의 영혼이 다스리는 새로운 질서가 특정한 시기에 나타난다는 것을 의미했다. 그것은 법칙에 의해 더 높은 영혼의 상태로 높여준다. 나중에 플라톤도 받아들였던 이 난해한 가르침은 이런 방법으로 인간이 지구상에 나타난 것과 지구상에서 경험하는 것들을 설명했다.

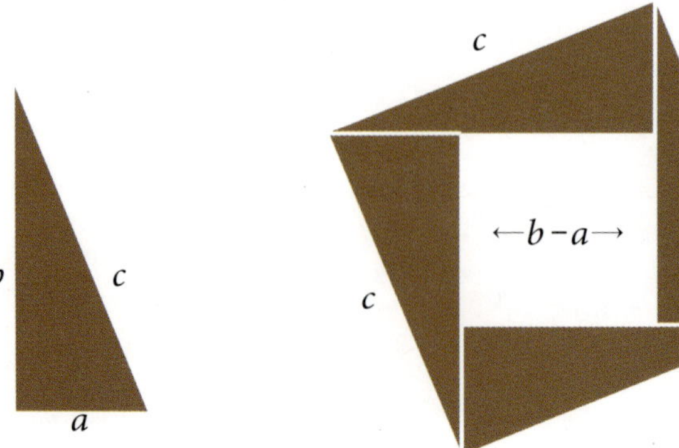

피타고라스의 정리

　언어와 상징을 이용해 가르쳤던 엘레아학파의 사제들이 받아들인 오르페우스와 피타고라스의 신비주의는 식물의 세상은 동물의 세상에 참여하고, 동물의 세상은 인간의 세상에 참여하여 더 높은 종으로 진보한다고 가르쳤다. 이런 방법으로 그들은 세상 종들이 완전을 향해 다가가는 궤도를 정의했다.

　이러한 진보는 규칙적인 방법으로 일어나지 않고, 정상주기와 하나 안에 다른 하나가 기록되어 증가하는 주기가 결합된 형태로 진행된다. 공통적인 내부 원은 영원하고 부동 상태에 있는 하늘세계의 삶을 나타낸다.

　지구상의 모든 사람은 젊은 단계를 거치면서 진보의 주기가 점차 감소한다.

피타고라스는 값이 아니라 '수'가 핵심인 우주 생성론을 가르쳤다. 피타고라스가 볼 때 자연계의 모든 생물은 그 자신의 수를 갖고 있다.

이 수는 생명체의 분리된 개체를 구성한다. 예를 들면 사람의 키가 큰지, 중간인지, 작은지 또는 살이 쪘는지 말랐는지, 마음이 현명한지 아니면 부족한지, 정의로운지 아니면 정의롭지 못한지 또는 잘생겼는지 아니면 못생겼는지는 생명체가 가진 수의 값에 의해 결정된다. 이 모든 것은 수의 값에 달려 있으나 수의 질료는 전체적으로 다르다.

수의 질료는 수에 속해 있고 수로부터 나온 부동 상태 안에서 존재의 다른 형식과 관련되어 있다. 제자에게 형식이 가진 부동 상태의 본질을 보여주기 위해 피타고라스가 사용한 유일한 방법은 암호화된 것을 해독하는 일이었다. 그는 도제 후보자가 미리 내준 과제에 대한 고통스러운 교육을 받은 후 미소 짓도록 함으로써 그것을 달성했다. 왜냐하면 관측 가능한 우주에서 부동성 의 원형은 법칙이어서 그것의 발현은 인간이 비실재에 참여하는 것이기 때문이다.

제논

부동 상태

제 논은 우주에 대해 일련의 철학적 사고를 할 수 있다면 결국 우주의 전체성은 전체적으로 질료와 운동을 갖고 있지 않으며, 절대적으로 부동 상태라는 결론을 내릴 수 있을 것이라고 확신했다.

제논은 공간에서의 존재 운동을 절대적으로 거부하는 데서 더 나아가 공간 자체를 인정하지 않았다. 제논은 "공간이 어떤 것이라면 그 어떤 것은 어디 있는가?"라고 질문했다.

만약 공간이 '세상의 존재'에 속한다면 세상의 어떤 부분에 있는가?

만약 전체 우주가 공간 안에 있다면 공간은 다른 공간이어야 하고, 그 공간은 또 다른 공간이어야 한다. 그런데 이것은 가능하지 않기 때문에 공간은 존재하지 않는다.

제논은 공간과 시간 그리고 운동에 부여한 일반적인 성질을 폐지했다. 이런 그의 견해는 오늘날 여러 나라의 연구자와 이론물리학자 그리고 수학자들의 마음을 사로잡고 있다.

제37장

파르메니데스

(Parmenides, B. C. 540~480)

존재

파르메니데스의 철학은 존재에 관한 가르침으로 요약되어 있다. 존재는 전체 우주의 자연과 세상의 본질을 구성한다. 이 존재는 물활론자들이 발견한 것과 같은 모든 것의 절대적인 통합과 상호의존성을 전제로 하고 있다.

크세노파네스가 선언한 신에 대한 개념과 함께 파르메니데스는 참지식과 거짓지식을 구분하였는데 참지식은 그것을 정의하는 규칙과 법칙이 함께 눈에 보이거나 눈에 보이지 않는 형태의 존재에 대한 지식뿐이다. 거짓지식은 비존재에 대한 지식이다. 이러한 거짓지식은 모든 것의 핵심이 아니라 눈에 보이는 부분의 법칙성과 목적에 대한 연구에 의해 지지된다.

파르메니데스의 존재, 다시 말해 자연과 우주는 태어나지 않고 불멸하는 것이었다.

그것은 전체적인 것이었고, 부동 상태였으며, 끝이 없었다. 또한 모두가 함께였고, 하나였으며, 유일하고, 단단했으며, 가득했다. 존재는 태어나지 않으며 자체 안에 원인을 갖고 있으므로 창조의 원인이 없다. 존재는 절대로 죽지 않는다. 따라서 만약 끝이 약하다면 그것은 존재가 아니다!

마지막으로 파르메니데스는 다음과 같은 내용을 주장했다. '존재'는 나눌 수 없고, 변하지 않으며, 자신과 동일한 하나의 본질만 갖고 있고, 자체적으로 연속적이다. 파르메니데스의 언어 안에서 존재의 두드러진 역할은 "태어나지 않음, 나눌 수 없음, 본질적임, 변하지 않음, 완전함, 같은 강도임, 신성함 그리고 무엇보다 하나와 부동 상태다"

제38장

헤라클레이토스
(Heraclitus, B. C. 550~480)

불

헤라클레이토스는 당시 그리스의 공식적인 신이던 열두 신이 활동하던 시기에 살았다. 그는 우주가 올림푸스에 살고 있는 신들의 작품이라는 것을 받아들이기를 거부했고, 영원하다고 생각된 모든 형태의 우주 원리도 부정했다.

그 당시 널리 받아들여진 범신론은 헤라클레이토스를 우주의 모든 원소 안과 모든 생명 형태 안 그리고 모든 상태 안에 신성의 본질이 존재한다고 생각하도록 이끌었다.

신의 측정은 인간의 측정과 다르다. 신에게는 모든 것이 아름답고, 선하고, 정의롭다. 하지만 제한된 지식만 가진 인간은 어떤 것은 정의롭게 보고 어떤 것은 정의롭지 않게 본다.

헤라클레이토스는 우주가 살아 있는 불로 항상 존재하며, 앞으로도 항상 존재할 것이라고 믿었다. 불은 물, 공기, 흙이 되었다가 최후에는 다시 불로 되돌아온다.

세상에 존재하는 것은 모두 원시 불의 변이와 변태다. 간단히 말해 모든 것은 영원한 불길인 불 안에서 시작되고, 끝난다. 따라서 자연은 그것을 구성하는 원소들의 끊임없는 변환 메커니즘에 의해 작동된다.

생명과 죽음 사이, 모든 형태의 존재와 자연계 현상들 사이에는 절대적으로 상반적인 관계가 있다. 차가움은 열이 되고 열은 차가움이 된다. 젖은 것은 마르고, 마른 것은 젖는다. 모든 원소의 탄생은 비슷한 원소의 죽음과 절대적으로 연결되어 있다.

우리는 삶과 죽음의 윤회를 경이로운 눈으로 바라보며 이 끝없는 윤회 안에서 모든 것을 지배하는 원인을 찾는다.

모든 원소는 어디에선가 와서 어디론가 간다. 스스로 존재하고 스스로 충분한 물질은 없다. 세상의 '생성'에서 유일한 정의는 우주의 조화를 위한 원소들의 자연적인 반대다.

우리는 반대되는 힘들이 투
쟁하는 우주에 살고 있다. 영
원한 투쟁 또는 전쟁은 인간
을 포함하는 자연 안에서 절
대적인 법칙이고 역학적이다.

전쟁은 "모든 것의 아버지"
다! 이 멈출 수 없는 전쟁이 한
사람을 쓸모없게 만들고 다른
사람을 신으로 만들며, 한 사
람을 신하로 만들고 다른 사람
을 왕으로 만들며, 한 사람을
노예로 만들고 다른 사람을 자
유인으로 만든다. 헤라클레이
토스에게 반대되는 힘은 존재
하지 않았다. 왜냐하면 반대로
보이는 모든 것은 존재 자체의 변환이었다. 운동 상태와 부동 상
태, 심오한 것과 대중적인 것, 빈 것과 가득 찬 것, 지상의 것과 하
늘의 것, 각성과 잠, 삶과 죽음은 모두 서로 반대이지만 사실은 같

이 위대한 현자는 자연이 그 안
에 절대적인 지식을 갖고 있다고
주장했다.

……실제로 각성상태와 잠, 삶과
죽음은 모두 반대이지만 같은 것
이 전이한 것이다.

인간은 본질적으로 자신 안에 지식을 얻는 데 필요한 모든 활동적인 능력을 갖고 있다.

은 것의 변이다. 이런 방법으로 우월한 존재가 그에게 동의하거나 동의하지 않는다.

이것은 절대적인 통합의 두드러진 원소다.

헤라클레이토스에게 수금竪琴과 활의 구성은 2개의 반대되는 힘의 조화로운 에너지 위에 기초를 두고 있다.

다른 힘은 가장자리를 닫는 경향이 있다. 그러나 결국에는 어느 것도 두드러진 힘을 반대하지 않는다. 따라서 각각의 악기는 그것이 존재하는 목적을 위해 일하며, 분해되지 않고 악기로 남는다.

같은 이유로 반대되는 힘들의 우주도 모든 것이 공존하는 완전한 조화 안에서 영원히 존재한다.

헤라클레이토스에게 영혼은 한계가 없었다. 그러나 생의 주기 안에서는 영혼 역시 원소의 변환 과정을 따른다. 그 결과 영혼도 끝없는 변환 안에서 태어났다가 죽고 다시 태어난다.

이 현자는 자연은 그 안에 절대적인 지식을 갖고 있다고 주장했다. 인간은 본질적으로 자신 안에 지식을 얻는 데 필요한 모든 활동적인 능력을 갖고 있다. 그러나 지식을 얻기 위해서는 열심히 싸우고, 집중력을 갖고 숨기를 좋아하는 자연 원소들의 작용과 변화를 관찰해야 한다.

인간은 밤늦게까지 일해야 하며, 숨어 있는 의미를 해독하기 위해 지구와 우주의 모든 것을 심도 있게 공부해야 한다. 자신의 영혼을 더 깊이 '파고들면' 파고들수록 더 많은 의미를 발견할 것이고, 자신의 자아를 세상의 영혼과 결합시키는 신성한 법칙과 더 많이 통신하면 할수록 자신이 관측하는 자연과 더욱 비슷해지게 될 것이다.

헤라클레이토스는 철학 역사상 인간에게 지상세계 안에서 일어나는 생명의 작용 안에서 다른 생명체의 신비를 발견하도록 격려한 최초의 철학자였다. 그는 지상의 생명체들이 영혼으로 이뤄진 우월한 세상의 상像이며 반사라고 생각했다.

제39장

엠페도클레스

(Empedocles, B. C. 495~435)

전체는 부분 안에 있다

엠페도클레스의 부동 상태와 운동 상태에 관한 가장 중요한 이론 중의 하나는 존재, 즉 우주는 전체적으로 볼 때는 부동 상태인 반면 부분을 보면 모두 동적이라는 것이다!

엠페도클레스는 "우주의 전체성과 통합의 관점에서 우주가 부동 상태이며 없어지지 않는다고 생각해야 한다"고 주장했다. 우주의 구성 원소는 흙, 물, 불 그리고 공기이며 자연의 모든 것은 이 네 가지 원소로 구성되었다.

엠페도클레스는 "아무것도 없는 것에서는 아무것도 나올 수 없다"고 주장했다. 자연의 모든 변화는 물질의 원자인 분자 운동을 설명할 수 있지만, 그들의 구조적 바탕은 변하지 않는다. 이러한 변환은 지구 행성의 창조 영역에만 국한된 것이 아니라 전체 우주에서 일어난다.

이 위대한 철학자의 견해는 오늘날 "과거 특정한 시점에 우주가 공간과 물질 그리고 시간이 없는 곳에서 시작되었다"는 1회성의 빅뱅을 부각시키기 위해 노력하는 사람들에게 결정적이고도 격렬한 타격이 될 것이다.

제40장

아낙사고라스

(Anaxagoras, B. C. 496~428)

마음

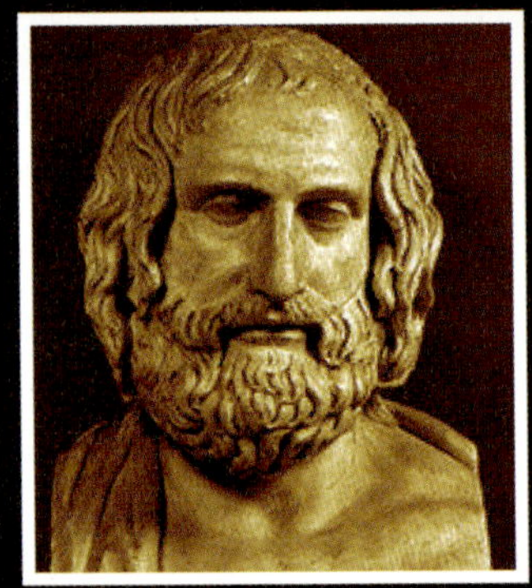

페리클레스와 아낙사고라스

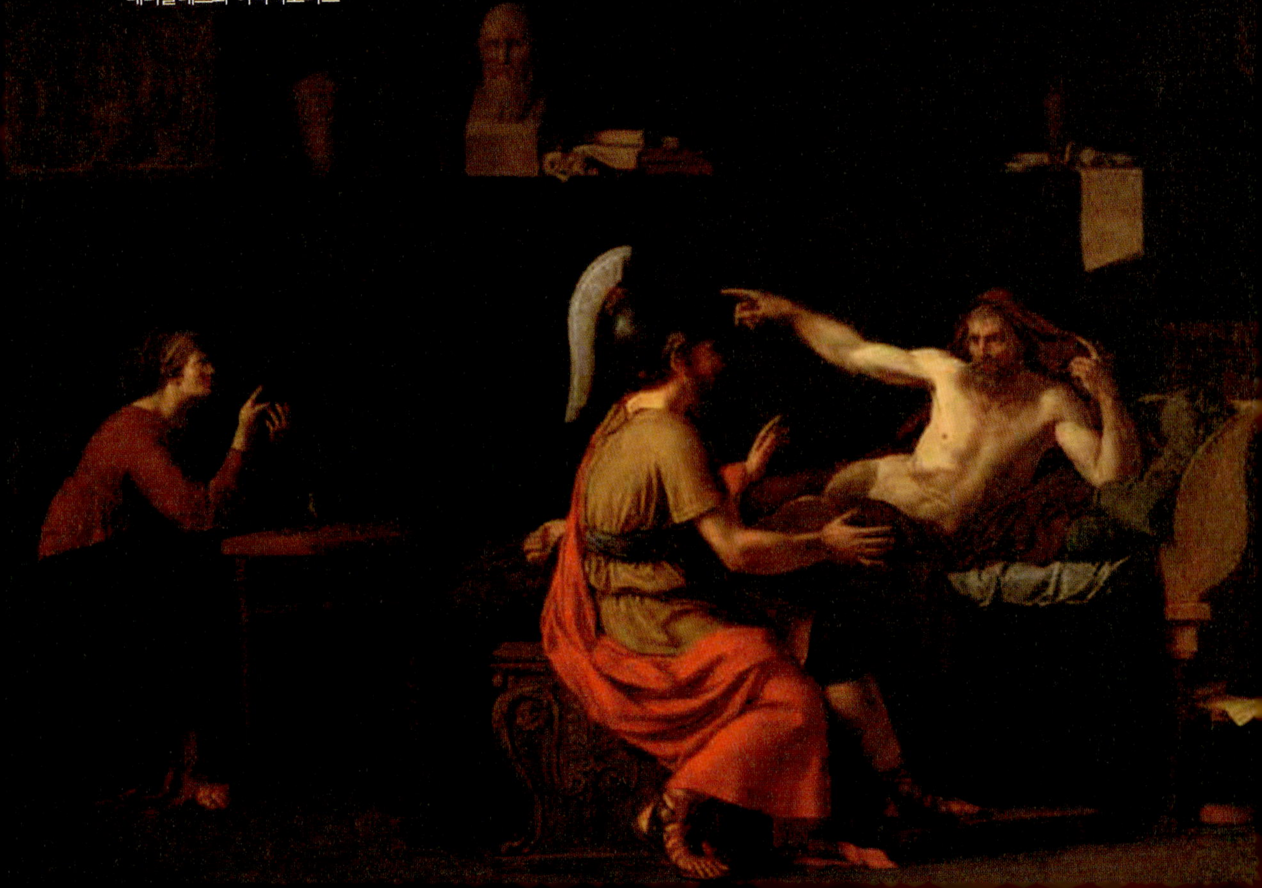

기원전 5세기에 활동했던 철학자 아낙사고라스는 엠페도클레스와 마찬가지로 아무것도 없는 곳에서는 아무것도 나올 수 없다고 믿었다. 존재는 시작과 끝이 없으며 변하지 않는다. 삶과 죽음은 기초적인 기반 위에서는 사라질 수 없는 물질 원소의 결합과 분리에 지나지 않는다.

아낙사고라스는 엠페도클레스와는 달리 물질을 구성하는 원소는 4개가 아니라 무한하다고 믿었다. 수에서 무한할 뿐만 아니라 분해 가능성에서도 무한하다.

아낙사고라스는 아무리 쪼개더라도 물질은 0에 이를 수 없고, 우주의 부피는 같으며 무한하다고 주장했다. 아낙사고라스는 작은 것과 큰 것, 위와 아래, 부분과 전체는 상대적인 개념이라고 보았다. 그 안에서 하나는 다른 것을 포함한다.

이 현자는 다음과 같은 문제에 직면했을 때 자연과 우주에서 전체적으로 나타나는 운동에 대해 심각하게 생각했다. "물질의 운동은 어디에서 오는가?" 그는 자연과 우주의 조직을 지배하는 절대적인 질서 안에서 운동의 원인에 대해 탐구했다.

제41장

데모크리토스

(Democritus, B. C. 460~370)

원자

진공과 물질이 차 있는 공간은 우주의 기초다. 진공과 원자는 영원하다. 그리고 원자의 운동도 영원하다. 원자의 소용돌이는 우주가 역학적이라는 것을 나타낸다.

같은 원자 사이에는 인력이 작용하고, 다른 원자들 사이에는 척력이 작용한다.

루키포스와 데모크리토스는 존재들간에 인력이 작용하고 있다는 것을 확인하기 위해 다음과 같은 예를 들었다. "같은 종에 속하는 새들은 함께 모인다. 비둘기는 비둘기와 함께 날고 비둘기와 함께 살며, 말은 말과 사자는 사자와 함께 산다"

같은 일이 원자세계에서도 일어난다. 여러 가지 씨를 체에 넣고 섞은 후 체를 흔들면 보리는 보리끼리 모이고 옥수수는 옥수수끼리 모이는 것을 볼 수 있다. 또 다른 예로 해변에서 부서지는 파도를 보면 긴 자갈은 긴 자갈끼리 모이고 둥근 자갈은 둥근 자갈끼리 모이는 것을 볼 수 있다.

어떤 눈에 보이지 않는 힘이 자연계의 모든 존재에 파고들어 있어 그들을 서로 연결해줄까? 생명체는 알 수 없는 어떤 법칙 아래 전체 우주의 비밀 프로그램의 규율을 따라갈까?

루키포스와 데모크리토스의 원자 철학은 세상을 창조하는 자체의 방법으로 설명한다.

가장자리가 없는 공간에서 소용돌이치는 원자들은 무한하다. 일부 원자는 다른 원자에 접근하지만, 서로 즉시 분리된다. 형식에서 대칭적인 특정한 다른 원자들은 마치 비밀스러운 유대감으로 결합한 것처럼 그들의 자리에서 서로 연결된다.

이렇게 원자들이 서로 압력을 가하고, 서로 소용돌이치면서 점점 더 많은 원자 집단을 그들의 위치로 끌어들여 복합체를 형성한다.

데모크리토스가 제자를 가르치
고 있다.

이런 방법으로 천천히 질량이 형성되고 계속 더 커진다. 이때 질량의 내부에 있는 원자들의 복합체들이 다양하고 서로 다르면 균형 잡힌 회전이 불가능하다. 그러면 그들은 비슷한 원자들끼리 모인 두 그룹으로 분리된다.

더 완전한 원자들은 공간의 바깥쪽 표면을 향해 밀려나가 엄청난 소용돌이에 휘말려 원자론 철학자들이 완전한 구라고 생각한 하늘 돔을 형성한다. 질량의 다른 부분은 주변으로 끌려가 엄청나게 빠른 속도로 회전하면서 발화된 별자리들을 만든다. 소용돌이 치는 질량에서 만들어진 가장 무겁고 부피가 큰 물질은 구의 중심으로 끌려가 지구를 만든다.

루키포스와 데모크리토스는 지구를 천구의 중심에 놓았다.

미래 과학은 아마도 실제로 전체 우주가 정신 물질로 만들어졌고, 그 중심에는 뇌가 있다는 것을 보여줄 것이다.

이러한 정신의 중심에서 지구는 전체 창조를 나타내는 원리를 이용하여 우주의 지성인 인간을 잘 보육하는 임무를 수행하고 있다.

제42장

프로타고라스

(Protagoras, B. C. 480~411)

인간은 만물의 척도다

고 대 그리스의 활동적인 소피스트의 한 사람인 프로타고라스는 40년 이상 지혜의 스승으로 활약했다.

프로타고라스는 "만물은 유전한다"고 한 헤라클레이토스의 주장에서 출발하여 "세상의 모든 물체와 존재는 끊임없이 변화한다"고 생각했다. "따라서 우리는 그것이 무엇이라고 말할 수 없다. 우리는 관측하는 바로 그 순간에 그것이 어떤지 말할 수 있을 뿐이다. 다음 순간에 그것은 변하기 때문이다"라고 주장했다.

프로타고라스가 볼 때 판단은 상대적이다. 일반적으로 인간은 존재하는 것과 존재하지 않는 것 그리고 존재할 것 같은 것과 존재하지 않을 것 같은 모든 것의 척도다.

프로타고라스의 인식론은 전적으로 감각적이며 거부할 수 없는 객관성을 나타낸다.

프로타고라스가 제자들을 가르
치고 있다.

프로타고라스는 절대적인 진리는 없다고 보았다. 모든 것은 상대적이며, 모든 견해는 의심받을 수 있고, 모든 형태의 지식은 회의적일 수 있다.

프로타고라스의 변증법은 그가 주장한 인식론과 아무런 모순이 없다. 그는 그것이 무엇이든 모든 경우에 두 가지 의견이 있다고 선언했다. 우리는 오류 때문에 방을 나가는 일 없이 둘 중의 하나를 지지할 수 있다. 왜냐하면 서로 상반되는 논쟁은 상반되는 의견에 자연스럽기 때문이다.

프로타고라스는 자신의 주관론과 상대론으로 아테네 젊은이들 사이에 부정적인 경향을 만들었다. 그러나 소크라테스의 윤리와 가치에 대한 가르침을 받은 결과 그는 자신의 가르침을 전체 사회에 영향을 주지 않고 특정한 훈련을 위한 것으로 한정했다.

일반적으로 인간은 존재하는 것
과 존재하지 않는 것 그리고 존
재할 것 같은 것과 존재하지 않
을 것 같은 모든 것의 척도다.

제43장

소크라테스

<Socrates, B. C. 470~399>

개 념

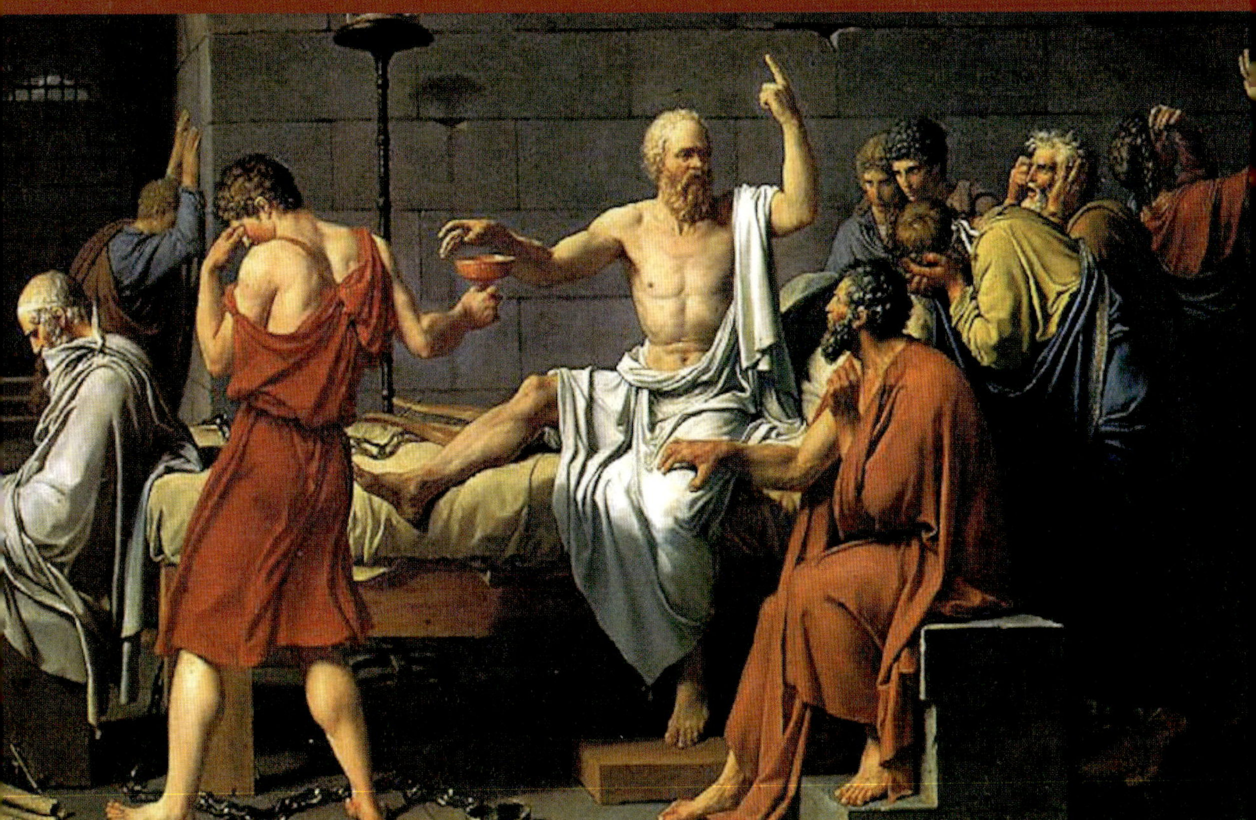

소크라테스가 독약을 마시기 전에 제자들에게 최후의 가르침을 내리고 있다.

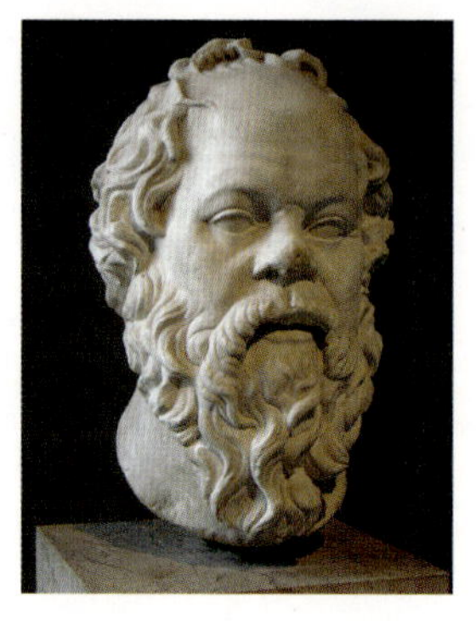

소크라테스는 자신에게서 모든 것을 발견하려고 했던 은둔자이며, 세속적이 아닌 이상적인 사람이었다.

아테네에서의 그의 생애는 영혼의 절대적인 본질인 '다이몬 Daemon'에 의해 규율된 뛰어난 인격의 족적을 남겼다.

그의 모범, 그의 권고, 그의 정신 그리고 자연과 우주의 미학적 완전성에 대한 그의 지식은 사람들에게 새로운 윤리적 생활의 필요성을 일깨웠다.

'변증법'의 창시자였고 다른 누구와도 비교할 수 없이 강한 동기 부여자였던 소크라테스는 윤리적인 인간의 보편적인 전형이었다. 그는 인간의 법칙 안에서 완전히 새로운 세상을 발견했는데, 그것은 감각 너머 영역과 개인의 의견 안에서 발견되었다.

이 위대한 동기 부여자는 최초로 지식과 의견을 구분했다. 진정한 지식은 논리과학에서 유도된 개념에 근거한 것이어야 하며, 의견은 보통 사람이 갖는 것 또는 다른 사람과 관계된 모든 것에 대한 하루하루의 입장이라고 보았다.

소크라테스는 절대적인 선의 요람으로 나타나는 우주적인 신을 믿었다. 그는 인간이 지나치게 약해지는 '습성'을 갖고 있다고 생각했고, 인간이 가질 수 있는 단 하나의 종교는 선을 인식하고 계속적으로 선을 생각하는 것이라고 믿었다.

그는 부, 영광, 권력, 육체의 힘, 감각적 즐거움 그리고 물질적인 것과 관련된 모든 것은 지나가는 환상으

소크라테스가 갇혀 있던 감옥

로 판단했으며 영혼의 비교할 수 없는 가치와 영혼의 목적지가 정의로운 사람들과 선의 신하들 그리고 진정한 철학자들만 참여하는 하늘세계라는 것을 최초로 발견한 사람이기도 했다.

그는 가장 깊숙한 자신 안에서 우주의 실재와 마찬가지로 인간의 운명, 우리 자신의 지성에 새겨져 있는 더 높은 지성의 존재에 대해서도 확신을 갖고 있었다.

인간은 완전하고 신성한 세상에 살고 있다. 내면의 자신은 지상에서의 생활이 허용하는 감각적인 부분을 경험하지만, 형이상학적인 하늘에 있는 자신은 하나이며 유일한 신의 부분이다.

소크라테스는 고대 아테네의 아고라에서 제자들을 가르쳤다.

제44장

플라톤

(Plato, B. C. 426~347)

영혼 이론

플라톤과 아리스토텔레스

플라톤

플라톤에 의해 잉태된 영혼 이론은 오랫동안 철학자들이 연구해온 이론으로, 개인과 세계영혼에 대한 플라톤의 생각을 분석하기 위한 수백 권의 책들이 출판되었다.

깊고 신비로운 내용으로 플라톤에게 큰 영향을 끼친 두 가지 중요한 종교적 흐름은 오르페우스와 피타고라스에 기원을 둔 것들이었다. 에우리디케의 영혼을 만나기 위해 하데스로 내려간 오르페우스와 물질과 영혼에 대한 인간의 권리를 다룬 플루토와의 토론은 목숨이 유한한 존재와 불멸의 사회 사이의 관계에서 오르페우스가 자리매김한 법적 체계를 정의한다.

영혼을 가진 헤르메스가 사는 지하세계에서 플루토와 오르페우스 사이의 대화는 지상세계와 지하세계는 모두 영원한 법칙의 지

영혼의 세계와 합체된 영혼은 개
인의 특성을 잃는 것이 아니라
오히려 강화한다.

영혼은 자신이 그것으로부터 유
래한 신성을 알고 있다.

배를 받고 있으며 인간은 그것을 존중해야 한다는 고
대 그리스의 생각을 보여준다.

유한한 생명을 가진 오르페우스가 영혼의 세계로
내려간 것은 인간이 "삶과 죽음의 법칙을 파고들 적절
한 정신적 준비를 한 후에는 이런 법칙의 작용으로 인
한 신비한 규칙에 의해 죽음의 세상을 알 수 있고, 자
연의 삶으로 돌아올 수 있는 능력을 갖고 있다"는 또
다른 해석을 가능하게 한다.

플라톤은 피타고라스의 가르침을 자신의 형이상학적인 영감과
비교하고 결합해 영혼의 근원과 목적을 지배하는 법칙을 찾았다.

이와 관련하여 제기되는 기본적인 의문은 다음과 같다.

"인간성의 최종 목적은 무엇이며 영혼의 최종 종착점은 어디인
가? 여러 생을 사는 동안에 죽고, 다시 태어나고, 정적 상태에 있
다가 고통스럽게 깨어나는 영혼의 노력은 최종적으로 어디로 이
끌려 가는가?"

엘레우시스 신화 입교. 데메테르
와 코레

그리고 세상의 종들이 이런 방법으로 발전하는 것을 허용한 창
조자는 무슨 생각을 하고 있을까?

아폴로와 엘레우시스의 사제들은 "인간이 자신을 하늘세계의
아름다움으로 인도할 영혼법칙의 필요성 때문에 존재하는 것이라
면 마지막 환생 후에는 그가 처음에 기원했던 신성한 지성으로 돌
아간다"고 주장했다.

피타고라스는 무의식 속에 잠겼다가 최고의 의식 상태로 돌아
오기 위한 노력을 그의 신격화라고 보았다.

영혼의 세계와 합체된 영혼은 개인의 특성을 잃는 것이 아니라
원형으로 이뤄진 놀라운 세상의 절대적인 축복을 즐기기 위해 오
히려 그것을 강화한다.

플라톤은 피타고라스의 생각을 부정하지 않은 채 자신의 영혼
에 대한 이론을 발전시켰으며, 더 높은 통합 안에서 모든 의미를

무의식 속에 잠겼다가 최고의 의
식 상태로 돌아오기 위한 노력은
그의 신격화다.

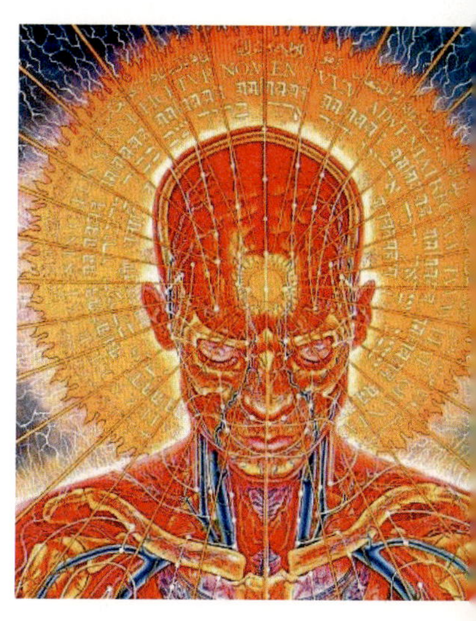

연결했다.

여기서 플라톤의 숙고에 의해 영혼의 두 가지 특성이 나타난다.

영혼의 한 부분은 그것의 '시작'이다.

특정한 우주법칙이나 부분의 공격에 의해 영혼은 다른 세계를 버리고 지구로 내려와 다른 육체를 차지할 필요가 생긴다.

죽음에 의해 그는 육체로부터 해방된다. 새로운 목적지로 향하는 이 과정에서 죽음의 법정은 인간이 자신의 육체를 차지하고 있는 동안에 한 일과 사고와 행동을 판단한다. 그리고 법칙에 의해 정당성이 입증되면 영혼은 자유로운 상태로 남게 되어 운동과 삶의 신성한 요람으로 돌아가게 된다.

다른 특징으로는 우리 자신의 영혼의 신비스러운 측면이 나타난다.

철학자 엠페도클레스의 영향을 많이 받은 플라톤은 이 세상과 다른 세상에서 영혼의 근원과 목적지에 대한 그의 생각에 전적으

로 동의하여 오늘날까지도 많은 과학자들이 그 의미와 숨겨진 진
실을 찾기 위해 노력하고 있는 자신의 영혼이론을 발전시켰다.

인간의 영혼은 완전히 정화될 때까지는 자신이 지은 죄에 따라
새로운 사람의 몸으로 들어가기도 하고 심지어는 동물의 몸으로
들어가기도 하지만, 어디까지나 신성에 기원을 두고 있다.

여기까지는 플라톤이 사제들과 신비주의의 설교에 동의하는 것
처럼 보인다. 그런데 여기에서 그는 영혼의 능력을 이해하는 방법
을 찾기 위해 갑자기 결정적인 방향 전환을 한다.

이 시기에 아낙사고라스가 세상의 마음을 가르친 것과는 달리
플라톤은 영혼의 원리에 대해 설명했다.

플라톤의 영혼은 스스로 우주와 세상의 모든 것을 알고 있으며
움직일 수 있다. 자연에 있는 것은
무엇이든지 영혼 안에서 활성화
된다. 왜냐하면 영혼만이 절대적
인 지식인 세상 마음의 핵심을 갖
고 있기 때문이다. 이러한 정신적
인 능력 안에서만 인간 영혼이 세
상의 모든 살아 있는 것과 살아 있
지 않은 것에 대하여 고유한 가치
를 가질 수 있다. 그리고 이런 능
력만이 영혼으로 하여금 영원-즉
진정한 존재-다시 말해 이데아와
교류하고 관계를 갖게 할 수 있다.

그러나 플라톤의 견해에 의하면
영혼은 두 세상 사이에 있는 특이

인간의 영혼은 신적인 기원을 갖
고 있다. 영혼은 이데아와 관련이
있지만 이데아는 아니다.

한 중간 지점에 위치해 있다. 그것은 신적인 기원을 갖고 있다. 영혼은 이데아와 관련되어 있지만 이데아는 아니며, 세상의 모든 것 중에서 유일하게 이데아를 닮은 것이다.

영혼은 신을 알고 있으며, 신에게서 유래했고, 필요할 때면 언제라도 그것에 대한 지식을 나타낼 수 있으며, 신성 자체가 될 수 있다. 영혼은 영원을 알고 있기 때문에 자동적으로 자기 자신의 신격화를 결정할 수 있다. 이러한 성질은 영혼에게 신과 닮을 특권을 준다.

플라톤의 영혼 이론은 형이상학과 양자물리학의 현대적 견해와 아무런 모순이 없다. 플라톤적인 영혼의 신적 기원은 부동 상태다. 플라톤의 부동적이고 영원한 이데아는 전체 우주와 부동 상태의 구조를 구성하는 법칙이다.

플라톤의 영혼은 부동 상태로부터 세상의 감지할 수 있는 물체로 동적인 자손에게 생명을 주며, 형식을 지정하고, 모든 움직이는 것의 삶의 주기를 결정하는 규칙을 만든다. 플라톤은 영혼만이 자신 안에 세상의 모든 살아 있는 것들과 살아 있지 않은 것들에게 적용되는 절대적인 지식을 가질 수 있다고 주장했다.

고전물리학과 양자물리학에 의하면 미시세계의 무한히 작은 입자부터 거대한 은하단에 이르기까지 모든 것은 독립체다. 독립체의 원리는 운동의 원인, 운동 경로에 의해 우주공간과 목적지 안에서 존재의 목적으로 정의된다. 독립체의 완전한 맥락 내용을 포함하는 내부 프로그램은 자동으로 정신적으로 변한다. 이것이 플라톤이 제기한 영혼이다.

우주의 모든 실체를 지배하는 상호의존성, 상호작용 그리고 일관성은 플라톤 우주의 모든 것을 알고 있으며 동일한 정신법칙에

의해 움직이고 있는 영혼 자체의 법칙이다.

"영혼은 신적인 기원을 갖고 있으며 이데아와 관계를 갖고 있다. 그러나 이데아는 아니다"라고 한 플라톤의 마지막 주장은 영혼이 부동 상태 및 법칙과 관계를 갖고 있고 그것으로부터 유래했지만 부동 상태는 아니라는 '운동의 원리'를 강화한다.

플라톤에게 진정한 지식으로 향하는 길이 무엇이냐고 물었을 때 그는 "변증법이 유일한 길이이므로 변증법이 과학의 여왕으로 여겨진다"고 대답했다. 변증법을 통해 아름다움과 선 그리고 정의의 지식에 심취해 있는 사람은 스스로 아름다워지고 선하며 정의롭게 된다. 이것은 확실하게 신에게 다가가는 길이다. 변증법을 통한 뛰어난 문제는 선의 이데아다. 이러한 지식을 얻게 되면 더 높은 과학과 종교를 익힐 수 있다.

플라톤은 영혼 과학을 주도하는 철학자 또는 경험적인 심리학자로 여겨진다.

자연의 모든 것은 영혼 안에서만 활성화된다. 왜냐하면 영혼만이 세상 마음에 대한 절대적인 지식을 갖고 있기 때문이다.

편지에서 그는 영혼을 세 부분으로 구별했다. 자체 안에서 '이성적'이며 '논리적'인 영혼, 우리에게 생각하는 방법을 가르치는 정신화된 영혼, 인간의 욕망과 관계된 '갈망하는' 영혼이 그것이다. 영혼의 세 부분에 대한 견해를 주장한 플라톤의 방법은 심리학적인 관찰에 바탕을 둔 경험적 사실을 이용하여 과학적으로 지지하는 그의 깊은 확신을 나타낸다. 우리는 플라톤의 영혼과 부동 상태의 상호 관계 속에서 부동 상태는 플라톤 자신이 선언한 것처럼 일정하고, 부동 상태의 법칙·가치와 관련된 불멸의 이데아 자리라는 것을 알 수 있다. 반면에 영혼은 감각세계에서 그들의 적극적인 실현과 관련되어 있다. 이런 경우 부동 상태에서 유도되는 운동법칙은 영혼에 의해서만 나타난다. 그리고 그것은 물리적 세계 안의 법칙 실현 속으로 내려와 그것들을 '살아 있게' 하고 모든 존재, 특히 인간에게 생명을 준다. 동시에 그것은 모든 것을 그것의 활동, 부동 상태 그리고 신적인 본질, 위대한 감독자이며 창조자인 신과 연결한다!

제45장
아리스토텔레스
(Aristotle, B. C. 384~322)
논리

알렉산더를 가르치고 있는 아리
스토텔레스.

논리학은 순수하게 아리스토텔레스의 개인적인 창작품으로 오늘날까지 인류의 가장 중요한 작품이다.

이 위대한 철학자에게 논리학은 철학의 한 분야가 아니라 과학의 전 단계, 다시 말해 법칙과 사려 깊은 사고 형식에 대한 초보적인 지식이었다.

아리스토텔레스의 논리학은 유형론적, 방법론적 그리고 존재론적 특징을 갖고 있다. 그 결과 이 개념은 물체의 진정한 본질의 주관적인 상대가 되었다. 예를 들어 "다른 세상에서의 생활은 어떨까?"를 설명하고 싶을 때 그것을 가장 잘 설명할 수 있는 사람은 과학적 자료뿐만 아니라 개념의 핵심에 대한 논리적인 논쟁을 이용하여 설명하는 사람일 것이다. 반면에 개념의 구조는 인식적인 원소와 함께 수학적이고 기하학적이다.

아리스토텔레스는 경험적인 실재를 통해서만 존재의 본질을 찾

논리

아리스토텔레스의 진정한 서사적 창조는 논리학의 개념에 대한 정의와 그것의 정체성을 확립한 것이라고 할 수 있다. 아리스토텔레스는 심리학과 논리학 그리고 사고와 사고의 내용을 구분했다. 아리스토텔레스는 논리학을 철학의 한 분야이지만, 사고의 형태와 그것의 법칙에 대

아리스토텔레스는 "운동은 영원하다"고 보았다. 그리고 영원은 운동의 첫 번째 원인, 다시 말해 최초의 추진력이었다.

았다. 모든 것의 신인 존재는 심오한 의미에서, 다시 말해 본질의 성역에서 절대로 단정 지을 수 없는 것이다. 그러나 항상 주체여서 스스로 존재하는 본질을 획득한다.

이때 세상에 존재하는 모든 것에 대해 다음과 같은 질문을 할 수 있다. "왜 그것이 존재할까?"

아리스토텔레스는 자연에서 절대로 작동을 멈추지 않는 '생성'의 본질을 분석하여 세상의 모든 물체인 '존재'는 기초적인 의미에서 2개의 구성 원소를 갖고 있다는 결론에 도달했다. 질료로서의 물질과 그것을 정의하는 형식이 그것이다. 영혼과 형식이라는 두 가지 결합이 우주의 진정한 본질을 구성하고 분류한다.

이런 방법으로 이 위대한 철학자는 물질은 태어나지 않는 형식이라는 것을 보여주었다.

태어나고 자라고 경험하는 것은 물질이나 형식이 아니다. 절대적인 창조는 물질과 형식의 뗄 수 없는 관계다.

세상의 모든 물체는 기초적인 의미에서 두 가지 구성 요소를 갖고 있다. 질료로서의 물질과 그것을 정의하는 형식이 그것이다.

'생성'은 가능성에서 실재로의 전환이고, 잠재성에서 현실성으로의 전환이다. 잠재성은 물질 안에서 발견되고, 현실성은 형식 안에서 발견된다. 영혼 안에서 모든 감각적인 물체는 '본질'이다.

이 책에서 내가 개인적으로 '정신 물질'이라고 부른 것은 아리스토텔레스가 '물체의 본질'이라고 부른 것과 같다.

고대 그리스에서 무한한 정신 물질은 부동적이고 나눌 수 없으며, 우주의 모든 존재와 물체를 창조하고 구성하는 본질인 에테르다.

아리스토텔레스는 "운동은 영원하다"고 보았다. 영원은 운동의 첫 번째 원인, 다시 말해 최초의 동인이다. 운동의 최초 원인은 순수한 현실성의 본질이며, 절대적인 영혼인 신성 자체였다.

영혼은 '존재'에 속하지 않는 반면 '존재'는 영혼에 속한다.

운동이 어떻게 동인인 최초의 운동 원인을 통해서 시작되는가?

운동의 첫 번째 원리는 무엇인가?

아리스토텔레스는 세상과 자연의 비밀을 분석했다.

그 자체를 이해하는 것은 마음이다. 그것은 절대적인 지성 안에 있는 신성이다.

그것은 절대적인 자의식이다. 마음 안에서만 신성과 인간은 같은 것에 대한 지식의 주체이자 객체이다.

신은 신성만을 생각하고, 인간은 내적인 자신의 신격화 안에서만 하나인 신에 대한 참여를 획득할 수 있다.

이 경우 우리 인간이 하늘 뿌리를 의식하게 될 때 사고가 내적인 자신에 깊숙이 잠겨 있고, 우주의 신성을 확인하려고 노력하면 우리는 창조자 신에 대한 지식을 통해 '자기 신격화'를 하게 된다.

마음 안에서만 신성과 인간이 같은 것에 관한 지식의 객체이자 주체가 될 수 있다.

신은 단지 신성만 생각할 수 있다.

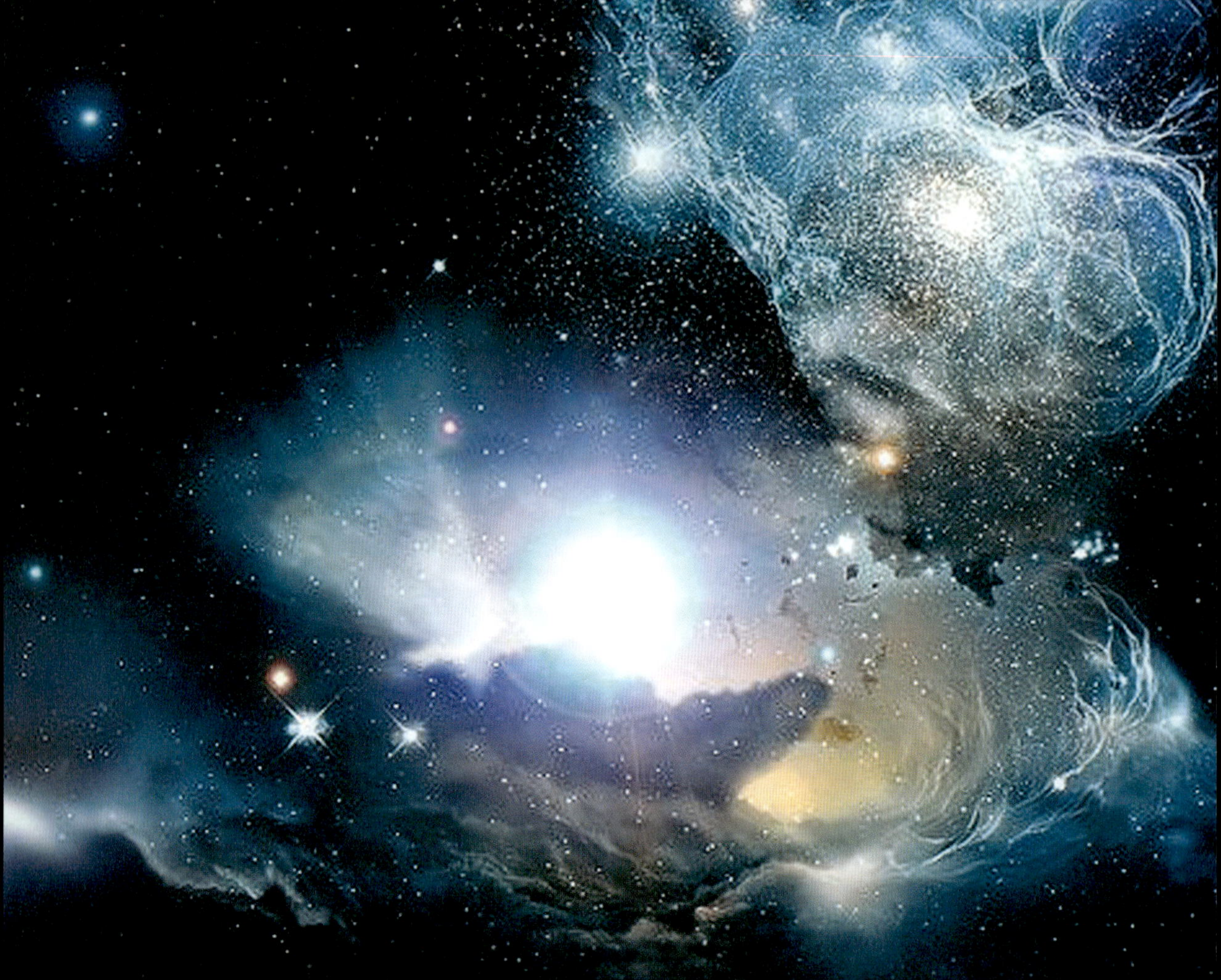

제46장

플로티누스

(Plotinus, 205~270)

3개의 기초 물질

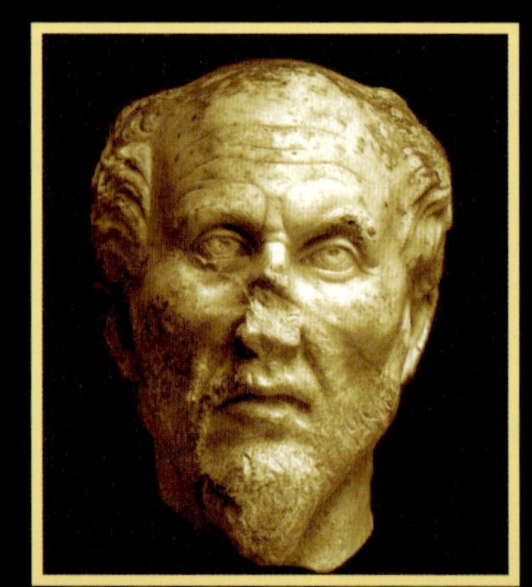

플로티누스의 전체 철학 체계는 세 가지 기초적인 물질인 하나, 마음 그리고 영혼에 바탕을 두고 있다.

하나에서 마음이 태어나고 마음에서 영혼이 태어난다. 영혼은 감각적인 세상에 살고 있는 모든 존재의 창조자다. 삶의 과정 후에는 모든 것은 그들이 나온 하나로 돌아간다.

'존재'라고 부르는 것만이 세상의 존재와 물체로부터 절대적으로 분리된다. 하나는 영혼이나 존재와 같지 않다. 왜냐하면 그것은 본질 너머에 있기 때문이다. 마음은 단순하고 이중적이다. 따라서 동시에 사고의 주체이면서 객체다. 영혼은 순수하게 신성의 본질이다. 생명은 영혼의 의미다. 영혼은 불멸이며 어디에나 존재하지만, 동시에 흩어지지 않는다.

영혼은 살아 있는 생명체의 조작 원리를 구성한다. 영혼은 생명과 물체에 운동을 준다. 그리고 세상의 모든 것과 모든 존재 안에서 통합 원리를 제공한다.

영혼은 육체에 생명과 운동을 준다. 그리고 영혼은 세상의 모든 존재와 물체의 통합 원리다.

플로티누스는 "존재와 하나는 동일하며 어디에나 존재한다"고 말했다.

한마디로 말해서 우주의 끝에서 끝까지 존재하는 것은 통합되어 있고, 동일하며, 하나는 다른 것 안에 있다. 따라서 전체와 부분은 비슷하기 때문에 전체는 부분 안에 들어갈 수 있다.

이 신플라톤 철학자에게 눈에 보이는 우주는 모조품이었다. 진정한 우주는 우리의 사고가 참여할 수 있도록 끌어들이는 정신적인 우주였다. 그것은 존재였고, 그 자체로 모든 것이었다.

그 안에서 발견되는 모든 영혼은 개인임과 동시에 전체에 속했다.

영혼이 지구와 물체로 이뤄진 우주의 감각적인 세상으로 내려온 것은 전체에서 부분으로의 전환이었다.

신은 하나이고 유일하며 영원하다! 하나는 존재로부터 멀리 있지 않다. 다시 말해 신은 사람이나 우주의 물리적인 물체로부터 멀리 있지 않다.

결론적으로 플로티누스는 개인과 우주 마음, 영혼을 지배하는 하나를 통합시켰다. 플로티누스에 의하면 인간은 우주의 거울을 용감하게 바라볼 수 있고, 절대적인 신성을 통해 자기 자신을 알아볼 수 있다.

이 신플라톤 철학자에게 눈에 보이는 우주는 모조품이었다.

제47장
인간 운명의 법칙

신성한 세상과의 통합을 인식하지 못한 사람에게 천사와 악마, 사랑과 미움, 자비와 탐욕의 원리는 이해될 수 없는 것이고 완전한 신비다.

영혼과 신성의 법칙을 믿지 않는 사람은 노예이며, 자신의 욕망과 연약함에 묶여 있는 사람이다.

돈만 밝히고, 물질적인 것을 얻는 일을 다른 어떤 것보다 우선시하는 사람은 그가 추구하는 모든 것으로부터 피할 수 없는 저주를 받게 된다.

그러나 세상 즐거움을 탐닉하지 않는 신앙적인 사람, 지상의 것과 하늘의 것을 구별할 수 있는 진정한 철학자 그리고 빛나는 눈으로 영혼의 원리와 법칙, 규칙의 세상을 바라보면서 진리와 삼위일체에 대한 봉사에 전념하는 사람은 자신을 지도해주고, 자유롭게 하고, 신성한 세상에 대해 이해할 수 있도록 해주는 신성한 세상과 완전하게 소통할 수 있다.

‘쓸모 있는’, ‘쓸모없는’, ‘파괴적인’이라는 세 단어로 요약할 수 있는 부의 세 가지 측면은 오늘날 지구상에 살고 있는 거의 모든 사람에게 알려져 있지 않다.

…… 진리와 삼위일체에 대한 봉사에 전념하는 사람은 자신을 지도해주고, 자유롭게 하고, 신성한 세상에 대해 이해할 수 있도록 해주는 신성한 세상과 완전하게 소통할 수 있다.

악행을 저지르는 것은 모두 악마의 영혼이다. 그리고 그러한 악행에는 벌이 따른다.

특별한 이유로 가난한 사람들이나 고아 그리고 도움이 필요한 노인들에게 사랑을 나눠주며 기부하는 사람들에게서 발견되는 쓸모 있는 부는 우리 시대에 드문 현상이다.

쓸모없는 부는 특정한 지상의 원인에 의해 불필요하게 돈을 쓰고, 목적 없이 재산을 사용하며, 순간적인 쾌락이나 사치와 즐거움을 위해 사용하며, 야망과 쓸모없는 일을 위해 사용하고, 부를 자랑하기 위해 사용한다.

파괴적인 부는 지구의 지휘본부가 가진 부다. 그들은 사람들, 특히 제3세계 사람들의 영혼을 붕괴하려는 검은 목적을 달성하기 위해 전쟁을 계획하고, 황폐화를 목적으로 행동하며, 전쟁 물자를 생산하고, 마약과 매춘을 조장하며, 사람을 예속시킬 생각만 한다.

하지만 이들 역시 절대로 신의 계획에서 탈출할 수 없다.

이 세상에서 악행을 저지르는 모든 사람은 지상에서 눈을 감을 때 벌을 받게 될 것이며, 자기 영혼의 새로운 길에서 더 높은 자신과 마주하게 될 것이다. 이 세상에서 마음이 생각하는 것과 육체에 속한 것으로의 상승과 하강은 자아가 자신의 영원한

파괴적인 부는 지구의 지휘본부가 가진 부다. 그들은 황폐화를 목적으로 전쟁을 계획한다.

순간적인 즐거움을 위해 사치와 쾌락을 탐닉하고……

원형인 초자아를 만날 때까지 가로질러 가야 하는 높은 곳에 있는 왕국과 낮은 곳에 있는 왕국이다.

그리고 나락으로 향하는 길목이나 하늘 영혼의 빛 속에서 법칙과 규칙을 통해 그의 계획을 우리에게 펼쳐 보이는 신이 우리 안에 있으며, 모든 생각과 모든 준비를 알고 있고, 동시에 우리가 살고 있는 이 세상과 동일한 다른 세상의 어두운 길이나 빛나는 길에서 우리를 인도하는 것은 절대적으로 확실하다!

원형과 규칙 그리고 수의 영원한 세상을 여행하기 전에 우리는 지상에 살고 있는 자신이 절대적인 영혼의 신성한 사회와 얼굴을 마주하게 될 것이라는 것을 이해해야 한다. 이것은 지상에서 우리 자신을 사용하는 방법에 결정적으로 달려 있다. 윤리적인 삶은 그 사람의 영혼이 사람 사이의 관계와 살아가는 동안 일어나는 사건에 참여하는 방법뿐만 아니라 그와 동시에 우리가 자연 자체와 협력하는 방법을 정의하는 대칭의 법칙과 결합하도록 한다.

인간은 잘못을 저지를 때마다 자신의 대칭법칙을 어기는 것이어서 영원한 원형과 마찰을 빚게 된다. 물체의 시작과 끝을 모르는 사람에게는 선에 대한 생각이 무지한 신비로 남아 있을 것이다.

영혼의 작용과는 별도로 사고, 생각 그리고 감각 너머에서 사람들은 의지를 통해 자신을 증명하고 행동할 장소를 정한다.

충동적인 경향과는 달리 의지의 능력은 개인 자신에 의해 결정되는 의식적인 목적으로 인도해주는 영혼의 에너지다.

'자신'이 어떤 것에 의식적으로 동의하거나 동의하지 않는 것은 적극적인 욕망이다. 지성은 의지의 가장 높은 실현이다. 지성은 우리가 정한 한정된 목적을 위한 최선의 방법을 찾아내고 조직한다.

욕망은 목적으로 나타난다. 각 목적의 대상은 의식적인 행동 안에 있고 최종 결정을 가속한다.

인간의 자발적 행동은 항상 어떤 것을 하는 것에 대한 비판적 판단으로 얻어진 결과를 이용한 자아의 결정을 필요로 한다.

인간 사회에서는 선택의 질적인 수준이 같은 경우 그 사회의 일원으로 결정한다.

특히 제3세계 사람들의 영혼을 붕괴하려는 검은 목적을 달성하기 위해 전쟁을 계획하거나 황폐화를 목적으로 행동하며, 전쟁 물자를 생산하고, 마약과 매춘을 조장하며, 사람을 예속시킬 생각만 한다.

만약 윤리성이 인간의 특성을 이루지 못하고 주변 환경과 우연에 의해 행동한다면 구원의 법칙을 발견하기란 어려울 것이다.

지상에서의 자유는 신성을 모독하거나 쾌락에 대한 욕망, 방탕한 생활의 즐거움을 '자유롭게' 탐닉하는 인간의 행동을 무죄로 만들 근거가 될 수 없다.

자유는 개인이 인간 사회의 전체성 안에 있는 자신의 위치에서 다른 사람들의 이익과 연관된 자기 자신의 이익이 공존하는 전체성을 위해 노력하는 방법이다.

선에 대한 지식을 얻기 위해 지혜의 세상에 들어가려고 노력하는 사람은 지상의 것으로부터 해방되어 하늘적인 것과 합체하려고 노력해야 한다. 지식을 얻는 것과 선에 대한 봉사를 삶의 목적으로 하는 진정한 철학자는 세상적인 즐거움으로부터 벗어나 영혼의 빛나는 눈으로 그 자신과 공존하기를 원하는 신성한 삼위일체를 바라보게 된다.

죽을 수밖에 없는 육체의 목적지에서 벗어날 수 없는 물질과 동물의 희미한 세상은 철학자가 영혼의 부동성과 법칙을 조사하고, 확인하고, 증명하는 작업장이다.

물질의 소비에 정신이 팔린 사람들에게는 보이지 않는 영혼의 빛나는 세상은 신의 섭리가 계속적인 행동으로 나타나는 세상에서 선의 초월적인 법칙을 경험하는 해방된 영혼들의 선한 사회를 위해 봉사한다.

세상의 역사에서 죽을 수밖에 없는 존재는 육체적인 욕망과 감각을 즐겁게 하는 미각에 빠져 절대로 마음속에 선을 그릴 수 없다.

진실과 거짓을 구별할 수 있는 사람이 되기 위해서는 자신의 지성 안에 숨겨진 지성의 깊이를 이해해야 한다. 모든 경우에 신은 빛과 구원으로 인도하고, 악은 슬픔으로 가득한 다음 생의 어둠 속으로 인도한다.

우리는 지상에 살고 있는 자신이 틀림없이 절대적인 영혼의 신성한 사회와 얼굴을 마주하게 될 것이라는 것을 이해해야 한다.

쓸모없는 부는 특정한 지상의 원인으로 돈을 불필요하게 사용하는 사람들의 손에서 발견된다.

인간은 정당화 또는 처벌의 법칙으로부터 탈출할 수 없다.

삶은 의식과 무의식, 선과 악 그리고 감각적인 것과 하늘에 속한 것의 끝없는 전투장이다. 우리의 선택과 행동에 의해 만들어진 사건은 영혼과 우리 자신의 질적인 부분을 만든다.

모든 형태의 죄악은 비대칭적인 행동이나 사고여서 파괴적인 어두움에 대한 자신의 채무다.

이와는 대조적으로 선의 본질에 대한 모든 봉사는 물리적인 것 안에서 자신을 나타내고 자신을 강화하는 법칙과 대칭적이다.

그러나 우리 자아는 스스로 존재할 수 없고 독립적이 아니다. 우리의 의식적인 행동을 지배하고 감각적인 세상에서 우리의 행동을 조직하는 자아는 우주 물질 너머에 있으면서 원형으로 이뤄진 신성한 세상을 경험하는 초자아를 반영한다.

자아와 초자아는 상호의존과 참여 그리고 순서의 법칙에 의해 분리할 수 없게 연결되어 있다. 그리고 이 둘은 하나가 다른 것에 종속되고, 그 반대도 가능하게 하는 법칙인 '실체'에 종속되어 있다. 그러나 인간이 지구 세상을 경험하는 전 기간 동안에는 하나가 다른 것에 반응하는 반면 욕망으로 가득한 육체가 끝난 후에는 자아가 우주의 한계 너머에 있는 초자아를 향해 날아간다.

그 경계에 인간과 신의 관계가 위치해 있다. 원형으로 이뤄진 세상의 초자아는 분리된 신성한 영혼의 용해되지 않는 원소다.

신은 그의 전체성 안에서 분리할 수 없지만, 동시에 그의 현현은 분리될 수 있다.

각 사람의 영혼은 자신의 무한한 전체성의 분리 가능성 안에서 스스로 충분히 분리된 부분인 신성의 일부를 갖는다. 그러나 이러한 부분은 신성한 영혼의 순수한 물질로 만들어졌다. 이런 생각을 갖고 우리는 초자아를 신적인 부분으로 받아들인다.

육체가 죽은 후에 자아는 해방되어 지상에서 살아가는 동안 저지른 죄의 요소들로 이뤄진, 때로는 아주 작고 때로는 아주 큰 짐을 지고 초자아를 향해 나아간다.

　　그러나 지상의 즐거움으로 오염된 자아가 초자아와 결합할 수 있을까? 어떻게 하면 자아가 지상 생활의 비대칭적인 행동으로부터 벗어나 신적인 초자아와 결합할 수 있을까?

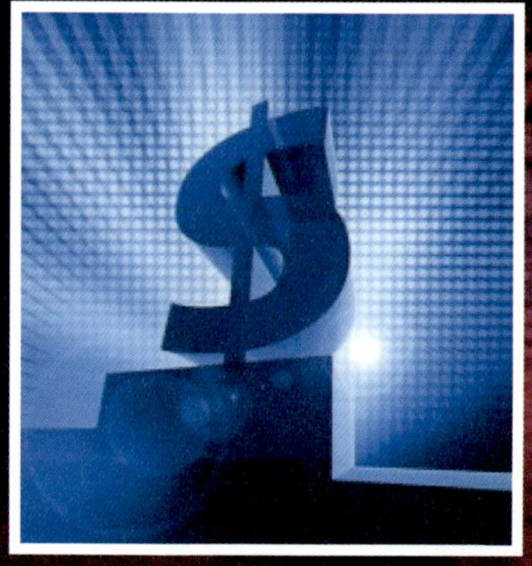

특별한 이유로 가난한 사람들이나 고아 그리고 도움이 필요한 노인들에게 사랑을 나눠주며 기부하는 사람들에게서 발견되는 쓸모 있는 부는 우리 시대에 드문 현상이다.

지상에서의 자유는 신성을 모독하거나 쾌락에 대한 욕망과 방탕한 생활의 즐거움에 '자유로운' 사람의 행동을 무죄로 만들 근거가 될 수 없다.

여기서 두 가지 다른 신학적 견해를 깊이 있게 조사해볼 필요가 있다. 영혼이 완전해질 때까지 한 육체에서 다른 육체로 윤회한다는 견해와 신성한 인간인 초자아를 만날 때까지 다른 세상 안에서 점진적인 진화를 통해 영혼이 구원을 받는다는 견해가 그것이다.

진실과 거짓을 구별할 수 있는 사람이 되기 위해서는 자신의 지성 안에 숨겨진 지성의 깊이를 이해해야 한다. 모든 경우에 신은 빛과 구원으로 인도하고, 악은 슬픔으로 가득한 다음 생의 어둠 속으로 인도한다.

# 제48장

환생의 아이디어

우 리는 신비스러운 충격, 본능
적인 습관, 때로는 선하고,
때로는 악한 수많은 기억의 홍수 속에
서 태어난다.

조용하고 평화로운 부모가 거친 욕
망과 파괴적인 결점을 가진 번잡스러
운 자식을 낳기도 한다. 만약 우리가
이전 생으로부터 온 개인에 기인한다
면 통제된 유전을 설명할 수 없다.

생은 사람에서 사람으로 이어지지
만, 그들 사이에는 공통적인 모델이나
유사성이 없으며 분리된 실체로 연결
된 것처럼 보인다.

피타고라스는 '생의 신기루'를 만
드는 법칙이 존재한다고 설명했다. 이
법칙 안에서 한 생은 다음 생에 그 행
동의 책임을 전가한다.

이 위대한 철학자는 "그가 당하는
어려운 일들이 그 자신이 한 행동 때
문이라고 보기 어려운 사람들이 겪는
운명은 본질적으로 이전 생에서 한 행
동에 대한 벌"이라고 설명했다.

현생에서 죄를 짓는 사람들이 진보
하기 위해서는 다음 생에 정신적으로
나 물리적으로 충족된 존재로 태어나

아리스토텔레스는 "동물은 인간의 친척이고, 인간은 신의 친척이다."라
고 자주 말했다.

감각적인 세상을 이루는 자연의 형태, 속 그리고 다양성은 신성한 세상
의 원형모델에 절대적으로 의존한다. 따라서 그것들의 법칙적인 표출은
일정하고, 부동적이며, 완전하고, 영원하다.

백인이 좀 더 새롭고 성숙하기 위해서는 여러 해가 더 필요하며, 자궁으로부터 새롭고 좀 더 완전한 종으로 태어나야 한다.

인간이 겪는 이러한 상승 경로에서 여러 생을 윤회하는 동안 영혼이 선과 악을 분명히 아는 순간에 도달한 사람은 최고의 에테르 수준으로 올라가 거기에서 영원히 머물 것이다.

야 한다. 모든 생을 통해 존재는 올바른 선택을 하기 위해 노력해야 한다. 선에 도움이 되는 것을 선택해야 하며, 동료나 자연의 이익에 봉사하는 선택을 해야 한다.

인간이 겪는 이러한 상승 경로에서 여러 생을 윤회하는 동안 영혼이 선과 악을 분명히 아는 순간에 도달한 사람은 최고의 에테르 수준으로 올라가 거기에서 영원히 머물 것이다.

반대로 개인의 생이 계속되는 가운데 아무런 진보도 없고 선을 알지도 못하면 그의 존재가 바뀌면서 점점 아래로 내려가 결국은 나락으로 떨어지고 말 것이다. 그곳에서 영혼은 인간성을 상실한다.

이전에 사람이었다가 파충류 같은 야생 동물로 전환되면 용해되지 않는 개체는 신성한 질서 안에서 위를 향한 진보의 법칙에 따라 고통스러운 새로운 진화를 거듭하여 여러 번의 상승 단계를 거치면서 끝없는 삶의 지옥을 경험해야 한다.

지구상에 존재하는 전통적인 종교 중에는 최상의 상태에 있는 인류의 선

지자나 신지학의 예언자들이 자연 세상 안에서 이전 생의 기억을 모두 되살려낼 수 있다고 주장하는 종교도 있다.

이러한 이론적인 입장에 의해 석가모니와 같이 이전 생을 볼 수 있는 인물이 나타난다. 이런 인물로는 자신의 이전 생의 특정한 기억을 작동하게 하는 신의 특별한 은총을 받았다고 주장한 피타고라스도 있다.

환생이론에 의하면 영혼은 끝없이 계속되는 일련의 존재 안에서 상승과 하강을 거친다. 그런 과정에서 일부는 신격화되고 일부는 짐승처럼 된다.

아리스토텔레스는 한때 "동물은 인간의 친척이고, 인간은 신의 친척이다"라고 자주 말했다.

엘레우시스 신화에서 종의 진보와 관련된 교리에 의하면 식물세계는 내재적으로 동물세계를 향하는 경향이 있고, 동물세계는

환생이론에 의하면 영혼은 끝없이 계속되는 일련의 존재 안에서 상승과 하강을 거친다. 그런 과정에서 일부는 신격화되고 일부는 짐승처럼 된다.

우리 생은 복잡성의 결과임과 동시에 우리가 생명이라고 부르는 것
에 작용하는 일련의 활동 법칙의 결과라는 것을 이해해야 한다.

그곳에서 영혼은 인간성을 상실한다.

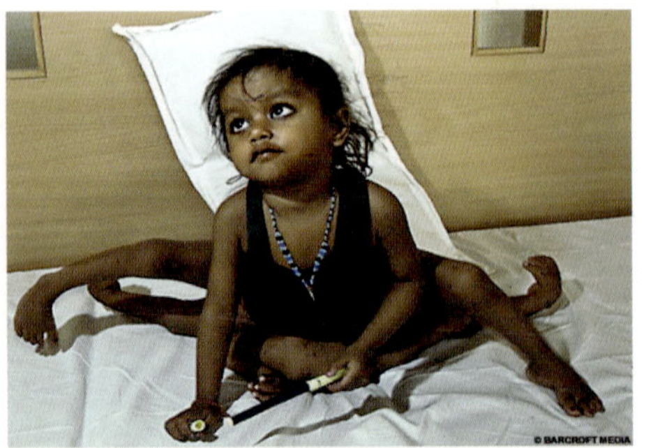

운명은 의외성을 갖고 있다. 능력이 없는 육체나 정신적
으로 미약한 상태 또는 가난의 운명을 안고 이 세상에 온
사람들에게 이는 매우 불쾌한 일이다.

인간세계를 향하는 경향이 있다. 이러한 진보는 항상성과 비례성을 갖고 있지 않으며, 공통적인 중심 주변에 기록된 확대된 범위 안에서만 보인다.

모든 인간은 젊은 시점을 지나 성숙 단계로 들어간 후에는 점차 내리막길을 가게 된다.

이것은 지구 표면을 지배하고 있는 세상의 인종들 사이에서도 일어난다. 백인이 좀 더 새롭고 성숙하기 위해서는 여러 해가 더 필요하며, 자궁으로부터 새롭고 좀 더 완전한 종으로 태어나야 한다. 이렇게 완전하게 되기 위해 진행 과정에 인류의 진보가 달려 있다.

영혼의 진화에 대한 다음 생각을 이야기하기 전에 환생이론에 대한 기본적인

종교 지도자들은 먼 거리에서도 교류할 수 있을 뿐만 아니라 에너지를 통해 연결된 자신의 영적인 공동체를 갖고 있다.

비판을 다루는 것이 좋을 것이다.

법칙에 따라 지구가 구성되는 방법과 원형, 규칙, 수, 형태, 크기를 포함하는 법칙들의 전체에 의해 부동 상태의 세상이 구성되는 방법에는 부동 상태에서 운동 상태로 그리고 그 반대 방향으로 여러 번 들락거린다고 생각할 여지가 없다.

감각적인 세상을 이루는 자연의 형태, 속屬 그리고 다양성은 신성한 세상의 원형모델에 절대적으로 의존한다. 따라서 그것들의 법칙적인 표출은 일정하고, 부동적이며, 완전하고, 영원하다.

인간의 자아는 그것으로부터 나온 초자아와 통신하면서 한 생에서만 존재할 수 있다.

신격화된 인간인 초자아는 원형을 변화시킬 수 없으며 다른 자아나 초자아 또는 호랑이, 용으로 변환되는 것이 불가능하다.

사실 과학의 역사에는 종의 변이가 절대로 없었다. 종은 자체적으로 오고 때로는 사라진다. 또한 시간이 흘러도 같은 종으로 남으며, 이상한 다른 종이 되지는 않는다. 운명은 의외성을 갖고 있

이전에 사람이었다가 파충류 같은 야생 동물로 전환되면 용해되지 않는 개체는 신성한 질서 안에서 위를 향한 진보의 법칙에 따라 고통스러운 새로운 진화를 거듭하게 된다.

다. 어떤 사람들은 행복하고 부유한 환경에서 능력 있는 육체로 태어나는 반면 능력이 없는 육체나 정신적으로 미약한 상태 또는 극심한 가난을 안고 이 세상에 온 사람들에게 운명은 매우 불쾌한 일이다.

이 세상에서 그 결과에 대해 어떤 사람들은 운이 좋다고 생각하고, 어떤 사람들은 불행하다고 여긴다.

인간의 운명이 정당하다거나 정당하지 않다는 주장에 대한 비판은 결국 운명이 영혼의 진화에서 중요한 역할을 하지 못한다는 것이다. 이것은 영혼의 진화에 대한 플라톤의 생각에서 확실하게 확인할 수 있다.

두 번째 이유는 한 사람이 표면적으로 비참하다거나 행복하다는 지상의 기준은 신성한 세상의 원리나 법칙들과는 아무런 관계가 없다는 것이다.

우리 생은 복잡성의 결과임과 동시에 우리가 생명이라고 부르는 것에 작용하는 일련의 활동 법칙의 결과라는 것을 이해해야 한다. 따라서 우리가 생의 궁극적인 목적을 이해하는 것은 불가능하다.

자연세계에 태어난 개인은 절대적인 개체에 '잠기게' 됨과 동시에 세계의 전체성과 통합된다. 하나와 전체는 인간과 신의 연합체이며, 이 연합체는 해체될 수 없다.

만약 환생이론을 바탕으로 영혼이 순수해질 때까지 한 사람에

인간의 자아는 그것으로부터 나온 초자아와 통신하면서 한 생에서만 존재할 수 있다.

서 다른 사람으로 옮겨 다닌다면 죽은 후에 우리 안에 가진 신을 빼내 다음 육체에 집어넣어야 할 것이다. 이것은 "신은 우리 안에 있다"고 믿는 사람에게는 불가능한 일이다. 그러나 신이 우리 밖에 있다고 해도 마지막에 어떤 경로를 따라가야 하는 문제로 인해 그것 역시 불가능하다. 죽은 육체가 가는 길을 따라가야 할까? 아니면 최종 종착지를 향해 진보하는 영혼이 가는 길을 따라가야 하는 걸까?

그런데 환생이론 앞에는 또 다른 장벽이 가로막고 있다. 그것은 윤리의 법칙으로, 만약 실험과학이 환생의 존재를 증명했다면 인간의 미래가 어떻게 될지 생각해본 적이 있는가? 특히 동시대의 사람이 살인하고, 강도질하고, 빼앗고, 자연과 사회를 파괴하고, 동료에게 정의롭지 못하고, 양심의 가책 없이 즐기고도 앞으로 다음 생이나 먼 미래의 생에 신의 정의에 의해 처벌받지 않는다고 확신한다면 어떻게 이 사회가 작동할 수 있을지 상상해본 적이 있는가?

과학의 역사에는 종이나 형태의
변이가 절대로 없었다.

환생이론의 또 다른 단점은 망각이다.

환생이론에서는 다음 생을 살고 있는 사람은 이전 생을 기억할 수 없다고 말한다.

이것은 다음과 같은 의문을 불러온다. 만약 그의 윤리적 진보를 구성하는 전생을 기억하지 못한다면 어떻게 다음 생에 윤리적 삶을 완성하기 위해 노력할 수 있단 말인가?

자신의 이전 생과 '접촉'할 수 있다고 주장하는 사람들에게는 다음과 같은 간단한 대답이 가능하다. "우리는 절대 영혼이 지배하는 세상에 살고 있다"

영혼의 수준은 인간들의 정신적 수준을 정한다. 두세 명 또는 그 이상의 사람이 같은 영혼 평면 위에서 수없이 많이 통신하고 공통적인 생각을 가진다면 때때로 멀리서도 생각을 교환할 수 있을 것이다.

종교 지도자들은 먼 거리에서도 교류할 수 있을 뿐만 아니라 에너지를 통해 연결된 자신의 영적인 공동체를 갖고 있다. 이것이 환생을 구성하는 걸까? 그렇지는 않다고 본다.

인류의 위대한 종교 지도자들은 이생에 한 번만 왔다 갔다. 그러나 영적인 수준에서 다음 단계인 사람들과 종교 지도자들이 오

모든 인간은 젊은 시절을 지나고 성숙 단계로 들어간 후에는 점차 내리막길을 가게 된다.

갔다. 그들은 지난 시대의 종교 지도자들과 함께 윤리와 영적 생활의 공통적인 약탈자가 되었다.

환생은 존재하지 않는다. 그러나 더 나은 교육은 존재한다. 또한 육체가 지구에서의 생을 마감한 후에도 영혼은 끝없는 주기를 반복한다. 그리고 이 끝없는 주기 안에서 자신을 창조한 신이 인간을 부르는 사랑의 음성을 듣게 된다.

구원을 위한 이 주기 안에서 자아는 우주의 아카데미에 출석하게 될 것이고, 죄로 더럽혀진 영혼은 더 높은 교육을 통해 원형과 신성한 세상의 법칙들과 완전한 조화에 도달하여 초자아와 연합하게 될 것이다.

2부

제49장

첫 번째
인간의 죽음

나는 일요일 아침에 텔레비전에서 방영되는 예배를 보다가 죽었다. 처음에는 무슨 일이 일어났는지 이해하지 못했다. 내 심장이 세 번 천천히 경련을 일으키다가 길게 마지막 박동을 멈추고 내 혈관 속으로 흐르는 피에 압력을 가하는 것을 멈추는 동안에도 찬송가가 계속해서 귓가에 들려왔다.

나는 살아가는 동안 한 번도 스스로 숨 쉬는 리듬을 측정해본 적이 없다.

그러나 호흡이 멈추는 순간 나는 내 몸의 시계에 의해 기능하던 지구 대기와 나의 관계를 이해할 수 있었다. 나는 움직일 수 없게 되었고 내 몸은 조금씩 식어갔지만, 그와는 대조적으로 '내부의 나 자신'은 뜨거워졌다. 내 자아를 감싸러 온 이 열이 내가 살아 있는 동안에 내게 매우 유익한 것이었음에도, 스스로 그 필요성을 제대로 알지 못하다가 이 순간 그동안 내 몸은 이 열을 매우 필요로 했다는 것을 깨달았다. 그때 갑자기 내 몸으로부터 나 자신이 빨려나가는 것과 동시에 내 몸은 여전히 같은 장소에 있는 것을 느꼈다. 중력에서 풀려나는 파동에 휩쓸리는 동안 축복받는 것 같은 희미한 감정이 나를 둘러쌌다.

위에서 내려다보는 주변의 모습이 이상한 느낌과 함께 나를 채웠다. 나는 침대에서 움직이지 않고 있는 나를 보았다. 또한 계속 예배가 진행되

지구상에서의 내 육체가 얼어버리자 나의 역동적인 숨이 나 자신의 깊숙한 곳으로부터 오고 있다는 느낌을 받았다.

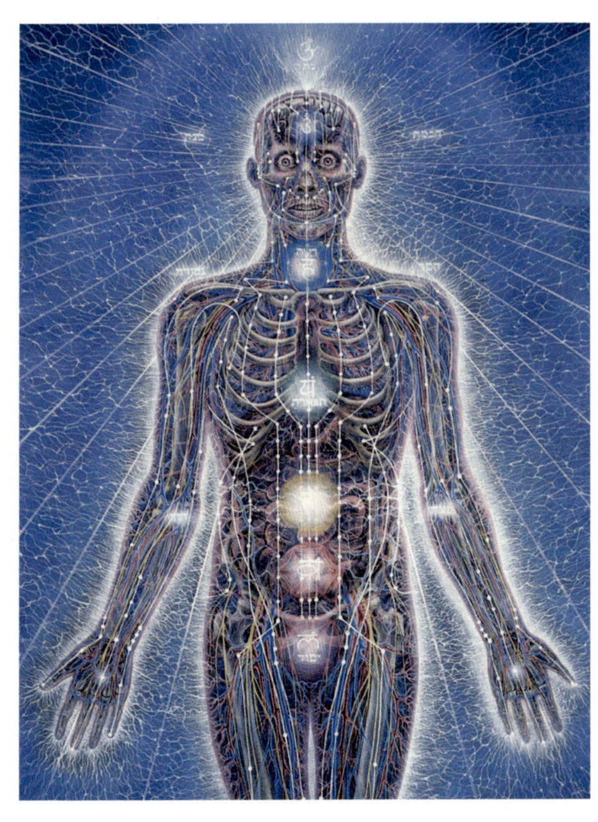

고 있는 방송 소리를 들었다. 나는 조심스럽게 내 방으로 들어와 내 눈을 감기는 희미한 형체를 보았다. ……그 형체의 말소리는 듣지 못했지만 그녀의 생각은 들었다고 느꼈다.

그런 다음 다른 형체들이 움직이지 않는 내 주위에 둘러섰다. 나는 영혼의 슬픔과 위로가 섞인 그들의 생각 일부를 감지할 수 있었다. ……모든 것을 위에서 보았고 동시에 여러 방향에서 보았다.

나는 다른 차원의 진정한 의미를 알 수 있을 것 같았다. 나는 모든 것을 모든 면에서 보았다. 내 생각 안에서 각 차원은 내 감각과의 관계 안에서만 기능한다는 것이 명확해졌다.

이제 나는 모든 방향에서 모든 것을 보았다. 나는 네 번째 차원의 절대적인 의미를 알게 되었다.

마지막으로 지구상에서의 내 육체가 얼어버리자 나의 역동적인 숨이 얇은 막에 의해 지탱되고 있는 내 감각의 가장자리를 향해 나아가면서 나 자신의 깊숙한 곳으로부터 오고 있다는 느낌을 받았다.

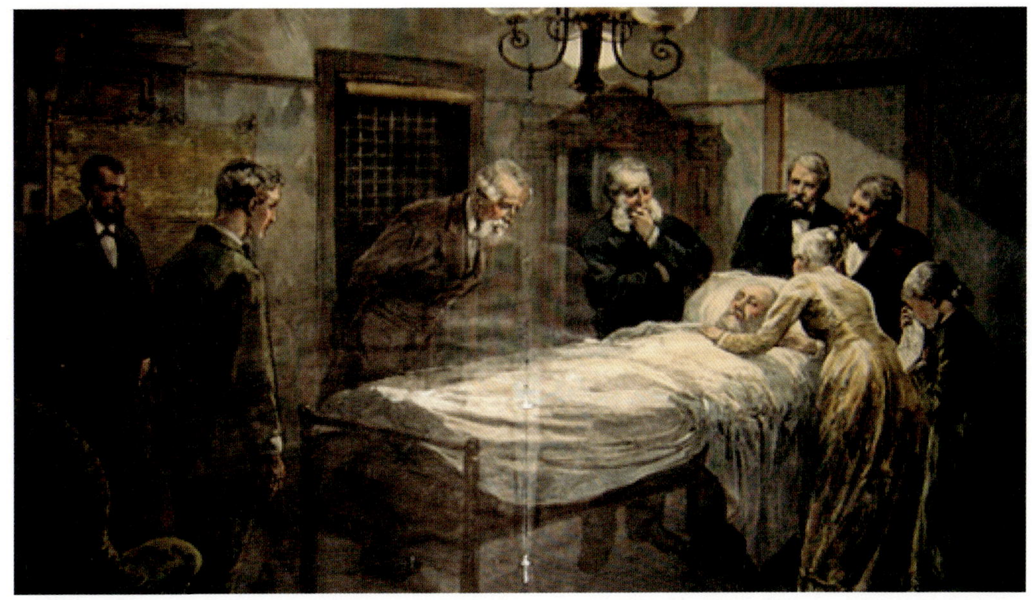

생명을 포함하고 있는 파도 안에서 말로 설명할 수 없는 느낌이 나의 전체 존재 안으로 스며들었다. 나는 영혼의 눈을 뜨고 지구 상에서 일어나는 사건들로 이뤄진 막이 깨지는 것을 느꼈다. 그리고 망각의 지평선으로 들어갔다.

막이 깨지면서 지난 생으로부터 나의 뇌 속에 정보로 존재하던 모든 것이 사라졌다. 망각이 신성한 오로라처럼 피곤한 나의 자아 안으로 흘러들어와 영상들, 쓰라리고 걱정스러웠던 것들, 지구상에서 보낸 일생의 경험을 삭제하기 시작했다. 거역할 수 없는 흐름이 잠시 동안 나의 뉴런 속에 갇혀 있던 무수한 기억을 흡수하는 것을 느꼈다. 동시에 내 앞에 열려 있는 세상에 들어가려고 준비하는 나의 자아 안을 흐르는 다른 종류의 운동을 느낄 수 있었다.

그런 다음 다른 형체들이 움직이지 않는 내 주위에 둘러섰다.

아직 내게 그 모습을 드러내지 않은 이 세상을 나는 항상 알고 있었던 것처럼 느꼈다. 뇌 깊숙한 곳에서 우주 지식의 빛이 천천히 그리고 계속 흐르기 시작했다. 새로운 정보가 나의 미래 결정의 중심을 구성하기 시작했다.

그와 동시에 나에게로 들어오는 이 새로운 정보가 지구상에 사는 동안에도 항상 존재했다는 것을 알게 되었다. 이것은 내가 알게 될 새로운 세상이 알 수 없는 이유로 내가 지구에 오기 이전부터 나의 세상이었다는 생각을 하도록 했다.

내 앞에는 말로 설명할 수 없는 터널이 있다. 그것은 나의 자아에서 시작되었고, 깔때기의 끝부분처럼 휘어져 있었다. 그것은 움직이지 않는 것처럼 보였지만, 그것을 구성하는 우주 원소는 빛의 속도로 회전하고 있었다.

강력한 에테르의 흐름이 나를 둘러싸더니 깔때기의 깊은 곳으로 끌고 갔다. 조금씩 안으로 들어가 끄트머리에 이르자 깔때기는 불꽃이 되었다.

내가 하늘 태양들의 교차점에 만들어진 이 눈부신 빛의 호수에 잠기는 순간 뒤로 물러서도록 나를 밀던 흐름이 정적인 상태에 자리 잡도록 했다.

나는 지구의 기억에서 벗어나 놀라운 빛을 내는 외투에 싸인 채 뇌 안에 있던 새롭고 끝없는 지식의 저장소를 이용하여 희미해져 가는 지평선 너머에 있는 불꽃 뒤에서 그곳이 어디인지 식별하려고 노력했다. 그리고는 갑자기 이것이 거시세계이며, 무한한 우주이고, 별들의 세상이며, 태양이고, 은하라는 것을 깨달았다.

나는 그 안으로 뚫고 들어가야 한다고 생각했다. 동시에 이 같은 거시세계 안에 미시세계가 포함되어 있다는 것을 감지했다.

저항할 수 없는 힘이 나를 높이 들어 올렸고, 나의 자아가 거시세계와 미시세계의 정신적 우주를 지배하는 사건들에 섞여 나의 여섯 번째 감각의 뿌리를 파고드는 조화로운 교향곡을 만들어내는 태양의 교차점을 지나는 것을 느꼈다.

행성들과 별들 그와 동시에 원자, 양성자 그리고 중성자가 창조되는 세상이 이 끝없는 나의 이중 여행 안에서 빛의 속도와 불의 흐름처럼 흘러 내가 생각하는 것은 무엇이든 동시에 경험할 수 있었다.

그러나 내가 지구에 있을 때 감지하던 것 같은 거리도, 거시세계도, 미시세계도 없다는 것을 확인했다. 이제 나는 바깥쪽을 향해 여행하면서 동시에 안쪽을 향해 여행하고 있었다. 나의 마음은 갑자기 양 방향 운동을 지배함과 동시에 지배당했다.

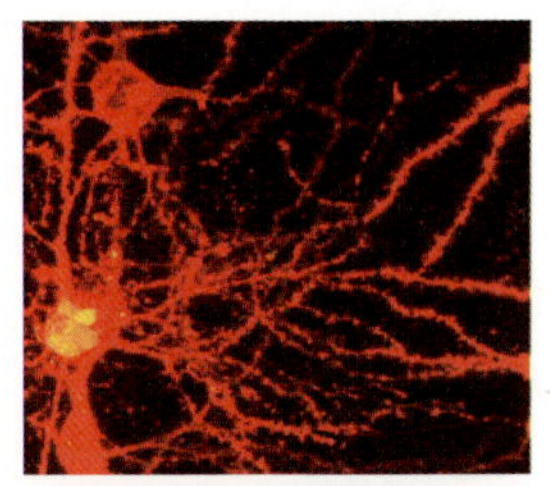

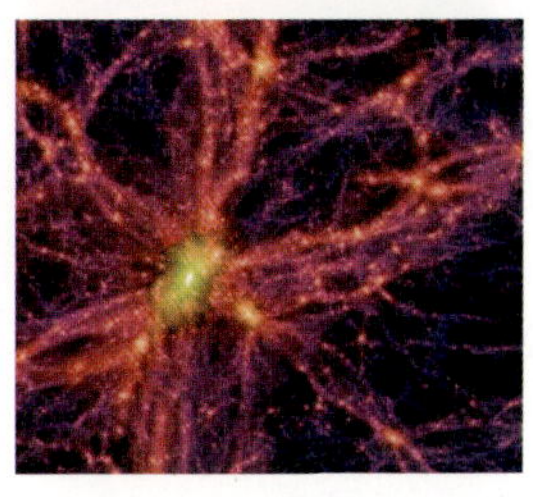

나는 그 안으로 뚫고 들어가야 한다고 생각했다. 동시에 이 같은 거시세계 안에 미시세계가 포함되어 있다는 것을 감지했다.

나의 지성 깊은 곳에서 거스를
수 없는 시간이 은하와 별들의
세상으로 여행을 보냈다.

나의 초감각이 내가 모나드이며, 독립적이고, 영원하다고 생각
하도록 나를 밀어내지만 또한 내 안에서 모나드는 모든 것의 전체
성과 통신하고 있었다. 나는 신성한 것이 틀림없다고 생각한 모든
것을 감지했다. 그러나 신성은 아직 나에게 나타나지 않고 단지
개념으로만 나의 뇌를 돌고 있었다.

나의 지성 깊은 곳에서 거스를 수 없는 시간이 은하와 별들의
세상으로 여행을 보냈다. 나의 의식은 절대적인 각성 상태에서 나
의 자아가 구원받을 때까지 건너야 할 바다와 나락을 경험했다.

나는 지구에서 사는 동안 지은 죄로 오염된 자신을 마주하고,
내가 저지른 잘못이 분해되는 소용돌이 안에서 시간에 대한 모든
지각 너머에 있는 구원의 지평선으로 들어가는 것을 느꼈다.

시간의 흐름에 대한 아무런 감각 없이 갑자기 내가 우주의 한계인 동시에 미시세계의 중심에 도달했다는 것을 느꼈다. 무한의 폐지가 이전의 지배에 대한 나의 지각을 구성했다. 나의 자아와 초자아의 경계가 만나는 곳에 거시세계와 미시세계의 두 세상이 공존하는 장엄함은 말로 설명할 수 없을 정도였다. 우주의 용광로에서 영원의 바퀴가 안과 밖으로 동시에 흐르는 창조의 흐름을 받아들이고 있었다. 그 결과 나는 영원한 바퀴의 순수한 작용을 완전히 의식할 수 있었다. 그곳에서는 모든 것이 모든 것 안에 있음과 동시에 각각은 자신의 분리된 존재의 숨결을 즐기고 있었다.

그러나 영원한 자신을 향한 이 새로운 길이 나의 옛날 경험으로부터 시작되었다는 것을 알아차렸을 때 내 안에 가장 놀라운 느낌이 만들어졌다.

지구 생활에 대한 망각이 나의 최종 목적지를 향한 프로그램에서 중요한 역할을 하지만, 초자아를 향한 나의 길이 나의 초자아가 경험하고 있는 원형의 세계에서 지구 세상을 향해 거꾸로 흐르는 흐름 속에서 이전에 만들어졌다는 것을 알게 되었다. 그 진화 과정에서 배아로 시작하여 지적인 존재들로 이뤄진 사회의 정점에 위치하는 사람이 되었다.

지구를 향한 이전 여행의 기억은 여러 해 전 내 안에 있는 내가, 창조의 프로그램 안에서 어길 수 없는 개인적인 역할을 하면서 한 세상에서 와서 다른 세상으로 간다는 생각을 심어주었다.

나의 존재를 잠기게 하는 이러한 감각은 얼마나 기적 같은 일인가? 그리고 지금 내가 어떻게 공간과 시간의 모든 차원으로부터 지구와 지구의 생명체들을 볼 수 있는지 궁금해졌다.

생명을 가진 파동이 나의 자아에 스며들어 신 자신의 요람에 도달하게 되는 것은 얼마나 놀라운 일인가?

이는 내 존재의 영혼이 내가 그 안에 있고 그가 내 안에 있는, 영원한 전체성 안에서 영원한 존재인 하나이고, 유일한 신의 오로라에 둘러싸여 있는 나 자신의 요람인 초자아로 돌아가고 있다는 것을 느끼는 커다란 행복이었다.

나의 존재를 잠기게 하는 이러한 감각은 얼마나 기적 같은 일인가?

제50장
다른 생의 놀라운 세상

(좌) 죽은 사람이 이해하지 못하는 첫 번째 사실은 자신이 죽었다는 것이다.

(우) 철학에는 죽음이 없다!

죽음! 본질적으로 공포를 가진 단어다. 어린아이 때부터 생을 마칠 때까지 사람이 계속 떠올리게 되는, 육체를 잃는 고통은 그 안에 공포를 내재하고 있다. 무엇보다 죽음의 문제는 존재론적으로, 신학적으로 그리고 목적론적으로 실존적인 문제다.

죽음을 실존적으로 판단할 때 우리를 화나게 만드는 생각은 우리 자아가 사라진다는 것이다. 죽음을 존재론적으로 판단하면 우리를 포함한 자연계의 모든 것이 죽어야 하는 원인을 찾게 된다.

죽음을 신학적으로 판단하면 우리는 육체와 마음이 분리되어 천국으로 향하기도 하고 지옥으로 향하기도 하는, 영원히 존재하는 영혼의 존재와 완전한 티끌이 되는 육체의 존재를 믿게 된다.

마지막으로 죽음을 목적론적으로 판단하면 우리는 절대성이나 목적 없이 그리고 영원과 계속성에 대한 희망 없이 전체성 안에서

태어나고 죽는 자연 세상을 믿게 된다.

철학에는 죽음이 없다!

'정신'으로서의 개인은 창조의 관망대에서 피조물의 내부로, 부동 상태에서 동적인 것으로, 즉 밖에서 안으로 우주를 본다.

철학자는 죽음의 고통을 우습게 여기고 자신이 존재하는 '우주 연속성'을 받아들인다. 철학자에게 모든 것의 변환은 단순한 믿음이 아니라 원리적으로 존재 목적의 본질이다.

철학자는 그의 생애를 통해 자신의 자아 안에서 죽고 부활한다. 따라서 그는 신비한 종교적 체험을 통해 감각적인 세상과 영원한 세상의 비밀을 보여준다.

이런 철학자의 입장에서 육체의 죽음을 경험하도록 노력해보자. 먼지로 덮인 자신의 육체를 느껴보고, 둘러싸고 있는 흙 위에서 사라질 때 한숨 소리와 뒤에 남겨진 사랑하는 사람들의 고통과 울음소리를 들어보자.

죽은 사람이 이해하지 못하는 첫 번째 사실은 자신이 죽었다는

그러나 뒤에 남겨진 가장 두드러진 환상은 물리적 세상의 놀라운 것들이 남아 있는 그들의 생각이다.

철학자는 죽음의 고통을 우습게
여기고 자신이 존재하는 '우주
연속성'을 받아들인다.

우리가 꽃이 시들어 땅에 떨어지
는 것을 볼 때도 꽃은 항상 존재
한다.

것이다. 단순히 그것을 이해하지 못할 뿐
만 아니라 그것을 의심조차 하지 않는다.

우리가 지구상의 삶을 버리는 순간 뒤에
남겨진 사람들은 우리가 완전한 어둠 속에
있을 것이라고 생각한다. 하지만 우리는
순수한 빛 안에 있는 자신을 발견한다.

우리가 뒤에 남겨놓은 '살아 있는 사람
들'은 땅 속에서 우리가 '죽었다'고 믿는다.
반면에 땅 위에서는 완전히 살아 있다고
믿는다.

하지만 살아 있는 사람들이 가진 가장
두드러진 환상은, 그들에게는 물리적 세상
의 놀라운 것들이 남아 있고, 우리는 완전
히 어두운 땅 속에서 썩어 지구의 흙이 될
것이라는 생각이다.

이런 생각이 '사랑하는 사람의 상실'이
라는 생각을 만들며, 이런 생각은 고대부
터 현재까지 인간 사회에 계속 있어왔다.

따라서 모든 종교에서 죽음의 의식은 인
간이 즐거움과 환상 속에 있던 지구를 떠난 후에 거행된다.

실제로 사랑하는 사람을 '잃은' '살아 있는' 사람들이 유일하게
감정을 배출할 수 있는 길은 영원한 바퀴로 이뤄진 두 원반의 순
서를 이해하는 것이다.

인간은 지구와 하늘의 두 세상에 대한 진실을 '알게' 될 때만 죽
음이 주는 고통에서 벗어날 수 있다. '영원한 생명'이 경험되고 인

간의 마음 안에서 철학적으로 확실한 사실이 될 때 비로소 개인은 그가 가진 본능적인 죽음에 대한 공포를 몰아낼 수 있을 것이다.

우리가 꽃이 시들어 땅에 떨어지는 것을 보는 순간에도 꽃은 항상 존재한다. 왜냐하면 꽃의 실재는 시든 꽃이 아니라 원형이기 때문이다. 이상하게 들릴지는 몰라도 꽃의 몸체는 무성한 상태로 있을 때나 같은 종류의 꽃과 수정할 때도 원형 안에서 변하지 않고 남아 있다. 원형의 작용 과정에서 우리는 계속적으로 새로 탄생하는 꽃과 전체 자연을 갖게 된다.

다음 순간의 여행은 반대되는 힘들이 같은 목적 안에서 통합되었을 두 힘의 비밀이 나타나는 영원의 바퀴 안에서 소용돌이치는 것이다.

다음 순간의 여행은 반대되는 힘들이 같은 목적 안에서 통합되었을 때 두 힘의 비밀이 나타나는 영원의 바퀴 안에서 소용돌이치는 것이다. 마지막으로 우리가 경험한 세상의 실재가 무엇이고, 우리 생의 마지막에 도달했을 때 '생명의 연속'이 우리에게 약속하는 것이 무엇인지를 이해해야 할 시간이 되었다.

법칙을 공부하고 영원한 생명의 지도 위에서 원형의 숨겨진 의미를 해독해보자. 아마도 이런 노력이 지구상에 살아가는 동안 인간의 마음이 해야 할 가장 중요한 일일 것이다.

제51장

절대적인 부동 상태

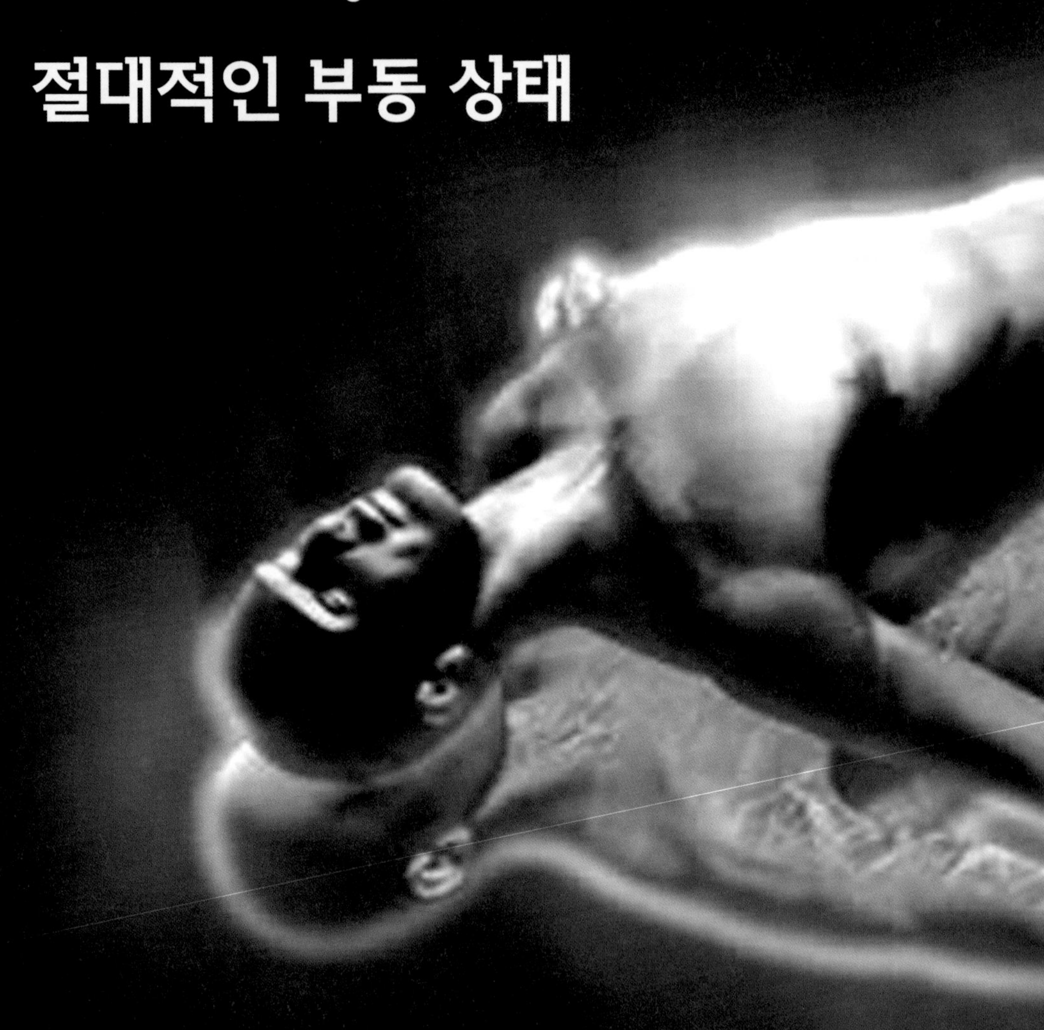

지 상과 하늘세계의 지도를 이해하기 위해서는 부동 상태에 있는 세상을 나타내는 용어들과 개념을 아는 것이 중요하다.

시간과 공간은 본질상 부동 상태의 지평선으로만 설명될 수 있다.

우리에게 알려진 성질 중에서 시간은 연속이나 관계 그리고 감각적인 세상에서 일어나지만. 그들의 원형에 기록되는 둘 또는 그 이상의 사건들이 일어나는 각 과정을 결정하는 것은 부동 상태에서 발견된다.

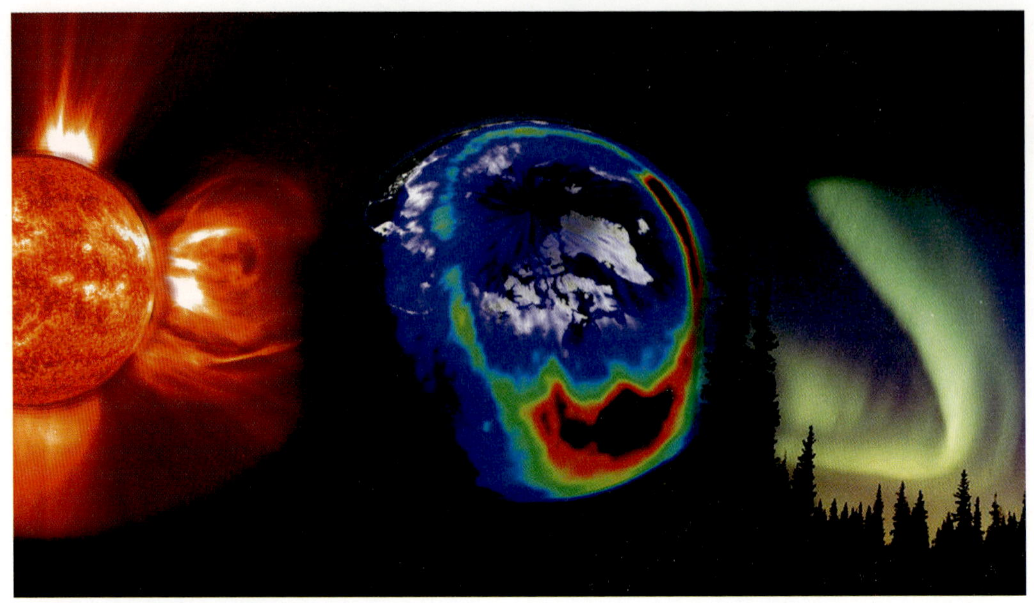

시간과 공간은 본질상 부동 상태
의 지평선으로만 설명될 수 있다.

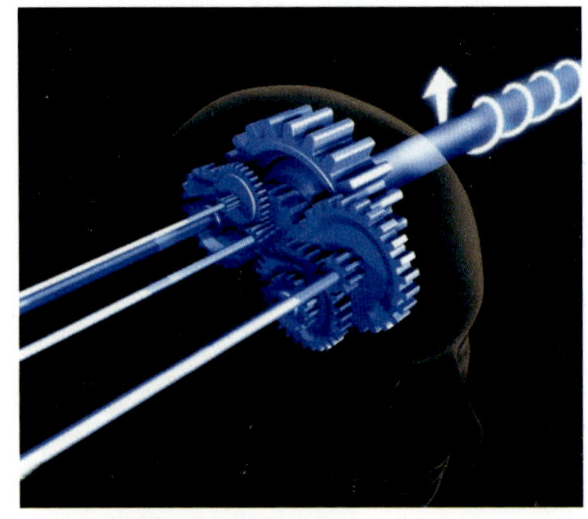

그러나 법칙 안에서 표현될 때
마음은 일원론에서처럼 이중
적이다. 그것은 법칙을 구성하
지 않는다……

공간은 원형세계의 이데아가 차지하고 있던
것이 감각적인 세상 안에서 표현되고 형태를
갖게 된 것이다. 예를 들어 어떤 한 사람에게 공
간은, 이데아가 차지하고 있던 것이 특정한 물
리적 형태 안에서 자신을 나타내는 것이다. 이
데아의 물질화와 떨어져서는 공간도 시간도 존
재하지 않는다. 생명체의 시간은 이데아가 구체
적인 형태로 물질화될 때부터 그것을 만든 최
초의 이데아로 돌아갈 때까지의 간격이다.

마음의 원시 물질은 모든 것의 원형과 법칙
의 전체성 안에 존재한다.

그러나 법칙 안에서 표현될 때 마음은 이중적이다. 일원론에서
처럼 그것은 법칙을 구성하지 않는데, 반대 힘의 부재로 인한 절
대적인 관성만 구성하기 때문이다.

지성과 절대에 기인하는 마음의 이중성은 법칙의 활동을 통해 자신을 표현하고 참여할 때 감지하거나 관련지을 수 있다.

법칙에 의한 마음의 이런 이중적인 성격의 결과는 없어지지 않으며 두 부분 중의 어느 하나도 약화되지 않는다.

그러나 운동성의 활동과 관련된 감각적인 부분은 부동 상태에 의해 발생하거나 흡수된다. 이는 부동 상태의 마음만이 형식과 형태의 원형과 규칙을 결정할 수 있기 때문이다. 모든 것의 유일한 원인은 마음이다.

빛의 속도인 부동 상태의 최대 속도로부터 느린 속도로 점차적으로 내려오는 감지할 수 있는 모든 것은 그것이 속한 종류의 법칙에 의해 정의되는 형식이다.

부동 상태에서 운동 상태로, 지성의 세상에서 감각의 세상으로 그리고 절대적인 것에서 상대적인 것으로 내려오는 것은 점차적인 속도의 감소다.

현대 우주론은 이미 관측자의 눈으로부터 멀어지는 은하들이 거리가 멀어짐에 따라 더 큰 속도로 멀어진다는 허블의 법칙을 증명했다.

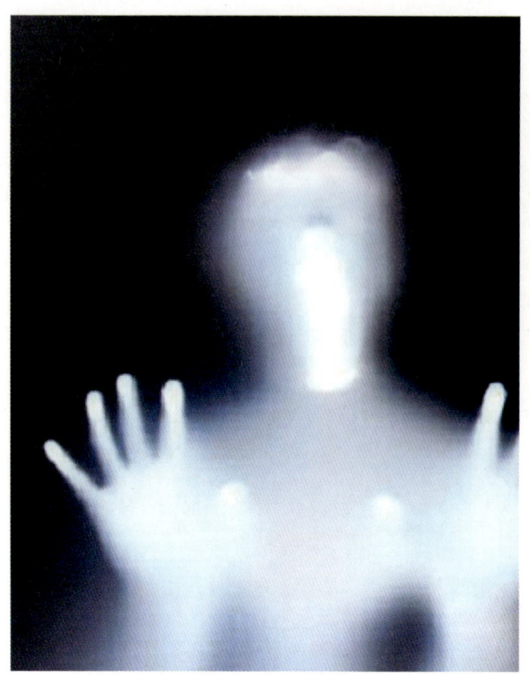

그런 이유로 그것의 물질적인 부분과 함께 형식이 영원하다고 간주된다.

부동 상태의 존재를 좀 더 명확하게 이해하기 위해서 우리는 운동 상태와 부동 상태의 관계를 거꾸로 하여 관찰하려고 노력할 것이다. 다시 말해 물질이 영혼으로 그리고 운동 상태가 부동 상태로 전환되는 것을 살펴보는 것이다.

현대 우주론은 이미 관측자의 눈으로부터 멀어지는 은하들이 거리가 멀어짐에 따라 더 큰 속도로 멀어진다는 허블의 법칙을 증명했다.

은하가 최대 속도에 도달하면 보통 우주공간의 밀도와 다른 밀도를 갖는 절대적인 에테르로 이뤄진 우주공간과의 마찰로 인해 비물질화되어 전체적으로 부동 상태인 주변 환경에 흡수될 것이다.

전체적 부동 상태는 감각 세상의 모든 것이 향하는 절대적인 영혼의 공간이다.

영원한 실체로 이뤄진 놀라운 세상인 부동 상태는 우주의 진화와 퇴화의 절대적인 주인이다. 초월자인 신의 영역인 부동 상태는 모든 영혼의 근원이고 목적지다. 지적인 존재인 인간의 영혼은 영혼세계의 주인공이다.

자연계의 모든 감지할 수 있는 것들과 존재들은 부동 상태와 관계된 원인을 갖고 있고 그것들을 지배하는 속도 스케일로 만들어졌다.

우리가 법칙들이 실체이고 부동 상태로서만 그것들의 특성을 이해할 수 있다는 것을 아는 것은 매우 중요하다. 마찬가지로 법

인간은 태어나기 전이나 죽은 후
에만 진리와 실재를 알 수 있다.

칙이 자신을 나타내는 순간부터 두 가지 기초적인 우주 구성 요소인 '진공'과 '물질이 충만한 공간'을 지배한다는 것을 이해하는 것 역시 중요하다.

진공은 물질이 충만한 공간이 활동하고 완성되는 부동 상태다.

데모크리토스에 의하면 물질이 충만한 공간은 수적으로 무한하고, 파괴될 수 없으며, 영원하고, 다른 모양과 크기를 갖고 있으며, 나눌 수 없는 무한하게 작은 여러 종류의 물질로 구성되어 있다. 이 물질들은 에너지를 갖고 있으며, 영원히 움직이면서 충돌을 통해 다양한 물체를 형성한다.

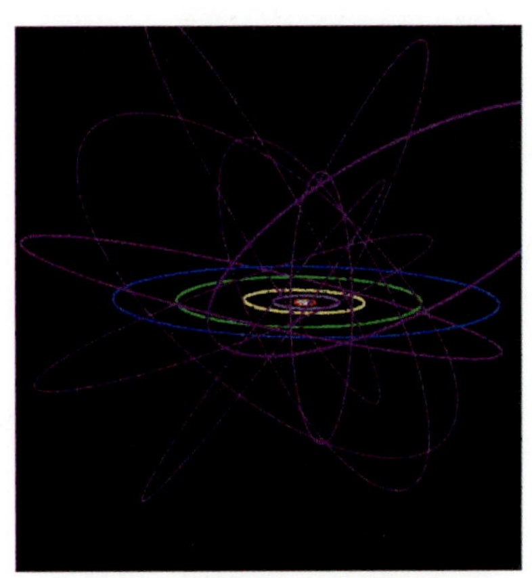

움직이는 것은 모두 살아 있다고
간주된다. 왜냐하면 그것들은 마
음 물질의 본질을 갖고 있기 때
문이다.

만약 돌멩이가 우주공간을 떠돈
다면 이동하는 돌멩이의 물질은
그것이 운동하고 있는 공간에서
부동 상태의 구조 물질로 만들어
질 것이다.

관념론

헤겔 철학에서 '관념론'은
"세상은 스스로 존재할 수
없고 단지 겉모습으로만 존
재한다"는 교리적 가르침에
서 유래한 말이다.
플라톤은 덕은 찾는 과정에
서 유일한 실재는 이데아의
세계뿐이고, 감각적인 세상
은 지성 안에 참여하지만 실
재는 아니라고 결론지었다.
현실주의와 물질주의의 생각
과는 반대로 작동하는 이러한
'비세상'이 실재인 이성의 이상
적인 영역이라는 생각을 갖게
했다.

이런 물체들의 운동 가능성이 감각을 구성하지만 실재는 아니
다. 유일한 실재는 부동 상태의 마음이다!

움직이는 것은 모두 살아 있다고 간주된다. 왜냐하면 그것들은
그것으로부터 형식과 모양이 창조된 마음 물질의 본질을 갖고 있
기 때문이다. 또한 모든 살아 있는 것들의 영혼을 이루는 본질의
근원은 부동 상태이며, 이것에 의해 정의될 때만 영혼은 영원하다
고 생각할 수 있다.

그러나 물질의 실재와 영원성 그리고 인간과 같은 존재의 형식
은 부동 상태 안에서만 활성화된다.

인간은 태어나기 전이나 죽은 후에만 실재와 진리를 알 수 있
다. '생명'이라는 동적인 기간 동안 인간은 자신의 삶과 자신을 둘
러싸고 있는 우주를 구성하는 법칙의 수동적인 부분만 경험하고
감지할 수 있다.

고전물리학은 공간이 무엇인지를 보여주지 못했고, '존재'와 실
제 부피를 결정할 수 없는 곳에서의 길이, 너비 그리고 높이의 차

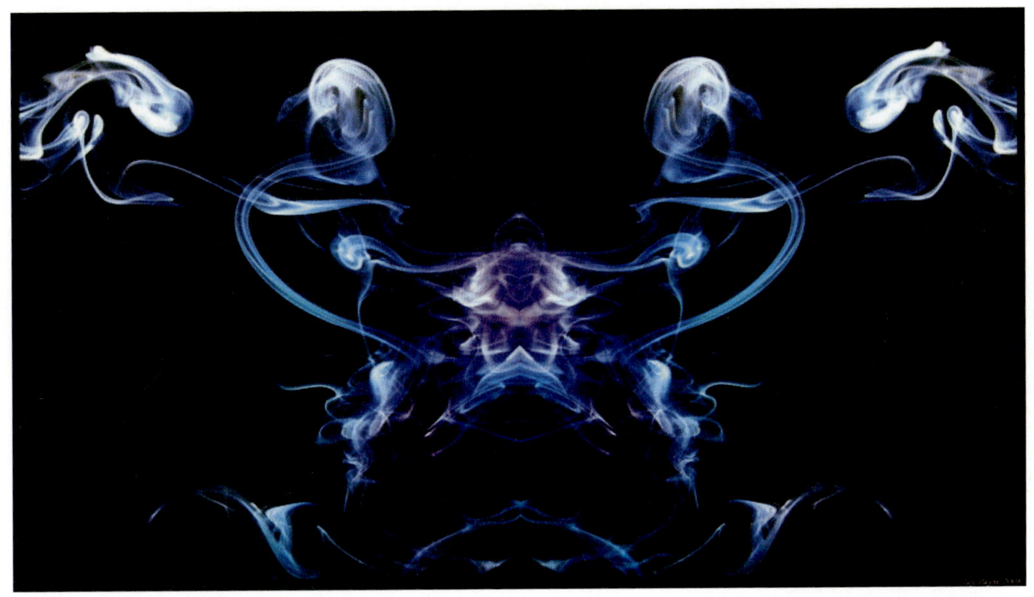

원이 무엇인지 보여주지 못했다.

그럼에도 부동 상태는 공간 안에서 발견되는 물체와 관련하여 공간의 존재를 결정할 수 있었고, 물체의 중력에 의해 휘어져 있는 공간의 곡률을 설명할 수 있었다.

만약 돌멩이가 우주공간을 떠돈다면 이동하는 돌을 이루는 물질은 그것이 운동하고 있는 공간에서 부동 상태의 구조 물질로 만들어질 것이다.

부동 상태의 구조적인 물질은 순수하게 정신적이며, 부동 상태에서 그것을 이끌어내는 전체적인 설계를 바탕으로 돌로 향한다. 따라서 돌의 운동 프로그램은 그것이 나온 부동 상태의 체계 안에 새겨져 있다고 결론지을 수 있다. 돌이 그것을 움직이도록 하는 프로그램을 '이해'하기 위해서는 돌이 생각할 수 있다는 것, 다시 말해 정신 물질로 구성되어 있다고 생각하는 것이 필요하다. 움직이는 돌을 구성하는 이러한 정신 물질은 부동 상태의 정신 물질의

속도 스케일에 의해 만들어진 형식은 법칙이 정의하는 것을 형성하는 정신 물질을 끌어당긴다.

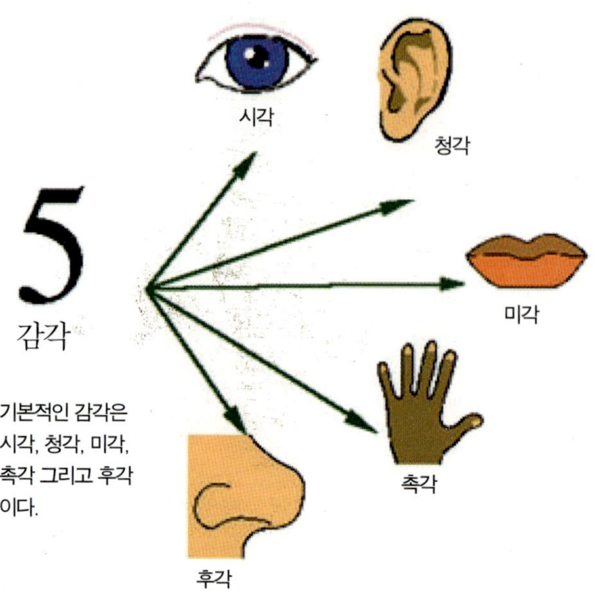

기본적인 감각은 시각, 청각, 미각, 촉각 그리고 후각 이다.

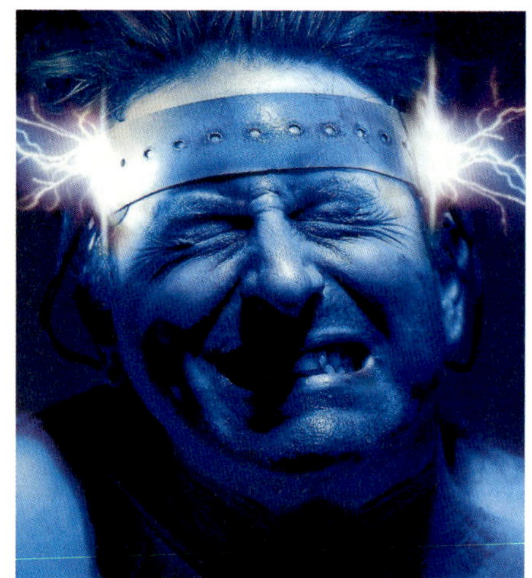

우리의 귀는 초음파가 아닌 소리를 듣는다. 만약 감각기관이 물질세계에서 일어나는 사건의 실제 숨결을 뇌로 전달한다면 인간의 뇌는 과부하가 걸릴 것이다.

연장이다.

만약 돌을 동시에 끌어당기기도 하고 반발하기도 하는 중력을 부동 상태의 지평선에서 조사한다면 이 힘들이 법칙의 프로그램을 절대로 정확하게 따른다는 것을 확인할 수 있을 것이다.

돌 자체에 의해 작용하는 중력 장과 돌을 끌어당기는 다른 물체의 중력장은 운동의 각 단계마다 돌에 영향을 주는 동인과 결합하여 함께 특정한 수학 방정식에 바탕을 둔 양과 값의 연관관계에 따라 작용한다.

매 순간마다 돌은 공간, 즉 부동 상태에 어떻게 휘어질 것인지를 알려주고, 부동 상태는 돌에게 그 안에서 어떻게 움직일지를 알려준다. 한마디로 말해서 돌은 그것의 구조와 환경에 관련해서 법칙의 작용을 받는다. 그런 만큼 만약 법칙이 없다면 돌은 절대로 존재할 수 없을 것이다!

물질과 형식의 운동 상태가 나타내는 증상을 살펴보면 우리는 둘 모두 부동 상태가 만들어낸 것이라는 것을 감지할 수 있다. 부동

상태는 '생성의 세상'에서 부동
상태의 절대적인 한계 속도로
부터 낮은 속도 스케일로 내려
오는 순간 실체가 된다. 물질과
형식은 경험 안에서 미리 부여
된 시간 한계를 갖고 있다. 그
들의 감각적인 세상에서는 종
류와 형식의 결합에 관한 법칙
을 초월적인 것으로 간주한다.

종류와 형식 모두 실체다.

기본 감각은 시각, 청각, 미각, 촉각 그리고 후각이다. 이 감각기관들은 뇌의 기능에 필요한 정보를 수집하기 위해 활동을 측정한다.

그것의 기초 물질은 순수하게 정신적이다. 이런 방법으로 전체는 영혼의 합으로만 이해될 수 있다.

형식은 법칙이 정의하는 것을 형성하는 정신 물질에 작용하는 속도 스케일에 의해 창조된다. 정신 물질의 속도 스케일은 살아 있는 평면으로 내려왔을 때 '생성의 세상'에 충분하게 작용한다.

'생성'은 동질이며 균일하고, 동형 자극의 완전한 – 소위 말하는 물리적 세상을 이루는 – 존재들의 사회 흐름을 구성한다.

지구와 우주에서 움직이고 진화하며 눈으로 볼 수 있는 모든 형태와 형식을 포함하는 물리적 세상은 알려지지 않고, 보이지 않으며, 증명할 수 없는 방법으로 계산된 영적 세상과 정확하게 같은 물질로 구성된다. 이때의 물질세계는 영적인 세상에 참여할 뿐만 아니라 어떤 면에서는 영적인 세상과 균일하고 동질이다.

우리는 새나 곤충, 동물, 풀이나 나무를 볼 때 그들을 이루는 물질을 구분할 수 없다는 것을 잊으면 안 된다. 우리는 이 모든 것과 같은 물질로 이뤄졌다. 또한 사람들 사이의 돈독한 관계도 잊으면

마찬가지로 우리는 사람들 사이의 돈독한 관계도 잊으면 안 된다. 우리
는 모든 것이 스며들어 있는 같은 물질로 연결되어 있다.

안 된다. 우리는 모든 것이 스며들어 있는 같은 물질로 연결되어
있다. 정신 물질! 절대적인 영혼! 따라서 부정적인 행동뿐만 아니
라 부정적인 생각도 다른 사람에게 해가 된다.

부정적인 것은 죄악이다. 죄악은 우주 대칭성의 파괴다. 신은 대
칭적이다! 악마는 비대칭적이다!

인간이 죄를 지으면 비례와 순서 그리고 측정의 규칙과 대면하게 된
다. 그 결과 그는 절대적인 신의 세상인 부동 상태 세상에 대한 참여가
줄어든다.

우리 개인의 영혼 시계는 물질세계에서의 행동을 기록하여 우리가
죽은 후에 그것을 향해 나아갈 부동 상태 세상에서 고난을 주기도 하고

기쁨을 주기도 한다.

부동 상태는 동적인 것에 작용하는 모든 영역을 차지한다. 앞에서 언급한 것처럼 원자이론의 창시자인 고대 그리스의 데모크리토스에 의하면 전체 우주를 구성하는 기본적인 우주 원소들은 진공과 물이 가득 찬 공간이다. 데모크리토스에 의하면 우주는 항상 존재했고 앞으로도 계속 존재할 것이다.

데모크리토스의 진공은 부동 상태에 대한 현대의 생각과 직접 대응되고, 물질이 가득 찬 공간은 모든 것의 '위대한 장식'을 포함하는 물질세계를 구성한다.

이러한 진공과 물질이 차 있는 공간을 구별하고 감지하는 사람은 자신의 감각을 기본적인 인식 요소와 기술적인 보조 장치로 이용한다. 기본 감각은 시각, 청각, 미각, 촉각 그리고 후각이다. 이러한 감각기관들은 뇌의 기능에 필요한 정보를 수집하기 위해 활동을 측정한다.

예를 들면 우리 주위에 있는 세상은 형식을 포함하는 원자들의 집합체다. 따라서 우리 눈이 형식을 감지할 수 있는 능력이 있

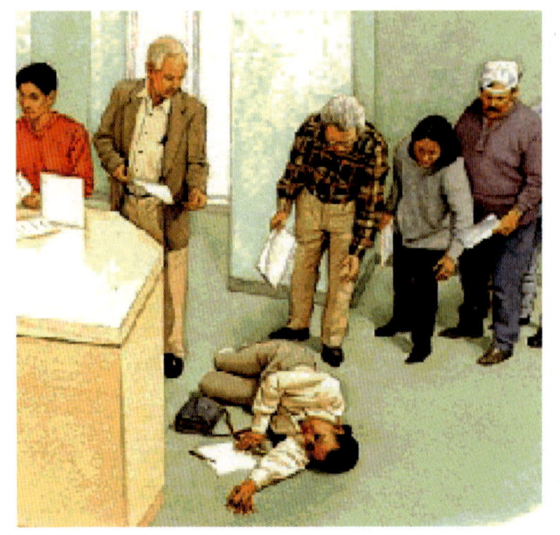

(좌) 현기증이나 어지러움 증세로 죽어가는 사람을 본 일이 있는가?

(우) 사람이 조금씩 회복되어 주변을 인식하기 시작했을 때 그는 상실감을 느낀다.

다는 것을 이해해야 하다. 그러나 그들을 구성하는 원자를 감지할 수는 없다.

우리 귀는 초음파가 아닌 소리를 들을 수 있다. 만약 감각이 물질세계에서 일어나는 실제 사건들의 숨소리를 뇌에 전달한다면 인간의 뇌는 과부하에 걸릴 것이다. 따라서 우리는 실재를 미리 결정된 감각 기능의 한계 안에서 정보로 전환하는 감각 기능을 충분히 고려해야 한다.

인간은 감각적 세상과 정신 세상을 구별하고 분별해야 한다. 모든 경우에 감각적 세상은 실재가 아니기 때문에 인간 영혼의 실재는 정신 세상, 다시 말해 마음이다.

그러나 마음은 부동 상태에 내재되어 있다. 따라서 마음은 부동 상태에만 그 구조 안에 포함하는 법칙적인 질서를 알거나 이해한다.

이것이 표현되었을 때 법칙은 움직이는 모든 것과 내재적인 통일을 갖고 있다. 그러나 움직이는 모든 것은 인간이 가진 감각의 측정에 대응한다.

한마디로 말해 물리적 세상은 인간의 감각 측정으로 주조된다. 그리고 인간의 감각은 물리적 세상의 측정으로 주조된다. 감각이 초음파, 자외선 그리고 창조의 초감각적인 것들을 감각하지 못하도록 하는 이유는 이와는 별개의 문제다.

이런 사실에서 우리는 감각과 떨어져서는 어떤 실체나 물체, 상황도 존재할 수 없다고 주장하는 것이 가능하다. 인간에게 존재하는 것은 모두 감각기관의 능력과 동일하다. 따라서 인간의 감각은 비실재의 기준이다. 반면에 실재의 기준은 법칙과 원형의 이데아에 참여하는 마음이다.

현기증이나 어지러움 증세로 죽어가는 사람을 본 일이 있는가? 주변과의 접촉을 잃고, 모든 것이 희미해지고 회전하며, 그림자와 이상한 형태가 그를 둘러싼다. 의식을 잃은 그는 천천히 쓰러져 움직이지 않게 된다. 그리고 모든 것이 그의 무의식으로 사라진다.

죽어갈 때 감각이 감지하는 모든 실재와 비실재 사이의 변화는 동적인 세상과 부동적인 세상 사이의 중간 과정이다.

이상하게 들리겠지만 모든 사람이 경험하는 이런 모든 환각은 법칙 실체를 갖고 있으며 원형에 속한 것이다.

사람이 상태가 악화되어 감각을 잃는 순간부터 그의 마음은 영혼의 세상과 간접적인 통신을 시작한다(영혼의 세상과의 직접적인 접촉은 죽은 사람만이 할 수 있다는 것을 기억하자). 이제 조금씩 회복되어 주변을 인식하기 시작했을 때 보통 상실감을 느끼게 된다.

무의식 상태에 있는 동안 그의 마음이 영혼의 세상에서 다시 지구로 달린 거리는 그가 회복되어 주변과 연합되려고 노력할 때 우리가 보는 증세를 만든다.

　　그는 정신을 잃은 동안 일어났던 일들을 기억하려고 노력하지만 그것은 불가능하다. 동적인 세상과 부동적인 세상 사이에는 인간의 뇌에 망각이 작용하기 때문이다.

　　인간의 마음은 감각 기능이 돌아오면 그가 경험한 영적 세상의 표현을 아주 짧은 시간 동안이라도 견딜 수 없다. 그래서 그것을 경험한 사람의 마음에서 다른 세상의 표현을 잊게 하고 삭제하는 것은 그가 지구에서 계속 살아갈 수 있게 돕는다.

　　우리는 항상 망각이 마음의 무기라는 것을 기억해야 한다. 따라서 생각하고 존재하는 데 필요하거나 충분한 정보만 기억 속에 유지한다. 그리고 우리를 둘러싸고 있는 우주나 자연 같은 실재가 아닌 세상에 대한 경험만을 기억한다.

제52장

다른 것 안의 하나

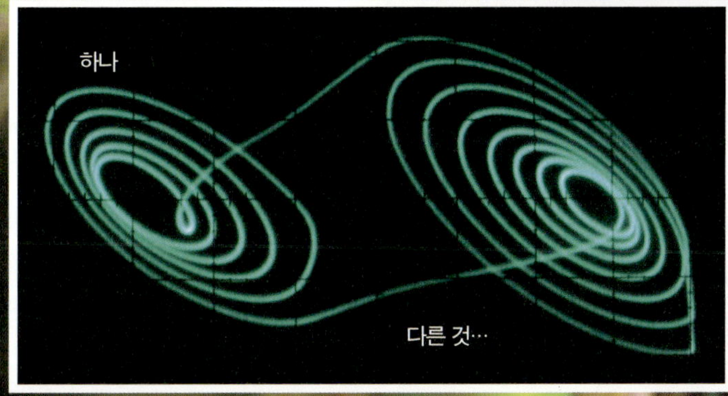

플라톤은 "철학은 죽음에 대한 명상이다"라고 말했다.

당신 '생애'의 모든 순간 당신의 자아가 법칙의 전체성 안에 둘러싸여 있다는 생각을 해본 적이 있는가? 당신이 보거나 감각하는 것 그리고 심지어 생각하는 모든 것이 하나 또는 많은 법칙의 표현이라는 생각을 해본 적이 있는가? 당신이 나무를 보고 있을 때 관찰자인 당신과 관측당하는 나무가 같은 것이라는 생각을 받아들일 수 있는가?

그리고 만약 당신이 '내가 어떻게 나무가 될 수 있어……' 하는 생각으로 당황해한다면 당신의 당황스러움과 중간에 받은 인상은 당신과 나무를 연결해주는 법적인 얽힘을 구성한다.

우리 자신을 알게 된 순간부터 우리가 갖는 첫 번째는 '생명에 대한 생각'이다. 그리고 다음에 하게 되는 것은 '죽음에 대한 생각'이다! 우리의 생명에 내재된 죽음은 우리가 눈을 감을 때까지 계속적으로 우리를 걱정에 잠기게 한다.

그리고 만약 당신이 '내가 어떻게 나무가 될 수 있어……' 하는 생각으로 당황해한다면 당신의 당황스러움과 중간에 받은 인상은 당신과 나무를 연결해주는 법적인 얽힘을 구성한다.

플라톤은 "철학은 죽음에 대한 명상이
다"라고 말했다. 우리가 죽음을 생각할
때 경이로운 생명은 우리 뇌 안에서 다른
형태의 모양을 갖추게 된다. 그러나 우리
의 뇌가 받아들이기 어려운 것은 "생명은
죽음과 같은 것"이라는 사실이다. 존재
하고 움직이고 숨 쉬는 모든 것이 어떻게
죽어서 움직이지 않고 숨을 쉬지 않는 것
과 같을 수 있는가? 다시 말하지만 그것
이 어떻게 이전 것과 같을 수 있을까?

망원경과 우리의 눈이 보는 무한한 우
주가 우리의 '자아'와 같은 크기를 갖고
있고, 우리 감각의 구석에 들어갈 수 있
다는 것을 우리 마음이 받아들일 수 있
을까?

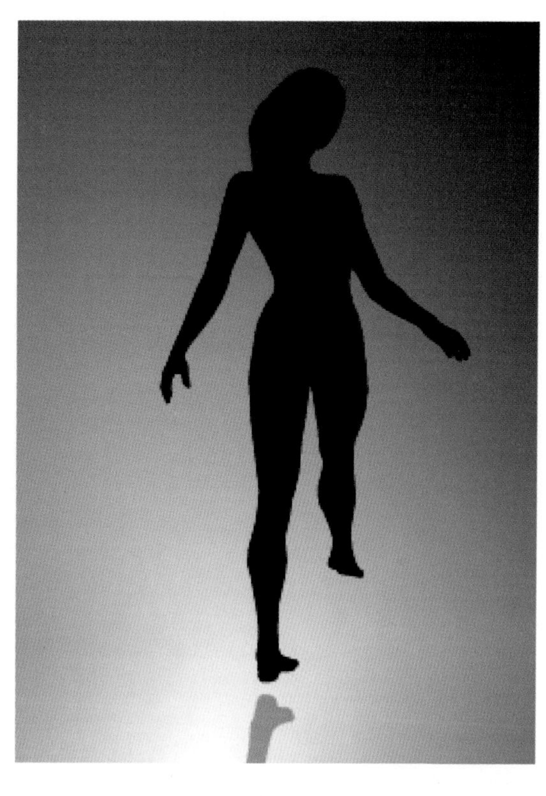

우리 안에 있는 신성은 우리가
대답하여 하늘세계의 원형과 법
칙들의 존재를 발견하도록 하기
위해 계속적으로 마음의 문을 노
크한다.

거시세계와 미시세계 그리고 사람이 같은 것이라면, 그것도 완
전히 동일한 것이고 같은 물질로 만들어진 것이라면 우리는 어떻
게 죽음의 현상을 생각할 수 있을까?

무슨 정신 나간 생각으로 우리가 동물, 물고기, 새, 자연, 꽃과
동일하다는 것일까? 우리는 어떻게 지구, 태양, 별들 그리고 전체
우주를 바라보고 판단할 수 있을까? 그리고 만약 생명과 죽음이
같은 것이라면 그러한 연합이 영원한 생명을 제안하는 것인가?
아니면 영원한 죽음을 의미하는 것인가? 아니면 모두를 의미하
는가?

모두를 의미한다면 사람의 사고 한계 내에서 그것들의 의미는 어떻게 구별되는가? 안쪽과 바깥쪽을 같게 만드는 힘은 무엇인가?

진공과 물질이 차 있는 공간, 지상과 하늘 그리고 인간과 신성이 어떻게 같은 것일 수 있는가?

같은 본질로 이뤄진 운동 상태와 부동 상태를 지배하고, 정의하고, 감독하는 법칙은 무엇인가?

내가 죽어 그들이 나를 땅에 묻을 때도 나는 계속 살아 있는 것일까? 부동 상태의 세상에서도 운동 상태에 있는 것처럼 계속 볼 수 있고, 들을 수 있으며, 세상을 감지할 수 있을까?

죽음을 지배하는 법칙들과 감각적인 생명 세상을 지배하는

(위) 어떤 생각이기에 우리가 동물, 물고기, 새, 자연, 꽃과 동일하다는 것일까?

(아래) 그리고 만약 생명과 죽음이 같은 것이라면 그러한 연합이 영원한 생명을 제안하는 것인가!? 아니면 영원한 죽음을 의미하는 것인가!? 아니면 모두를 의미하는가!?

법칙들은 같을까?

죽음의 세상은 효과적인 원인이 다른 규칙, 다른 원형, 다른 법칙들이 적용되는 계속적인 생명의 세상인가?

그리고 오늘날까지 다른 세상에 갔다가 돌아온 살아 있는 여행자들이 제공하지 못한 이 모든 질문에 대한 설명을 우리가 계속

찾는 것이 가능할까? 통념적인 해답이라도 말이다. 우리가 물질적인 이 세상에 계속 거주하면서?

화를 내기 전에 우리 뇌의 신경세포를 고문하는 수많은 질문을 분류해보기로 하자. 그리고 질문 중에 답을 내재하고 있는 것들을 기반으로 삼아보자!

문제는 우리 마음이 하는 질문에 있는 것이 아니라 우리 마음이 만들어내는 답들의 관계에 있다.

질문이 무엇이든 인간의 마음 너머에 있는 대답은 없다. 그리고 거시세계와 미시세계는 우리가 보고, 공부하고, 생각하는 물체들이기 때문에 우주의 끝에서부터 시작해보기로 하자. 우리는 우주를 관측하는 사람일 뿐만 아니라 우주의 창조자다. 우주의 창조자와 우리 자아를 분리하고, 우리 개인의 마음을 우주의 마음으로부터 고립시키는 것보다 더 큰 환상은 없다.

우리는 별과 은하로 이뤄졌으며, 눈에 보이거나 보이지 않는 물질로 가득 찬 우주를 본다.

우리는 천체 운동을 관측하고 그들의 행동을 연구한다. 그러나 어떤 물질로 이뤄졌는지 또는 무슨 힘이 그들을 움직이는지와 같은 원형적인 설명은 알지 못한다. 우리는 수학과 방정식, 기하학과 형태를 발견했음에도 그들을 만든 힘이 무엇인지는 아무도 모른다.

우리는 아름다운 지구의 자연을 존중한다. 우리는 물리학, 화학, 수학, 우주론 그리고 다른 많은 것을 창안했다. 그리고 그것들을 위해서 법칙과 그들의 작동을 적용했다. 그러나 누구도 "법칙이 무엇인가?"라는 질문에 대답하지 못한다.

죽음을 지배하는 법칙들과 감각적인
생명의 세상을 지배하는 법칙들은 같을까?

망원경과 우리 눈이 보는 무한한 우주가 우
리의 '자아'와 같은 크기를 갖고 있고, 우리
의 감각의 구석에 들어갈 수 있다는 것을
우리 마음이 받아들일 수 있을까?

한 가지 확실한 것은 만약 우리 마음이 법칙을 알게 되면 원리 그 자체를 알게 되고, 원리 자체를 발견하면 신 자체를 발견하게 된다는 것이다.

우리 안에 있는 신성은 하늘세계의 원형과 법칙들의 존재를 발견하도록 하기 위해 계속적으로 우리 마음의 문을 노크한다.

이제 우리의 목적지를 정해주는 비밀스러운 지식 세상으로 여행하기 위해 따라가야 할 지도를 만들 시간이다. "우리는 우리의 창조적인 마음이 찾는 완전한 의미를 포함하고 있는 영원한 세상의 영원한 주민이다"

　다른 세상의 문지방을 넘기 전
에 우리가 보고 알게 되는 모든
것이 우리에게 새로운 것이 아니
라는 사실을 알아두어야 한다. 다
른 세상, 다른 차원, 다른 자연의 다른 감각은 우리 자아의 자연과
같은 것이다. 오감의 궁핍함을 제거한 우리 자신의 절대적인 본질
과 우리 존재를 인식할 수 있다면 인식은 더 이상 원형의 복제가
아니라 원형 자체로 이뤄진 세상의 아름다움을 즐길 수 있다.

질문이 무엇이든 인간의 마음 너
머에 있는 대답은 없다.

제53장

동인, 운동성
그리고 본드

속도

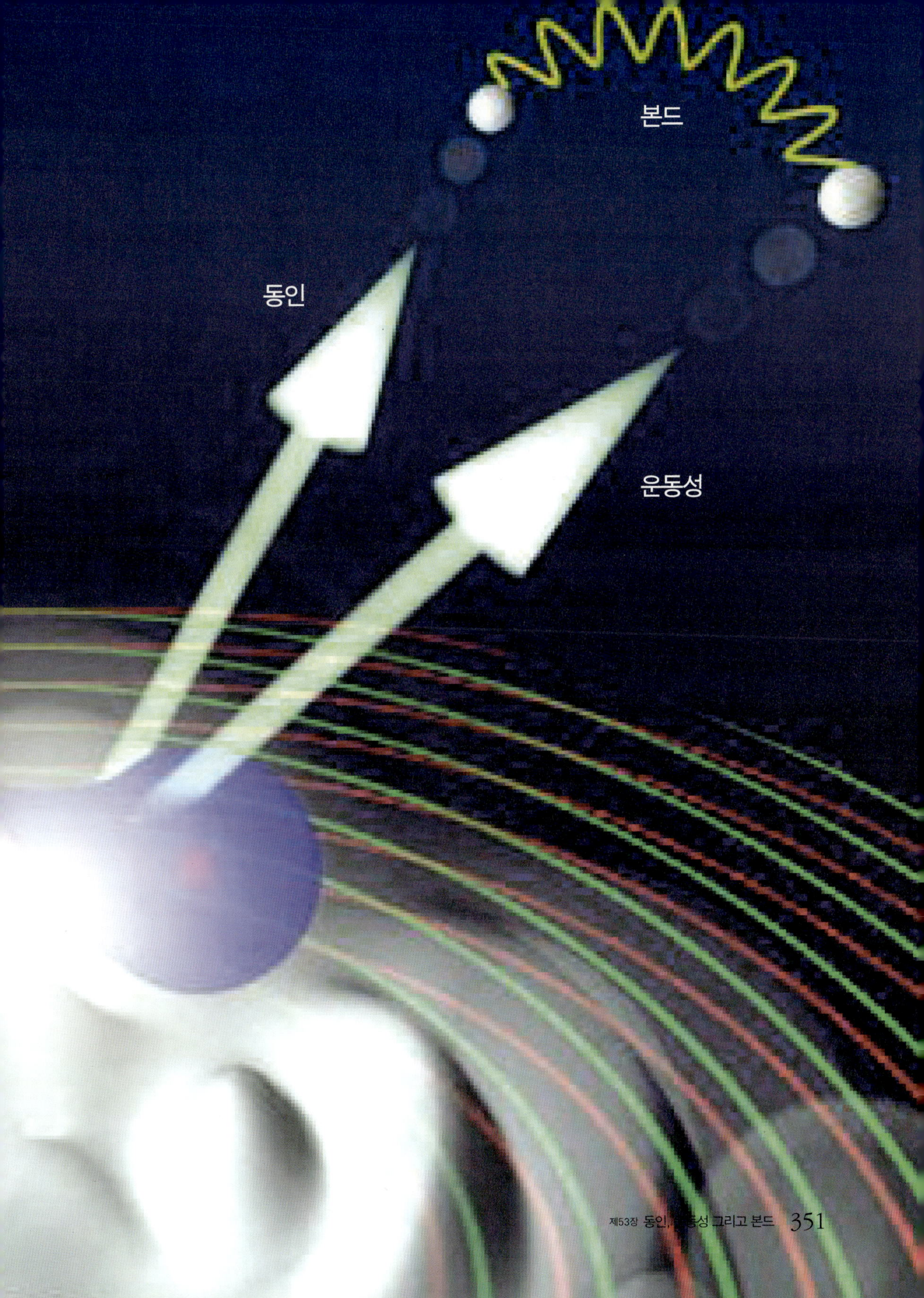

본드
동인
운동성

(좌) 축구선수가 골을 넣기 위해 힘을 가해 찬 공의 동인은 공을 찬 선수의 역학하고만 관계된다.

(우) 호랑이는 몸 전체뿐만 아니라 몸의 각 부분에도 자신의 역학적 작용을 갖고 있다.

"존재와 세상의 물체들 사이에서 본드는 어떤 역할을 할까?"

일상적 사고에서 우리는 동인을 '성적 욕망'과 관련지어 생각한다. 성적 욕망은 종을 존속시키는 첫 번째 원인이다. 그러나 성적 욕망은 지상에 한정된다. 동인은 신적인 특성을 구성한다. 그것은 하늘에 기원을 두고 있으며 순수하게 부동 상태에 속한다.

축구선수가 골을 넣기 위해 힘을 가한 공의 동인은 공을 찬 선수의 역학하고만 관계되는 반면 원형의 세상에서 동인은 생명이 부동 상태의 세상으로부터 동적인 세상으로 내려오는 데 중요한 역할을 한다.

그런데 먼저 운동성의 특성과 동인의 특성을 구별하는 것이 필요하다. 동인은 운동성에 우선한다. 법칙과 규칙의 원형에 속하며, 모든 운동 형태의 스프링보드를 구성한다.

때문에 자연계를 구성하는 모든 종의 창조를 위해 운동이 성공적으로 일어나려면 동인을 결정할 필요가 있다.

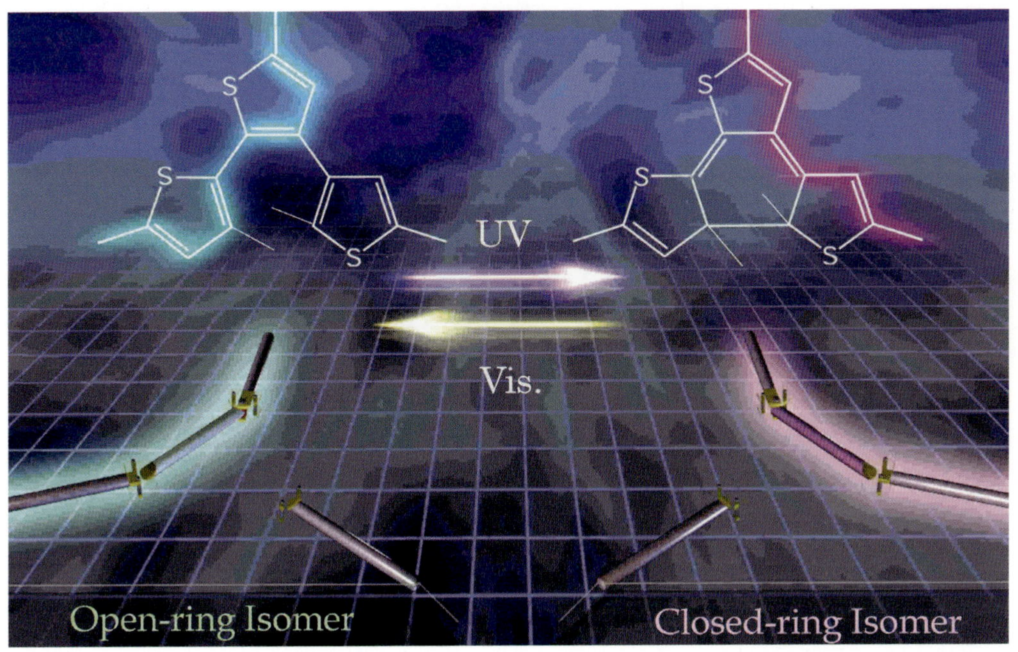

그러나 운동은 지상에서 존재의 형성과 직접적으로 관련되어 있기 때문에 그것을 활성화하는 원인, 다시 말해 동인이 존재를 구성하는 모든 본질적인 원소를 포함해야 한다.

동인의 개념을 좀 더 명확하게 이해하기 위해 물리적 세상의 존재들을 살펴보자.

야생 동물인 호랑이는 몸 전체뿐만 아니라 몸의 각 부분에도 자신의 역학적 작용을 갖고 있다.

몸이 구성되는 방법, 털의 기하학적 설계, 색, 몸 내부 기관들의 작동 그리고 이 종들과 관련된 모든 것은 분자들을 구성하는 원자들, 세포를 구성하는 분자들, 뼈와 살을 구성하는 세포들, 몸의 각 기관을 구성하는 뼈와 살들 그리고 기관들이 모여 만들어진 동물의 몸과 관련되어 있다.

동인은 운동성에 우선한다. 법칙과 규칙의 원형에 속하며, 모든 운동 형태의 스프링보드를 구성한다. 때문에 자연계를 구성하는 모든 종의 창조를 위해 운동이 성공적으로 일어나려면 동인을 결정할 필요가 있다.

'비밀 프로그램' 안에 동물의 수가 숨겨져 있다……

본드는 동물과 모든 존재 그리고 세상에 있는 모든 물체와의 원형적 관계에 관여한다.

이 모든 활동은 다중 운동의 특정한 동인으로부터 시작된다. 동인은 동물의 창조를 위한 운동을 각각의 프로그램으로 유도한다. 이 프로그램은 원형 프로그램이다.

이 프로그램은 운동을 통해서 직접 활동을 시작할 존재의 뇌 중심에 입력된다. '비밀 프로그램' 안에는 동물의 수, 그것의 규칙, 종, 무늬, 모양, 대칭성, 비율 그리고 그것의 본드^{Bond}가 숨어 있다!

본드는 동물과 모든 존재 그리고 세상에 있는 모든 물체와의 원형적 관계에 관여한다. 그리고 동물은 전체 우주에서 고유한 자신의 수를 가진 한편, 자연과 우주의 모든 존재와 같은 법칙의 지배를 받는다.

한마디로 말해서 동물의 수 안에 그것의 개개 특성과 무한이 동시에 포함되어 있다. 여기서 제기되는 질문은 다음과 같다. "세상의 물체와 존재 안에서 본드는 어떤 역할을 하는가?"

이 질문은 예를 들어 인간과 우리 태양계를 연결하고 결합해주는 원인을 찾는 것으로 확장할 수 있다. 특별한 해답이 나눠지거나 나눠지지 않은 신의 본질 뒤에 숨어 있다. 우리가 신을 전체적으로 보는 순간부터 신은 나눠지지 않고, 전체이며, 완전하다.

같은 신이 무한히 작게 나눠진 부분을 보면 우리는 전체의 본질과 부분이 공통의 본드 안에서 하나이고 같다는 단순한 생각을 하게 될 것이다.

다음에 오는 생각은 과학이 보여준 것과 같이 부분은 전체의 특성을 갖고 있다는 것이다. 간단히 말해서 보통 사람 개개인 안에 전체 우주가 존재한다. 그의 충만함 안에 신이 들어 있다.

더 넓은 지식과 자각을 통해 우주의 모든 생명체는 물론 모든 무생물과 우리의 본드를 생각하는 지점에 도달하면 우리가 존재하는 목적에 대한 감각과 지각이 우주적인 차원을 얻게 될 것이다.

우리 자신을 헌신하고 우리의 자아가 '우리'와 동시에 '모두'와 결합하면 우리의 절대적인 목적을 알게 해줄 것이다. 생물학적 활동 수준에서 양자법칙은 본드가 작동하는 방법을 이해하고 설명하는 결정적인 역할을 한다.

공간에서 원자들이 분자를 형성하는 과정은 양자물리학에서 분명하게 설명된다. 양자물리학은 원자들이 전자들을 공유하여 가장 안정된 결합을 이루는 방법을 설명한다.

원자를 결합하여 분자를 형성하는 혁명적인 방법을 양자물리학에서는 '본드'라고 부른다.

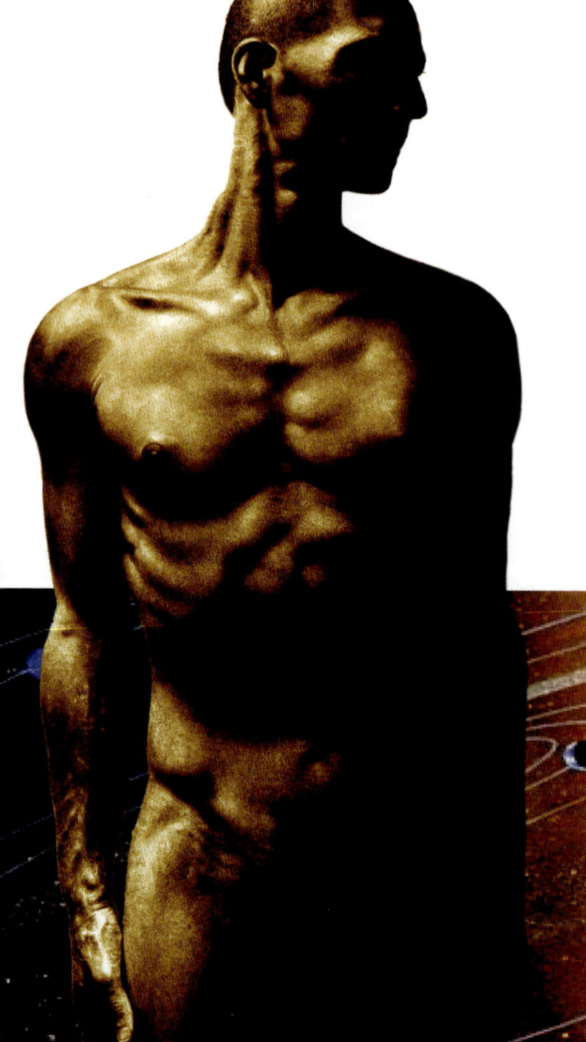

공간에서 원자들이 분자를 형성
하는 과정은 양자물리학에서 분
명하게 설명된다. 양자물리학은
원자들이 전자들을 공유하여 가
장 안정된 결합을 이루는 방법을
설명한다.

원자가 결합하여 분자를 형성하는 혁명적인 방법을 양자물리학
에서는 '본드'라고 부른다. 원자핵을 둘러싸고 있는 전자구름 중
에서 최외각 전자들만 결합에 참여한다. 미시세계에서는 결합이
널리 퍼져 있고, 모든 형태의 운동을 가장 강력하게 이끌어낸다.
따라서 아원자 입자들의 결합이 최적의 방법으
로 완성된다.

기원전 5세기에 활동했던 그리스의 위대한
철학자 아낙사고라스에게 제자들이 물었다. "선
생님, 우리가 먹는 빵으로부터 살, 뼈, 혈관, 근
육, 혈액, 머리카락, 손톱이 만들어지는 일이 어
떻게 일어납니까? 그리고 자연의 기본적 원소들
은 스스로 사라지지 않고 변할 수 없는데, 어떻
게 인간의 기관들이 만들어집니까?"

간단히 말해서 보통 사람 개개인 안에 전체 우주가 존재한다. 그의
충만함 안에 신이 들어 있다.

아낙사고라스는 이 질문에 완전한 해답을 주었다. "자연의 모든 물질 안에는 모든 물질이 공존한다. 따라서 부분은 전체 물질로부터 영양을 공급받는다" 이 대답은 단지 빵의 특성에만 관계된 것이 아니라 자연의 모든 물체와 관계된 것임이 확실하다.

인간이 무엇을 먹든지 그 자신의 기관은 종 안에서 진화한다.

동물이 무엇을 먹든지 – 채식동물이든지 육식동물이든지 – 그 자신의 기관은 종에 따라 진화한다.

육지, 바다 그리고 하늘의 동물 왕국을 구성하는 모든 존재에게 같은 일이 일어난다. 모든 동물은 전체의 부분에 의해 영양분을 공급받고, 동시에 그들 사이의 풀 수 없는 결합법칙에 공헌한다.

같은 법칙이 식물세계의 모든 종을 관련시키고, 지적인 존재 안에서 동인, 운동성 그리고 본드가 창조의 왕국을 구성하는 기본적인 힘이라는 확신을 만들어낸다.

제54장

원형과 현상의 세상

원형과 법칙으로 이뤄진 영혼의 세상과 운동과 감각의 작용으로 이뤄진 물리적 세상 사이의 간격은 고대에서부터 전해온 미신적인 믿음에도 불구하고 과학적으로는 연결할 수 없는 채로 남겨져 있다.

만약 '생성'의 세상, 다시 말해 자연과 우주의 계속적인 작용에 대해 무한을 채우는 존재와 물체들이 태어나고, 쇠퇴하고, 죽는 조용한 메커니즘으로 설명할 수 있다면 우리는 어떻게 원형의 세상과 물질과 형식 세상의 관계를 비교할 수 있겠는가?

플라톤은 "감각으로 지각할 수 있는 것들이 부동 세상의 이데아와 관계가 있는가? 다시 말해 원형의 세상과 현상이 나타나는 세상은 서로 관계를 갖고 있는가?" 하고 물었다.

……자연, 꽃, 나무, 새, 산, 바다, 인간과 우리 주변에서 모든 눈에 보이는 것들이 원형과 상호작용 상태에서 유사성을 갖고 있다…….

만약 실제로 자연, 꽃, 나무, 새, 산, 바다, 인간과 눈에 보이는 모든 것들이 원형과 상호작용 상태에서 유사성을 갖고 있다면 이러한 인과관계가 우리에게 그것들을 영원한 원형의 세상과 비교할 수 있는 능력을 준다.

감각적인 것들은 이데아에 참여하고 그들을 통해 식별되기 때문에 이것은 우리가 자연에서 보는 모든 것은 그것의 원형을 반영하고, 그 '안'에 그것의 '본질'을 갖고 있다는 것을 나타낸다.

우리가 곧 시들어질 식물을 조사하고 존중한다면 그 식물은 다른 세상, 즉 이데아의 세상에서 영원하다. 그런데 그 다른 세상은 우리가 살고 있는 하나 안에 있다.

따라서 플라톤에 의하면 지상세계에 존재하는 것은 모두 하늘세계에 존재하는 것과 동일하다. 두 세상에 존재하는 두 생의 다른 점은 물체 본질의 깊이다. 지상세계에서는 자연이 바뀌고 현상적이지만, 하늘세계에서는 자연이 원형적이고 영원하다.

　지상세계에서는 우리가 3차원에서 존재와 물체를 보고 조사하는 반면 하늘세계에서는 차원이 다중적이다.

　지상세계에 있는 동안 우리는 다섯 가지 감각을 이용하여 자연의 소리와 영상을 감지한다. 반면 소리와 영상이 원형인 하늘세계에서는 여섯 번째 감각을 통해 감지할 수 있을 뿐만 아니라 다섯 가지 감각이 남긴 것의 질적인 연장을 통해서도 감지할 수 있다.

　원형적인 특성 안에서 자연은 그 안에 의미를 갖고 있다. 그리고 존재와 현상의 본질적인 의미는 무한하다.

　법과 규칙의 세상인 다른 세상에서 초자아는 그것을 둘러싸고 있는 현상들의 전체성과 '하나'다.

　원형적인 물리적 세상은 초자아와 상호작용하고 있으며, 연속되어 있다. 초자아의 인간적인 심리적 형식이 자신의 수를 갖고 있으며, 그 안에 '세상의 전체성'을 가진 개인이 있다. 그 결과 이 놀라운 실체는 모든 순간에 그것이 필요로 하는 모든 정보를 갖고 있다.

플라톤은 "감각으로 지각할 수 있는 것들이 부동 세상의 이데아와 관계가 있는가? 다시 말해 원형의 세상과 현상이 나타나는 세상은 서로 관계를 갖고 있는가?" 하고 물었다.

원인과 효과

원인은 효과를 만들어낸다.
그러나 동시에 이것으로 인해
존재한다. 하지만 효과가 나
타날 때만 원인을 찾는다.
뉴턴의 머리 위에 떨어진 사
과는 이 위대한 과학자가 운
동의 원인과 반작용을 발견하
는 원인이 되었다.
원인은 사건으로 간주할 수
있는 어떤 것보다 앞에 온다.
이 세상에서 원인의 개념 밖
에서 이해될 수 있는 것은 아
무것도 없다. 어떤 것도 원인
없이 만들어질 수 없다.
세상의 원인을 찾는 것은 인
간이 신성에 접근하는 가장
중요한 징표다.
효과는 사건이 만들어낸 결과
다. 그리고 그것은 세상의 모
든 감각적인 것들 위에 나타
난다. 데모크리토스는 "아무
것도 우연히 일어나지 않는
다. 모든 것은 원인과 필요에
의해 발생한다"는 그의 스승
루카포스의 이론을 발전시켰
다. 이것으로부터 인과관계의
원리가 형성되었다.
에피쿠로스는 "아무것도 존
재하지 않는 것에서 나올 수
없으며, 아무것도 존재하지
않는 것으로 퇴화하지 않는
다"고 주장했다.
현대의 변증법적 물질주의는
인과관계의 이론에 바탕을
두고 있다.

……이러한 인과관계가 우리에게 그것들을 영원한 원형의 세상과 비교할 수 있는 능력을
준다.

지구상에 살아 있는 한 하늘세계의 존재 의
미와 본질을 믿을 때에만 하늘의 행복을 즐길
능력을 가질 수 있다는 것을 이해해야 한다.

이것은 다른 세상에서 초
자아가 가진 절대적인 지식
에 의해 설명된다.

좀 더 간단하게 설명하면
지구상에 살고 있는 자신의
연장인 다른 세상의 사람은
원형의 하늘세계 안에서 그
의 주변에 대한 완전한 지식
을 갖고 있다. 그 결과 그는
이 놀라운 세상을 감지하는
방법에서뿐만 아니라 사건
에 참여하는 방법에서도 다른 방법으로 최고의 축복을 향유한다.

지구상에 살아 있는 한 하늘세계의 존재 의미와 본질을 믿을 때
에만 하늘의 행복을 즐길 능력을 가질 수 있다는 것을 이해해야

물리적 세상은 정신적인 물질로 만들어지고 구성되었기 때문에 다른 세상의 통합된 연장이다.

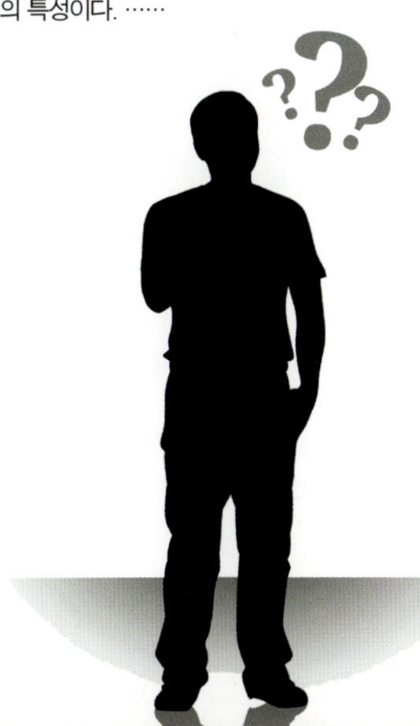

한다.

　이런 일이 일어나게 하기 위해서는 다섯 가지 감각으로부터 우리 자신을 멀리하고, 우리의 자아에 잠겨 초자아의 경계에 도달해야 하며, 원형의 세계와 통로를 만들어야 한다.

　플라톤은 마지막으로 "감각적인 것들은 이데아에 참여한다"고 결론지었다.

　이 위대한 현자는 지상의 것들을 하늘의 것들과 연결했다. 그의 삼단논법을 연장하면 우리는 물리적 세상이 정신 물질로 만들어지고 구성되었기 때문에 그것이 다른 세상의 통합된 연장이라는

물리적 세상의 운동성은 부동 상태의 특성이다. ……

것을 받아들일 수 있다.

만약 동적인 세상(지상세계)이 부동 세상(하늘세계)에 참여한다고 해도 우리는 그것을 알지 못한 채 여기 지구에서 하늘 생활을 경험하고 있다.

물리적 세상의 운동성은 부동 상태의 특성 안에서 우리가 죽는다는 거짓 인상을 만든다. 왜냐하면 이것이 운동이 만들어낸 변이의 법칙이기 때문이다.

그러나 이것은 '죽음'이 아니라 '죽음에 대한 관념'이다. 우리가 지구 생활을 경험하는 자연에서는 절대적으로 아무것도 죽지 않는다. 모든 것은 원형으로부터 유래했고, 원형으로 끝난다. 퇴화하는 세상으로부터 파괴되지 않는 세상에 개입한 변이는 통합되었고 일정하며, 두 세상을 구성하는 정신 세상의 활동에 속한다.

한마디로 말해 물질의 퇴화 – 예를 들면 시드는 장미 – 는 영원한 원형을 향하는 꽃을 이루는 퇴화하는 물질에 흡수를 통해 도입된 원형의 활동이다.

이 분해되지 않는 원형은 계속 살아 있으며 모든 규칙을 변화시킬 수 없다. 이러한 기반 위에 장미는 영원한 봄 안에서 자신의 아름다움을 한껏 뽐내며 살고 있다.

이런 견해에서는 이 생은 해체할 수 없는 결함 안에서 다른 생 안에 둘러싸여 있다. 이 세상에서 한 일과 행동은 다음 생의 세상과 지금 우리가 살고 있는 이 세상에도 동시에 자동적으로 기록된다. 물론 이 모든 것은 우리에게 지나치게 초월적인 것으로 보일 수 있다.

절대 끝나지 않고 시작되지도 않는 소용돌이를 통해 이해하기 위해서는 우리 스스로 영원의 이상적인 바퀴로 들어가는 것이 매우 중요하다.

우리는 절대로 태어나지 않고, 절대로 죽지 않는다. 우리는 항상 존재한다! 그러나 이러한 지식을 알기 위해서는 우리 눈앞에서 지금 죽어가는 사람처럼 느끼는 것이 중요하다. '죽은' 사람과 함께 영원한 바퀴의 소용돌이 안으로 들어가 지상과 하늘 두 세상의 교차점에서 끝없는 생명을 획득하기 위한 순수한 법칙을 조사하고 분류하는 것이 중요하다. 영생하는 생명!

제55장
영원의 바퀴

우리에게 다르게 보이거나 반대로 보이고, 상상적인 것으로 보이는 것들은 바퀴의 소용돌이 안에서 적절한 위치를 차지하게 되고 상호의존성과 순차성을 나타낸다.

영원의 바퀴 현상은 우리의 지상 생활과 하늘의 영원한 생명을 통합하는 것에 대한 이해와 관련된 철학적 설명이다.

우리에게 다르게 보이거나 반대로 보이고, 상상적인 것으로 보이는 것들은 바퀴의 소용돌이 안에서 적절한 위치를 차지하게 되고 상호의존성과 순차성을 나타낸다. 이처럼 바퀴의 축 주위를 돌고 있으며 영원한 생명을 나타내는 이러한 활동을 알아보자.

두 원반이 공통의 축으로 연결된 바퀴를 상상해보자. 한 원반은 부동 상태이고 다른 원반은 동적인 것으로 부동 상태와 평행하게 회전하고 있다.

부동 상태의 원반은 하늘세계의 법칙과 원형 그리고 규칙을 포함하고, 다른 원반인 동적인 원반은 법칙, 규칙 그리고 원형이 감지된 물체와 현상의 세상인 지구 세상에 부어질 때 나타나는 것들을 포함한다.

우리는 동적인 원반의 회전 운동과 두 번째 운동의 부동 상태 안에서 그것의 의미를 다른 원반과 풀리지 않는 본드 안으로 붓는 것을 확인할 수 있다. 그 결과 두 세상은 하나가 된다.

이것은 영원과 물리적 세상을 구성하는 원인의 현상이다.

영원과 결합된 세상에 대한 깊은 이해는 완전한 지식을 구성한다.

'영원의 바퀴'가 우리 자의식의 일부가 되는 순간 우리가 세상의 전체성과 결합되어 있다는 것과 우리 자아의 불멸성 그리고 다른 생명의 축복 안에서 우리의 독립적 위치를 이해하도록 허락한다.

'동일한' 특성들

1. 신성은 인간과 동일하다.

2. 부동 상태는 운동 상태와 동일하다.

3. 이데아는 사건과 동일하다.

4. 물질은 존재와 동일하다.

5. 네 번째 차원은 세 차원과 동일하다.

6. 여섯 번째 감각은 다섯 감각과 동일하다.

7. 초자아는 자아와 동일하다.

8. 원인은 효과와 동일하다.

9. 영원은 찰나와 동일하다.

10. 전체는 부분과 동일하다.

11. 영혼은 물체와 동일하다.

12. 동인은 소용돌이와 동일하다.

13. 진화는 퇴화와 동일하다.

14. 신성은 선과 동일하다.

15. 우주의 질서는 혼돈과 동일하다.

16. 작용은 반작용과 동일하다.

17. 조화는 반대되는 것의 결합과 동일하다.

18. 거시세계는 미시세계와 동일하다.

19. 중용은 운율과 동일하다.

20. 규칙은 형식과 동일하다.

21. 수는 방정식과 동일하다.

22. 모양은 구조와 동일하다.

23. 무한은 아주 작은 것과 동일하다.

24. 가득 찬 것은 빈 것과 동일하다.

25. 시간은 영원과 동일하다.

26. 스케일은 비례와 동일하다.

27. 엔텔레케이아는 실체와 동일하다.

28. 유대는 중력과 동일하다.

29. 참여는 상호 독립과 동일하다.

30. 가장 높은 것은 종말과 동일하다.

31. 기하학은 아름다움과 동일하다.

32. 재탄생은 영구화와 동일하다.

33. 절대적인 것은 상대적인 것과 동일하다.

34. 중심은 가장자리와 동일하다.

35. 빛은 어둠과 동일하다.

36. 명제는 반명제와 동일하다.

37. 해답은 문제와 동일하다.

눈을 높이 들어 자연, 하늘, 바다,
별들 그리고 우주의 은하들을 빨
아들여 당신의 가슴 깊은 곳에
그들의 숨소리를 끌어안아보라.

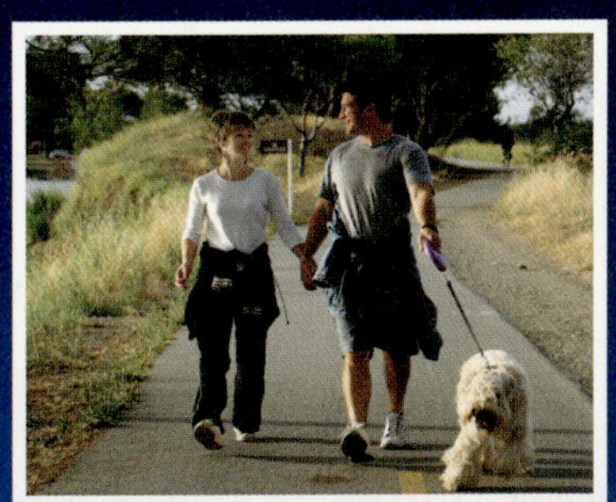

감각적인 물체와 현상으로 이뤄진 이 세상에 사는 동안 우리가 즐기는 자연 세상은 놀라운 원형 세상의 반사이고 메아리이며, 희미한 영상에 지나지 않는다.

우리는 자주 하늘을 보며 영혼이 천국의 빛을 경험할 수 있는 지역을 찾아내려고 노력한다. 그리고 때로는 지구를 내려다보며 지구 깊은 곳에 섬뜩한 동굴, 빛, 어둠 그리고 악마가 지옥을 만들고 있는 것은 아닐까 상상한다. 그러나 이 모든 것은 신화이며 순진한 교리다.

우리 '자아'는 생각을 통해서만 다른 생애를 알 수 있다. 다른 세상의 무한성은 분리할 수 없도록 함께 묶여 있는 우리 개인의 원형과 우리의 영원한 원형 안에서 발견된다.

감각적인 물체와 현상으로 이뤄진 이 세상에 사는 동안 우리가 즐기는 자연 세상은 놀라운 원형 세상의 반사이고 메아리이며, 희미한 영상에 지나지 않는다.

눈을 높이 들어 자연, 하늘, 바다, 별들 그리고 우주의 은하들을 빨아들여 당신의 가슴 깊은 곳에 그들의 숨소리를 끌어안아보라.

그런 다음 눈을 감고 모두에게 이야기해보라. 모든 것이 당신의 자아 안에 들어 있다고 그리고 우리의 절대적인 기원이며 법칙과 원형의 세상인 다른 세상의 실재로 여행하기 위해 같이 와서 '죽자'고 이야기해보라.

황금분할의 개념

고대 그리스의 수학에 대한 정보를 얻을 수 있는 근원은 고고학적 연구와 고대 그리스 문헌의 두 가지다.

극장이나 교회 그리고 고대의 일반적인 종교 행사에 사용된 건물들은 수학적인 지식을 알 수 있는 끝없는 자원이다.

'황금분할' 지식은 오래전 그리스가 이뤄낸 업적으로, 기원전 6세기에 피타고라스와 제자들의 수학적 도구였다.

피타고라스의 제자이며 아내였던 테아노 토리아$^{Theano\ Thouria}$는 피타고라스가 델피 신전에서 사제에게 기하학의 원리와 '황금 비율의 경전'인 《테미스토클레아^{Themistoclea}》를 배우고 있는 기간에 〈황금분할의 정리〉라는 작품을 썼다.

제56장

'자아'와 '초자아'

죄는 대칭을 무너뜨린다. 다시 말해 하늘법칙과 인간 사이의 관계의 조화를 깬다.

영혼의 최종 목적은 자아를 그 안에서 분해하고 신성한 전체성의 부분인 초자아를 발견하는 것이다.

그러나 신성과 결합하는 문제는 세습과 관련되어 있다.

지구에 살고 있는 사람은 '죄 안에 살고 있고', 감각적 쾌락을 즐기고 있으며, 동료들과 자연 자체를 고문하고 있다. 이러한 생활은 육체의 '죽음' 후에 그의 자아가 책임져야 하고 영원한 원형으로 항상 존재하는 초자아와 완전한 결합을 이룰 때까지 지고 가야 할 죄를 쌓게 된다.

죄는 대칭을 무너뜨린다. 다시 말해 하늘법칙과 인간 사이의 관계에 내재되어 있는 조화를 깬다. 자아가 심각한 죄를 지으면 초자아를 향한 자의적인 여행은 어렵고, 고통스러운 여행이 된다. 왜냐하면 죄를 지은 자아의 수들과 암호들은 하늘의 수와 암호들을 알아보지 못하기 때문이다.

이런 경우 자아는 영원한 생명의 원형과 법칙에 의해 정해지는 스케일을 오르내리게 된다.

개인들의 자아의 윤리적 붕괴를 나타내는 지침은 초자아와의 결합된 미래 생명의 방법을 결정한다.

만약 인간이 지구 세상에서 윤리 방향을 상실하고, 그의 영혼이 악마의 영혼과 작용에 익숙해지면 그는 우주의 정의와 질서 그리고 대칭성 너머에 있는 세상에서 법칙과 원형 자체에 도달할 때까지 초자아와 분리된 채로 상승과 하강을 반복하는 고통스러운 경험으로 처벌받게 될 것이다.

얼마나 오래 이 고통스러운 경험이 계속될까? 그리고 마지막에 자아와 초자아를 연합하게 하는 용서는 무엇일까?

영적인 영원성은 이전 지상에서와는 다른 방법과 시간적 측정을 갖고 있다. 그러나 여기에도 중간 과정과 법칙, 기간이 있다. 이 모든 것은 확실히 인간의 지각 범위를 벗어난다. 그러나 하늘 왕국으로 올라가는 동안에 적용되는 점진적인 진보의 법칙은 자아가 다시 되돌아올 더 이상의 원인을 갖지 않고, 자아, 신성한 영혼 그리고 영원한 원형과 결합할 수 있는 가장 높은 영적인 충만 상태에 도달하는 방법과 시간에 대해 이해할 수 있는 실마리를 제공한다.

지구에 살고 있는 인간은 '죄 안에 살고 있고', 감각적 쾌락을 즐기고 있으며, 동료들을 고문하고 있다……

자아와 초자아의 결합은 개인 영혼과 세상 영혼의 결합이다. 초자아는 자아가 지구상에서 지은 죄를 제거한 후에만 자아를 흡수하여 동화시킨다.

초자아는 감각적인 세상과 하늘세계가 결합하는 막의 영역 안에 있다. 초자아는 복제나 상징이 아니고, 감각을 지닌 사람을 나타내는 것도 아니다. 영혼의 순수한 본질이고 충만한 영혼인 초자아는 지평선 너머에서 활동한다.

그렇다면 자아와 초자아의 이중성은 왜 존재하는 것일까? 자아와 초자아의 정신 내용이 동일한데, 왜 자아가 정화되는 순간에 초자아로 진화되지 않는 것일까?

왜 초자아는 감각적인 세상과 영적인 세상의 경계에서 자아가 육체의 물리적 '죽음' 후에 그에게로 올 자아와 결합되기를 기다리는 걸까?

초자아는 존재의 분리할 수 없는 본질에 속한다. 초자아는 분리할 수 없는 본질의 일부분이다. 세상의 질서를 위해 초자아가 분

(좌) 만약 인간이 지구 세상에서 윤리 방향을 상실하고, 그의 영혼이 악마의 영혼과 작용에 익숙해지면 대칭성 너머에 있는 세상에서 고통스러운 경험으로 처벌받게 될 것이다.

(우) 초자아는 감각적인 세상과 하늘세계가 결합하는 막의 영역 안에 있다.

리되면 자아는 과거, 현재 그리고 미래 세상에서 인간 사회의 전체성에 분포하게 된다.

인간, 자연 그리고 전체 우주는 정신적인 물질로 만들어졌다. 법칙이 표현되는 물리적 세상과 법칙을 구성하는 영적인 세상 사이에는 두 세상을 완전하게 분리하는 막으로 이뤄진 경계가 있다.

물리적 세상과 영적 지성에 참여하는 (법칙과 원형의 예시를 만들어내는) 에테르에 의해 이뤄진다.

초자아는 하늘에 속한다. 그것은 에테르의 빛인 기본 물질로 이뤄진 실체를 갖고 있다.

그 안에서 '나인 나'와 '존재하는 나'는 내가 속한 영원한 생명의 조화로운 연속을 계속 경험한다.

자아가 물리적 세상에서 가진 감각들은 초자아 안에서도 계속 존재한다. 그러나 그 감각들은 지구상에서 기능했을 때와 같이 주변을 감지하는 제한된 능력을 갖는 것이 아니다.

얼마나 오래 이 고통스러운 경험이 계속되는가? 그리고 마지막에 자아와 초자아를 연합하게 하는 용서는 무엇인가?

이제 초자아의 감각은 초감각이 된다.

초감각적인 세상의 구상안에서 초자아는 인간의 마음으로는 이해할 수 없는 개념적인 지각과 함께 행동한다.

인간이 지구상에 살 때 가졌던 감각 안에 초감각이 활동하기 위해서는 좀 더 지적이어야 한다. 또 우선 다섯 가지 감각이 모두 완전하게 작동하지 않고 있다는 것을 이해해야 한다.

예를 들어 우리 눈은 형태를 이루는 원자의 특성을 보는 것이 아니라 우리 주변의 형태를 본다. 다시 말해 주변의 분자적 도식화와 반응을 본다.

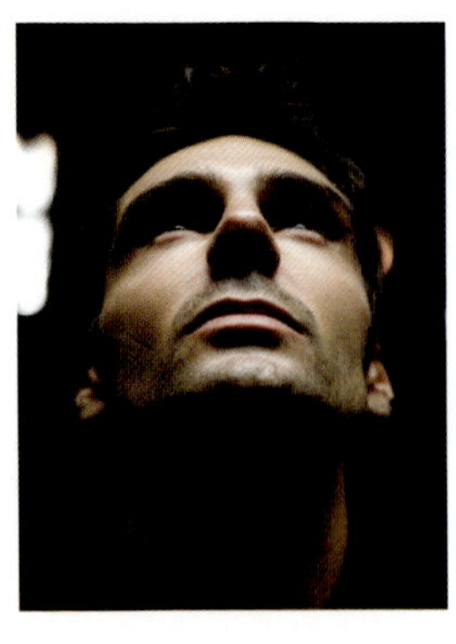

우리가 어떤 것을 만질 때 우리는 그것과 절대적인 접촉을 한다고 생각한다. 하지만 그런 일은 절대로 일어나지 않는다. 우리의 손가락과 우리가 만지는 물체 사이에는 항상 빈 공간이 존재한다. 우리 귀는 자연의 소리만 들을 수 있고 초음파는 들을 수 없다. 맛은 환상이다. 우리 혀는 우리가 먹은 물질의 본질이 아니라 외적인 활동을 감지한다. 그것은 우리에게 유용하기도 하고 유용하지 않기도 하다.

자아가 지구상에서 가졌던 감각들은 초자아 안에도 계속 존재한다.

죽은 후에 초자아와의 경계를 향해 가는 새로운 발전 과정에서 우리 자아가 이 감각들을 계속 가진다는 것을 이해해야 한다. 한 마디로 말해서 시각, 청각, 후각, 미각, 촉각은 모두 영적인 세상의 것이다.

이렇게 초감각의 반대편에 서 있는 것은 물질세계 안에서와 같은 영적인 세상의 성질이다. 그러나 그것은 인간 관측자의 마음으로 알 수 없는 영적인 것을 향해 확장한다.

종합하면 물질적인 인간과 자연은 영적인 사람 안에 있고, 영적인 자연과 모든 것은 함께 부동적이고, 영원한 신 자체에 참여한다.

아리스토텔레스는 "모든 존재나 현상과 비슷한 형태의 전체성이 가진 고정된 특정에 대한 지식의 형식이 의미를 만든다."고 말했다.
각각의 개념은 그것을 나타내는 용어에 의해 나타내어진다.
개념은 때때로 그것을 결정하는 목적과 직접적으로 관련된다.
어떤 것의 개념을 형성하기 위해서는 마음이 물질적 대상의 지적 능력인 감각과 함께 작용해야 한다.
칸트는 '진공'을 아무런 지각이 없다는 개념으로 설명했다.
모든 형태의 물질의 존재 목적은 감지하는 사람의 마음을 통해 그것을 발견하도록 하는 그것의 의미를 나타낸다.
모든 형태의 개념을 알기 위해서는 언어와 마음 사이의 관계라는 순수한 이유가 요구된다. 플라톤은 "언어는 소리로 나타난 사고이고, 사고는 소리 없는 언어다"라고 했다.
고전 철학에서 실재에 대한 탐구는 그것이 존재하는 목적을 특정 짓는 개념을 찾는 것이다.

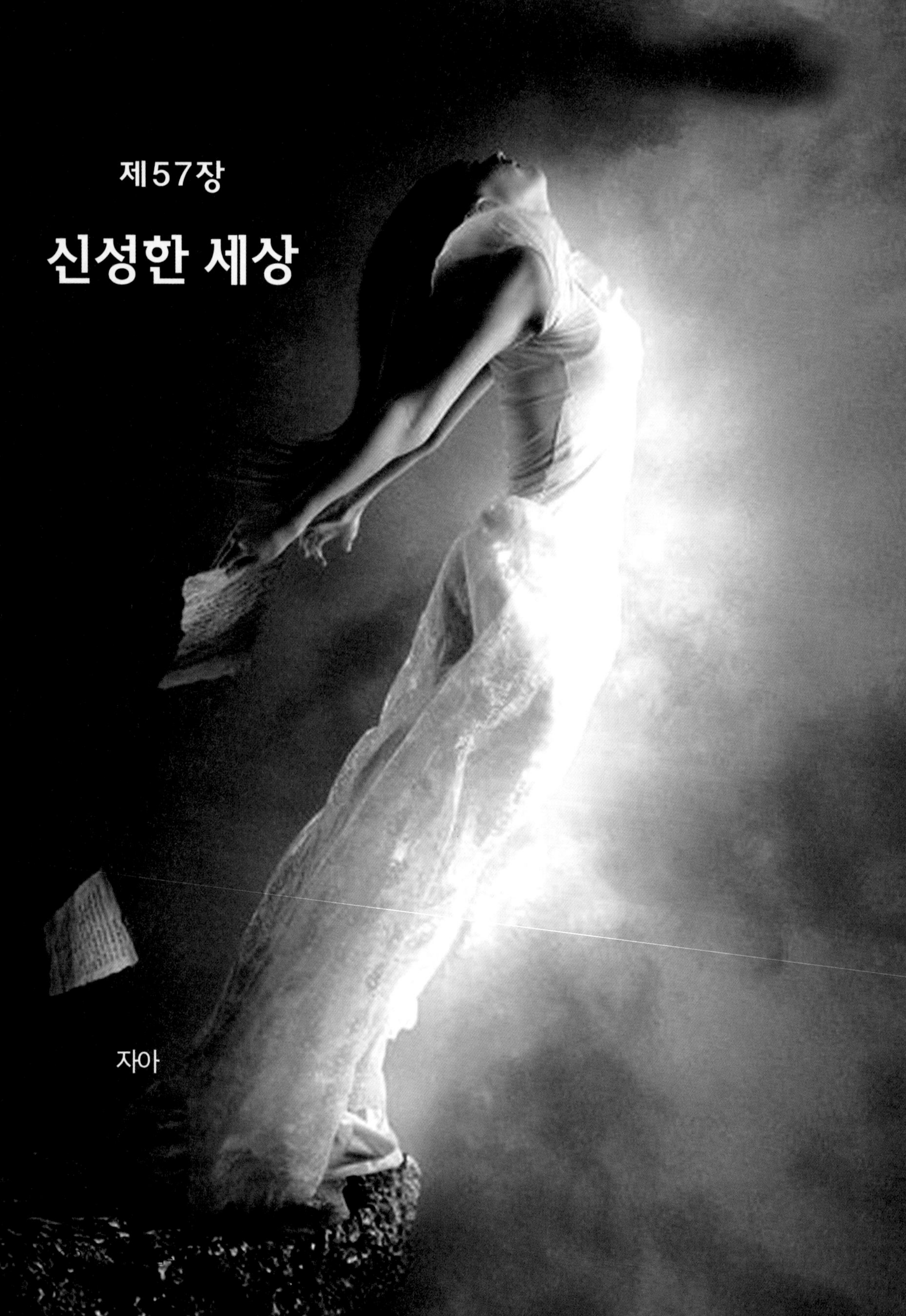
제57장

신성한 세상

자아

초자아

매일 크게 진보하는 과학은 순간마다 우리가 완전한 세상에 살고 있다는 것을 점점 더 현명한 방법으로 증명하고 있다.

삼각형에서 보는 완전성을 우리는 감각적인 세상의 모든 것에서 볼 수 있다.

우리가 완전한 세상에 살고 있다고 믿는 것은 절대적으로 필요하다.

법칙과 원형의 신성한 세상을 이해하기 위해서는 우선 모든 사람이 경험하는 감각적인 세상을 이해해야 한다.

우리는 완전 자체인 우주에 둘러싸여 생명을 가진 완전한 지구, 완전한 자연 그리고 완전한 환경 안에서 살고 있다.

인간 역시 완전하다. 인간의 행동으로 인한 단 한 가지 결점은 그의 에너지가 지시하는 방법대로 하는 의지적인 행동이다.

매일 크게 진보하는 과학은 순간마다 우리가 완전한 세상에 살고 있다는 것을 점점 더 현명한 방법으로 증명하고 있다.

잠시 동안 지구를 떠나 수학과 기하학적 구조를 통해 우리를 특정

짓고, 우리를 정의하는 완전성에 대해 생각해보자.

더 나은 것이 없을 때 우리는 그것을 '완전하다'고 한다.

'완전'에 대한 두드러진 인식은 규칙들, 수들이 존재의 내재적인 원소들을 구성하는 것을 뒷받침하는 법칙적인 체계다.

우리가 삼각형 모양의 소나무를 완전하다고 말할 때 우리는 삼각형을 충분히 연구한 후에 삼각형이 그것을 구성하는 법칙의 완전한 지배를 받는다는 것을 확인하고 증명했다는 것을 의미한다. 삼각형에서 보는 완전성을 우리는 감각적인 세상의 모든 것에서 볼 수 있다.

우리가 완전한 세상에 살고 있다는 것을 믿는 것은 절대적으로 필요하다. 완전성의 한계는 자체 안에 있다. 자연, 우주, 인간은 완전하기 때문에 우리는 다른 곳이 아니라 그들을 구성하는 같은 내용 안에서 그들의 영원한 기원을 찾아야 한다.

우리는 죽은 후에 우리가 사는 곳보다 더 나은 곳으로 그리고

우리는 죽은 후에 우리가 사는 곳보다 더 나은 곳으로 그리고 더 완전한 곳으로 간다고 주장할 아무런 권리가 없다.

더 완전한 곳으로 간다고 주장할 아무런 권리가 없다.

다른 세상은 우리가 살면서 경험하는 이 세상 안에 있다. 이 세상은 전체적으로 완전성에 둘러싸여 있기 때문이다.

그러나 동적이고, 감각적이며, 퇴보하는 세상이 부동 상태의 영적이고 멸망하지 않는 세상 안에 어떻게 들어 있을 수 있는가? 어떻게 모든 것의 죽음이 영원한 생명 안에 있을 수 있는가? 어떻게 위격으로서의 법칙이 그것의 표현 안에 들어갈 수 있는가?

이 모든 질문의 대답들은 영원의 바퀴에서 발견할 수 있다. 하늘에 속한 모든 것들은 지상에 속한 것들 안에 존재한다. 신의 모든 초월적인 법칙들은 그들의 표현인 지구라는 물리적 환경 안에 존재한다.

인간이 지구상에서 죽을 때 그 사람에게는 어떤 일이 일어나는 걸까?

영혼은 어디로 갈까? 그의 자아에는 무슨 일이 일어날까? 그 대답을 바퀴의 소용돌이 안에서 찾아보자. 우선 영원한 생명의 요람은 생명 자체가 활동하는 공간이다. 다시 말해 지구다.

우리가 주관적인 '죽음' 안에서 눈을 감자마자 바퀴는 그것의 소용돌이 안에서 자동적으로 신성한 세상의 자연과 결합한다. 놀랍게도 끝없는 소용돌이 안에서 구조와 물질이 차 있는 공간은 바

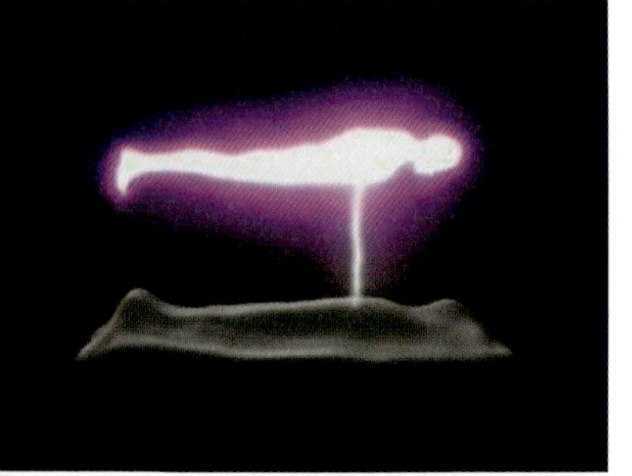

그러면 지구상에서 죽는 사람에게는 어떤 일이 일어날까? 그의 영혼은 어디로 갈까? 그의 자아에는 무슨 일이 일어날까?

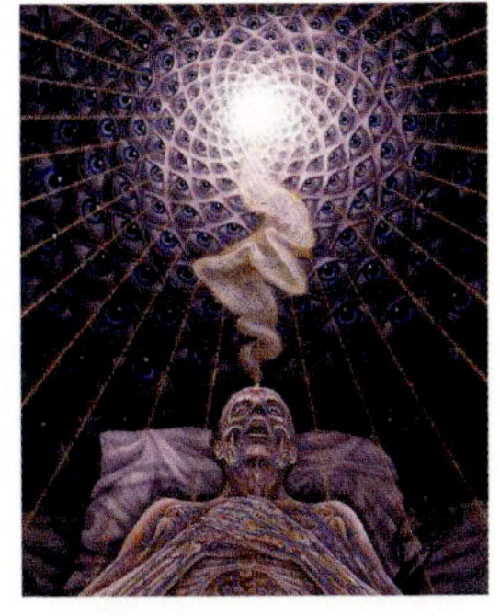

현재 영혼이며 그의 자아인 인간
이 초자아와 연결되었을 때 자연
의 말로 표현할 수 없는 다른 세
상의 아름다움이 그의 초감각 앞
에 펼쳐진다.

퀴가 연결되어 있다. 우리의 놀라운 감각 앞에서 복제와 원형, 사
건과 이데아, 동적인 것과 부동 상태에 있는 것, 진공의 모양 그리
고 무엇보다 사람과 신성이 연결되어 있다.

초자아의 매혹적인 눈앞에서 자연 세상은 활동의 아무것도 변
화시키지 않는다.

그러나 현재 영혼이며 그의 자아인 인간이 초자아와 연결되었

결과에 의한 차이는 우리 앞에
살아 있는 사람과 사진 속에 있
는 사람을 우리 옆에 있는 사람
으로 보는 것과 비슷하다. 사람
은 복제, 즉 그의 사진이다.

아리스토텔레스의 심리학 연구는 생명체의 영역까지 확장되었고 목적론적 관점을 제공했다.

영혼은 효과적인 원인일 뿐만 아니라 형식을 생산해내는 원리다.

영혼은 물체의 형식이며 목적이다. 아리스토텔레스의 정의에 의하면 영혼은 "자체의 생명 안에 가진 생명체의 기본적인 목적"이다("영혼은 생명의 가능성을 가진 물리적 물체의 기초적인 엔텔레케이아다.").

전체적으로 사람의 몸은 모든 자연적인 기관들과 함께 영혼을 구성하는 기관이다.

목적론적 관점에서 보면 아리스토텔레스는 플라톤의 인간 중심적 이원론을 능가했다,

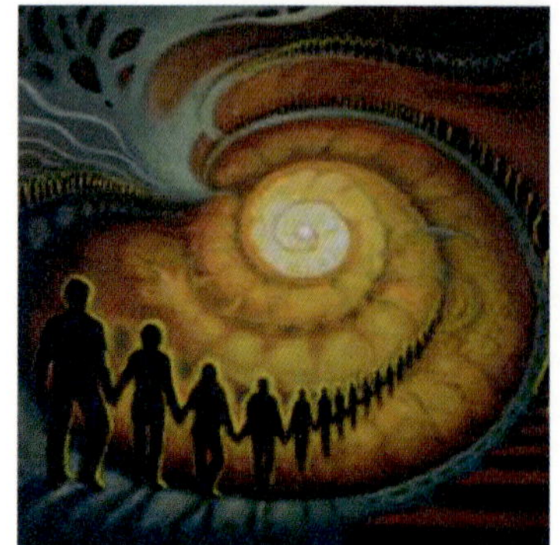

놀랍게도 끝없는 소용돌이 안에서 구조와 물질이 차 있는 공간은 바퀴가 연결되어 있다. 원형과 복제가……

을 때 자연의 말로 표현할 수 없는 다른 세상의 아름다움이 그의 초감각 앞에 펼쳐진다.

모든 것은 같은 반면에 초자아의 입장에서 보면 그들은 자신 안에 창조의 원형인 그 자신의 복제를 가져온다.

결과에 의한 차이는 우리 앞에 살아 있는 사람과 사진 속에 있는 사람을 우리 옆에 있는 사람으로 보는 것과 비슷하다. 사람은 복제, 즉 그의 사진이다.

자연 세상의 물체와 존재의 복제는 초자아의 감각 앞에서 신적인 기원을 가진다. 영혼이 보는 초자연적인 아름다움만이 자신을 구성하는 원형의 아름다움을 볼 수 있는 초자아의 절대적인 황홀감을 만든다.

초자아의 매혹적인 눈앞에서 자연 세상은 활동의 아무것도 변화시키지 않는다.

그러나 물리적인 인간이 신성과
동일해지는 세상에서는 인간에
게 무슨 일이 일어날까? 영혼과
자연적인 인간은 서로 연결되어
있는가? 그리고 어떻게?

모든 것의 영혼은 절대적인 영이기 때문에 원형의 세상은 복제품인 물리적 세상과 원형의 완전한 영혼 안에서 나타나는 단 하나의 차이를 제외하면 동일한 세상이다. 그 차이를 영혼이 감지하면 신성이 된다.

우리는 자연의 표현 안에서 감각과 영혼이라는 두 세상 사이의 관계를 강조해야 한다. 여기서 인간의 구조물은 포함되지 않는다.

영혼은 모든 물리적 물체와 현상을 본다. 영혼은 지구 전체에서 인간의 구조물은 보지 않는다. 자동차, 기차, 집, 길 그리고 원형과 규칙을 갖고 있지 않은 모든 것은 영혼이 보지 않는다.

신의 법칙은 인간의 법칙과 관련이 없으며 비교할 수 없다. 자연은 침묵 속에서 창조하는 반면 인간은 법칙의 위반과 소음 안에서 만든다.

원형적인 표현 안에서 물리적 세상인 신성한 세상은 존재론적 형식 안에서 법칙의 모든 것을 나타낸다.

자연은 침묵 속에서 창조하는 반면 인간은 법칙의 위반과 소음 안에서 만든다.

꽃, 식물, 나무, 동물 안에 있는 영혼과 초자아는 그것들을 구성하는 신성을 알아본다. 모든 물리적 물체 뒤에는 구조와 형식으로 구별할 수 있는 신성한 원형이 숨겨져 있다. 그리고 그 결과에 따라 우리는 모든 것이 신의 분리된 부분을 구성하는 원형의 세상에서 그것이 나타내는 것을 통해 영혼의 상像을 갖게 된다.

그러나 물리적인 인간이 신성과 동일해지는 세상에서는 인간 자신에게 무슨 일이 일어날까?

영혼과 자연적인 인간은 서로 연결되어 있을까? 그렇다면 어떻게 연결되어 있을까?

세상에서 실재하는 것은 영혼뿐이다. 영혼이 지배하는 것, 다시 말해 물질은 비실재다. 물질도 틀림없이 법칙에 의해 구성되는 정신 물질로 이루어졌지만, 그것은 사고나 법칙이 아니다. 우리는 어떻게 실제 세상의 초자아가 자연 세상의 그것의 복제인 자아에 참여하는지 조심스럽게 생각해보아야 한다.

이 연합에서 가장 중요한 요소는 참여다. 초자아는 하늘에 있기 때문에 자아에의 관여는 양심을 통해서만 일어난다. 양심은 인간

양심은 신성의 도구다. 양심은 감각 작용 안에서의 금지 메커니즘이다. 양심은 뇌의 작용을 지배함과 동시에 살아가는 동안 주체의 상승과 하강 경향을 기록한다.

과 이 세상 안에서 작용을 지배하는 원형을 연결하는 풀 수 없는 연결이다.

양심은 신성의 도구다. 양심은 감각 작용 안에서의 금지 메커니즘이다. 양심은 뇌의 작용을 지배함과 동시에 살아가는 동안에 주체의 상승과 하강 경향을 기록한다. 초자아를 향한 과정에서 자아가 짊어진 선행과 죄의 짐을 '양심'이라고 부른다.

따라서 이 세상에서 선과 악에 대한 우리의 의도와 지각은 우리 자신을 규율하는 방법이나 필요로 하는 방법 그리고 양심에 따라 연합군이 되기도 하고 초자아에 대항하여 반대하기도 한다.

결론: 우리는 우주에 혼자 있는 것이 아니다! 개인은 그의 자아 안에 초자아를 내재하고 있다. 초자아 앞에서는 무엇을 해야 하고 무엇을 하면 안 되는지에 대한 감지를 기반으로 하여 신적인 세상이 넓게 펼쳐져 있다.

이러한 연합은 그것을 가진 인간의 행동에 따라 지구 생명체의 주기와 영혼이 상승하고 하강하는 주기를 결정한다. 원형의 세상과 자연의 세상이 풀 수 없게 영원히 연결된 것을 역설적이라고 생각해서는 안 된다. 영적인 차원과 절대적인 영혼의 이해 수준 안에서 자연 세상은 매우 빛나고 매혹적인 만큼 영혼은 그들에게 제공되는 완전한 축복을 영원히 즐긴다. 영혼이 지구뿐만 아니라 우주 세상을 즐기는 방법은 놀랍다.

영혼과 초자아는 엄청난 속

신의 법칙은 인간의 법칙과 관계도 없고 비교할 수도 없다.

도로 여행할 수 있기 때문에 사고만 전달할 수 있는 너머에 있는
세상에서는 전체 우주가 이웃이다. 영혼에게는 무한히 큰 세상과
무한히 작은 세상이 같은 세상이다. 그러나 이 모든 세상이 영혼
에게는 단지 원형일 뿐이고, 엄청난 속도는 무한 상태를 구성한다.
이런 경우 영혼은 환경에 대한 절대적 지식을 가진다.

세상의 전체성이 초자아의 사고 안에서 더 작아질수록 영혼은
분리되지 않은 존재이며, 모든 것의 창조자로 모든 것을 보는 신
인 분리되지 않은 존재의 요람에 더 가까이 접근한다.

영혼이 지구뿐만 아니라 우주 세
상을 즐기는 방법은 놀랍다.

제58장
영혼의 진화……
인간의 신화

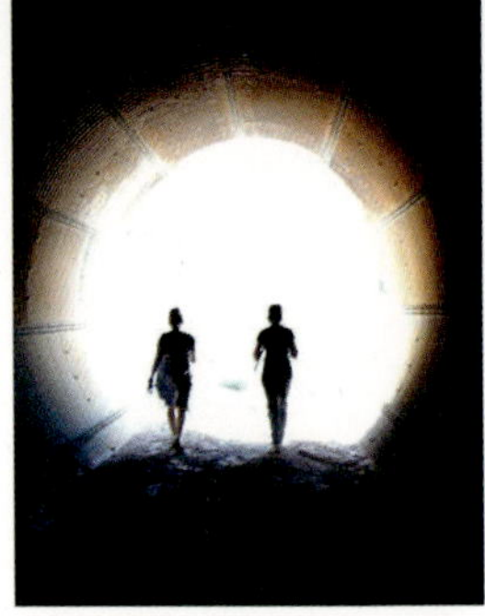

자아가 초자아와 연합하는 위대한 순간은 인간이 신화(神化)되는 순간이다.

기원전 5세기경 고대 그리스의 가장 뛰어난 사상가 중 한 사람인 멜리수스Melissus는 신의 특성을 다음과 같이 설명했다. "그는 무한의 과거에 존재했고, 앞으로도 영원히 존재할 것이대 이는, 만약 신이 시작을 갖고 있다면 그의 탄생 전에 그가 존재하지 않은 시기가 있어야 하고 그때는 신이 아무것도 아니어야 한다. 그러나 아무것도 아닌 것은 절대로 존재할 수 없기 때문이다."

그러므로 존재하는 것은 무한하고 영원하다. 그가 무한하기 때문에 그는 하나다. 만약 2개의 무한이 존재한다면 둘 모두 무한하지 않다. 왜냐하면 하나가 끝나는 곳에서 다른 하나가 시작될 것이기 때문이다. 무한은 극단을 갖고 있지 않다. 그러나 모두는 하나이고, 독립적이고, 이해할 수 있고, 조화로우며, 완전하다. 모두는 하나다.

믿음의 기본적인 물체는 신성이다. 인도 신화에서 신들은 처음부터 현명하고 강력한 힘을 갖고 있으며, 부동

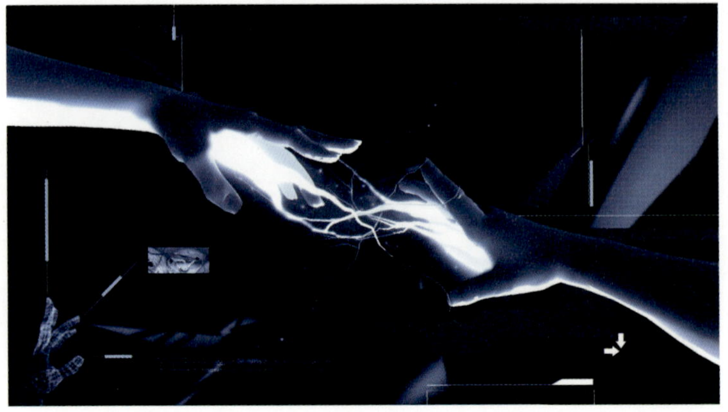

자아가 초자아와 연합하는 위대한 순간은 인간이 신화되는 순간이다. 그것은 영혼이 절대적인 행복과 신성한 세상에 대한 지식이 혼합된 것 안에서 구원의 의미를 알아차리는 순간이다.

그 순간은 개인 안에 절대적인 인간의 신성한 오로라를 받아들이면서 개인의 영혼이 우주 영혼으로 들어가 분리되지 않은 모나드의 전체성이 일으키는 불꽃을 바라보는 순간이다.

그것 앞에 열려 있는 세상은 신성한 영혼과의 연합 안에서 법칙과 규칙 그리고 원형의 표현이 절정에 이른 곳이다.

지상의 나락을 지나 자아에서 초자아로 향하는 구원의 여행에서 겪는 어둠의 왕국, 슬픔과 고통을 겪은 사람의 영혼은 이제 에테르의 빛과 절대적인 모나드의 영원한 천구 체계 그리고 인간이라는 이름의 위대한 아버지를 알게 된다.

영혼이 뒤에 남겨두고 온 감각적인 세상의 지구는 다시 존재한다. 그러나 자연 세상은 종들의 환상의 껍질, 탄생과 퇴보의 베일이 없는 지구다.

영혼의 순수한 응시 아래 있는 같은 세상은 실재이고, 항상 녹색으로 빛나며 영원하다.

그 놀라운 아름다움이 에테르의 동맥을 통과해 향기처럼 흐르는 동안 영혼은 그것의 차원을 감지할 수 있다.

부동 상태의 완전한 세상은 놀랍게도 '동적인' 활동성 안에 있다.

꽃들과 나무들, 강들, 호수들 그리고 보이는 자연의 모든 존재가 영원의 가운을 입고 있는 하늘세계가 표현하는 지구 세상의 가장자리 없는 에덴 안에서 영혼은 절대적인 행복인 생명의 새로운 주기를 알아차린다.

그러면 절대적인 행복을 구성하는 것은 무엇인가?

그것은 하늘에 대한 지식이다!

영혼은 그 너머에 있는 세상을 포함하는 지식의 원소를 위한 계속적인 질문을 숨기고 있다. 그것은 모든 순간의 배움이다.

지구 자연계의 아름다움을 통해 알아차릴 수 있는 원형, 규칙, 상징의 하늘세계, 수와 모양의 세상은 영혼의 새로운 학교다.

지식이 멈추면 영혼은 더 이상 살 이유가 없다.

계속적인 질적 진보를 목적으로 하는 사고의 새로운 단계에서 영혼은 지구상에서 선과 고귀한 것에 대한 봉사에서 활발한 역할을 하는 모든 에테르로 이뤄진 것을 알게 될 것이다.

상태이고 발명자이며, 종족을 이끄는 지도자다. 전 세계적으로 오늘날 '신'이라는 말은 조직된 종교 단체, 교회, 교파, 분파된 조직들, 심지어는 자비로 위장한 '신지학의 참가자들'에 의해 공중분해되고 있다. 철학에서 신은 존재의 본질과 원리, 창조의 원인과 효과, 인간의 신성과의 관계에 대한 표현이다. 소크라테스 이전의 철학자들은 신을 "불멸의 존재이며, 기초적으로 물리적 비파괴의 원리"라고 믿었다. 아낙시만드로스는 신을 '무한'이라고 했고, 헤라클레이토스는 '로고스'라고 불렀으며, 크세노파네스는 '하나'라고 했고, 아낙사고라스는 '마음'이라고 했다. 플라톤에 의하면 신은 '이데아'의 원형에 의해 혼돈에서 세상을 창조했다. 피타고라스는 수의 신성한 능력을 믿었고, 아리스토텔레스는 신을 자신은 움직이지 않으면서 전체 우주의 '초기 운동자'인 최초의 역학 원리라고 했다. 기독교에서는 신이 창조와 지식 그리고 전능한 존재로 태어나지도 않으며 죽지도 않는 유일한 원이라고 믿었다.

지상의 나락을 지나간 무수히 많은 인간의 영혼은 어둠의 왕국, 슬픔과 고통을 알고 있다.

조로아스터

헤르메스, 트리메지스토스

모세

모하메드

부처

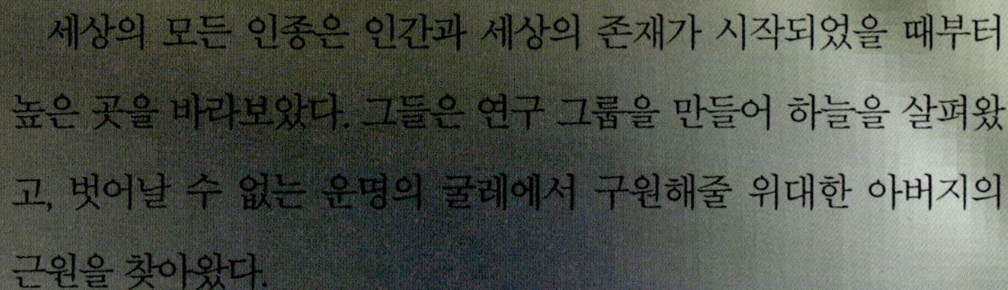

세상의 모든 인종은 인간과 세상의 존재가 시작되었을 때부터 높은 곳을 바라보았다. 그들은 연구 그룹을 만들어 하늘을 살펴왔고, 벗어날 수 없는 운명의 굴레에서 구원해줄 위대한 아버지의 근원을 찾아왔다.

시간의 연기와 안개를 통해 또는 종교집단의 종교예식을 통해 영혼과 사랑의 빛나는 영웅이 금빛처럼 휘황찬란하게 나타나 사람들에게 '새로운 빛'을 비추고 있다.

크리슈나

피타고라스

헤라클레이토스

소크라테스

플라톤

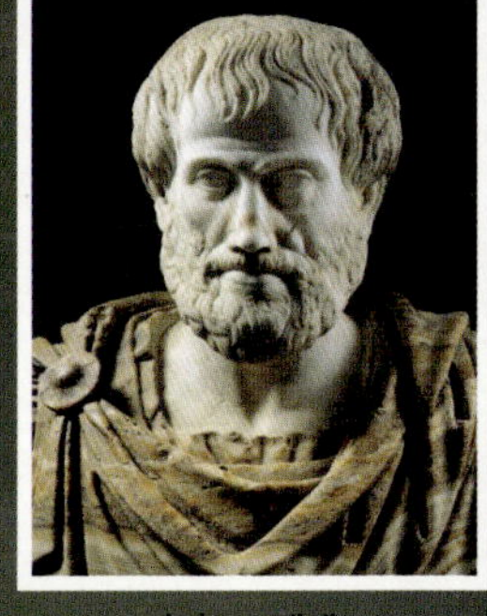

아리스토텔레스

　여러 세기가 지나는 동안 크리슈나, 부처, 조로아스터, 헤르메스, 모세, 모하메드, 피타고라스, 헤라클레이토스, 소크라테스, 플라톤, 아리스토텔레스 등 철학, 과학, 종교의 모든 성인이 인간 지식의 무대에 드리웠던 휘장을 걷어내고 지구와 하늘의 순간적인 세상과 영원한 세상의 생명과 죽음의 비밀을 드러냈다.

　또한 확신과 종교가 추방과 불 그리고 죽음을 경험한 선구자들에 의해 형성되었다. 이는 그들이 세상을 지배하는 신성을 모독하는 사람들에게 진리를 이야기할 용기를 가졌기 때문이다.

　이 영적 지도자들은 이제 사랑스럽고 뛰어난 신의 천사장으로 하늘 영혼의 세상 안에 있다.

플로티누스

제59장
하늘세계의 사회

그러면 그 너머의 사회는 어떻게 형성될까? 우리가 사랑했거나 미워한 친척이나 친구들 또는 적들을 다른 생에서 다시 만나게 될까?

아니다! 다른 세상은 지구상에서의 친척이나 친구들 또는 적들로 이뤄진 세상이 아니다. 다른 세상은 자연계에서 운명에 의해 연결되었거나 헤어졌던 사람들이 만나는 장소가 아니다.

영혼의 사회인 하늘세계는 신 자신의 스케일에 의해 정의된 수준의 세상이다. 가장 높은 수준은 선과 고귀한 것들의 제단에 자신의 생명을 희생한 위대한 사람들이 차지한다.

지상세계의 용감한 전사들, 개인의 자유와 정의를 자신의 유일한 목표로 가진 사람들, 동료들을 존경하고 사랑하는 사람들 그리고 자연이나 지구의 물질에 생활을 빼앗긴 사람들에게 자비를 베푸는 사람들, 신성을 향한 종교적 헌신으로 그들의 사고와 영혼을 양육하는 사람들……

지상 생활에서 사랑의 트로피를 추구하는 이런 용감한 사람들은 높은 스케일에서 뛰어난 하늘세계의 아름다움을 즐긴다. 지상 생활에서의 생각과 행동에 따라

방정식 Φ=1.618로 정의되는 '황금 수'는 우주의 평형, 자연계의 힘의 조화, 대칭의 수, 상호의존성과 우주의 일관성을 나타낸다.

신은 모든 인간을 사랑하고, 모든 것을 보호한다. 그러나 그의 인간은 우주적인 정의의 스케일 안에서 절대적인 수학적 방법으로 나타난다.

㈜ 신은 모든 인간을 사랑하고 모든 것을 보호한다.

㈜ 모든 영혼은 신성한 스케일에 끌리고, 지상의 무질서 굴레에서 구원된다.

개인 번호를 부여받은 사람들은 다른 세상의 여러 수준에서 만난다.

철학의 고위 사제인 피타고라스는 "지상세계의 모든 사람은 자신의 수를 갖고 있다"고 가르쳤다.

수는 스스로 충분하고 자동적인 특수한 값을 나타내며, 하늘 스케일에서 그것에 해당하는 수준을 정복하기 위한 결정적인 여권이다. 또 선행과 죄악은 하늘 스케일에서는 무게와 크기가 균형을 이룬다.

이와 같은 신성한 세상 안에서 여러 수준의 사회는 그 너머에 있는 세상의 절대 권력에 의해 판단된 사회들이다.

누구도 창조자의 법칙에서 벗어날 수는 없다. 모든 사람은 그 자신의 수를 구성하는 자신의 행동 결과에서 벗어날 수 없다.

신성의 법칙으로 이뤄진 우주는 권리의 법칙, 즐거움과 구원의 법칙, 지상 생활에서 빛이나 어둠에 봉사했던 높은 정도와 낮은 정도의 존재법칙 스케일이 표시된 도표를 갖고 있다. 신과 고귀한

영혼의 사회인 하늘세계는
신 자신의 스케일에 의해
정의된 수준의 세상이다.

것에 대한 지식은 그것이 행동의 경험과 생활의 목표가 될 때, 개인을 황금 수의 스케일을 향해 잡아당긴다.

방정식 $\Phi = 1.618$로 정의되는 황금 수는 우주의 평형, 자연계의 힘의 조화, 대칭의 수, 상호의존성과 우주의 일관성을 나타낸다. 황금 수를 향하는 경향을 가진 개인의 수는 그 사람 안에 있는 분리된 신의 본질에서 가장 강력한 부분이다. 이와는 반대로 야생동물의 수를 향하거나 미움과 신성모독의 악마를 향하는 경향이 있는 개인의 수는 그의 초자아와 연합한 다음에 그에게 적절한 스케일로 보내진다.

신은 모든 인간을 사랑하고 모든 것을 보호한다. 그러나 그의 사랑은 우주 정의의 스케일 안에서 절대적인 수학적 방법에 의해 나타난다. 모든 영혼은 신성한 스케일에 끌리고, 지상의 무질서 굴레에서 구원된다. 또한 모든 영혼은 자신의 수준을 나타내는 수에 따라 개인적인 도착점을 갖고 있다. 그런데 영혼의 도착점과 관련된 경험을 하는 것이 가능할까? 그리고 세상의 영혼, 원형과 규칙의 세상이 영혼 자체를 위해서는 어떻게 작용할까?

여기에 다른 세상이 있다!

창 문을 열고 나무, 꽃, 호수, 지저귀는 새가 있는 정원을 내다보라. 하늘과 바다가 하나 되는 지평선의 깊은 곳을 응시해보자. 자연, 완전한 자연, 능가할 수 없는 자연 그리고 법칙, 수의 규칙 세상이 시작될 때부터 창조자가 정의한 법칙을 따르는 자연의 소리를 들어보자.

이 자연, 지구 세상의 자연은 다른 어느 곳에서도 발견되지 않고 그 안에서만 발견되는 복제의 정확한 복사다.

그렇다. 지상세계의 놀라움 안에, 당신의 눈이 보는 것과 귀로 듣는 것 안에 그리고 당신의 감각을 진동시키는 것 안에 신성한 세상이 숨겨져 있다.

당신의 감각이 즐기는 것은 때가 되면 하늘의 초감각이 즐길 것이다.

신성한 세상은 매 순간 당신 앞에 참으로 아름답고, 능가할 수 없으며, 정교하고, 영원한 것을 펼쳐놓는다. 그것의 의미는 당신의 숨겨진 지식 안 깊숙한 곳에 보호되고 있으며, 당신이 그것을 발견할 순간을 기다리고 있다.

그러나 만약 당신이 지구상에서의 즐거움의 족쇄로부터 최고의 지식을 해방시키기 위해 전쟁터에 나갈 전사가 되려고 하지 않는다면 당신이 지구상에 사는 동안 신성한 세상을 느끼거나 이해한다는 것은 있을 수 없다.

하지만 당신이 머리를 숙이고 당신의 마음에 잠겨 창조와 관련된 모든 것을 응시한다면, 또는 열린 눈으로 모든 지식(비밀스러운 지식까지)을 바라보거나 선의 대리자가 된다면 자연은 세상의 영원한 존재와 물체의 바이블을 당신 앞에 활짝 펼쳐 보일 것이며, 다른 생명의 비밀을 보여줄 것이다.

그러면 힘든 교육 활동 안에서 당신은 인간의 영혼이 꽃, 식물, 나무, 동물, 새, 호수, 바다, 산 그리고 하늘의 영혼과 통신할 수 있는 세계교회의 언어가 있다는 것을 알게 될 것이다.

이를 통해 당신은 신성한 주변 환경과 당신의 통신 측도를 감지할 수 있을 것이다. 그것은 하늘의 표현 안에 있는 자연 세상의 무엇이 아니라 당신 자신의 수의 측도다. 또한 지구를 이루는 자연의 의미를 하늘세계의 원형 안에서 발견할 수 있다는 것을 알게 될 것이다.

그러면 모든 것이 세계교회적 방언을 통해 부동 상태인 실체의 위엄과 영원한 생명의 아름다움을 수와 암호의 생생한 작용을 통해 당신에게 설명할 것이다.

그리고 지고한 마음의 기적 같은 세상으로 더 깊이 파고들면 파고들수록 하늘세계의 존재와 통신에서 더 즐겁고, 더 다정하며, 더 긍정적일 수 있다. 또 위대한 아버지의 본질을 좀 더 잘 이해할 수 있게 될 것이다.

정확하게 말하면 이러한 이해는 당신 깊은 곳, 즉 당신의 우주적인 뇌 안에 숨겨져 있던 영원한 천국의 열쇠를 잡는 것이다.

현실성은 '엔텔레케이아'와 동의어다. 이것은 잠재성에서 운동에 의해 실재로 변화하는 것이다. 물리적 세상에서 '존재'하는 것은 모두 그것을 결정하는 현실성을 포함하고 있다.

토머스 아퀴나스에 의하면 현실성과 잠재성은 '존재'의 두 핵심 원소다.

물리적 세상의 물체는 현실성을 통해 인간의 의식 안에 나타난다.

물체의 자기 현시가 현실성으로, 칸트에 의하면 단지 직관적인 공리만이 현실성을 갖고 있다.

이것들은 확신의 감각이며 지식의 타당성을 확인하는 논리적 명료성인 심리학적 자명성에 의해 구분된다.

제61장

신의 왕관

빅토르 위고는 "무한은 존재한 다! 만약 무한이 자아, 다시 말해 자각하는 지성을 갖고 있지 않 으면 자아는 그것의 한계일 것이 다."라고 말했다.

신에 대한 개념은 인간의 뇌 안에서 특별한 방법으로 형성되는 것이 틀림없다.

만약 우리가 물질이 영혼화된다는 것과 영혼이 물질화된다는 것을 받아들인다면 – 그리고 이런 성질이 하나이고 전부이며, 영원하고 스스로 동일한 것으로 이해되는 무한으로부터 유도된다는 것을 받아들인다면 – 우리는 신의 개념을 토론할 수 있는 여지를 갖게 된다.

'신성'이라고도 이해되는 신은 태어나지 않으며, 시간성이 없고, 모든 것 안에 내재된 정해지지 않은 본질이다. 이러한 우주적 본질은 동적인 것과 부동 상태에 자리 잡고 있는 법칙성을 만들어낸다.

빅토르 위고는 "무한은 존재한다! 만약 무한이 자아, 다시 말해 자각하는 지성을 갖고 있지 않으면 자아는 그것의 한계일 것이다.

그러나 그렇게 되면 그것은 무한하지 않고 존재하지 않을 것이다. 따라서 그것은 존재한다. 그것은 자아를 갖고 있고 이 무한의 자아가 신이다!"라고 말했다.

만약 신의 본질이 분리될 수 있음과 동시에 분리될 수 없다면 그것의 신성한 부분이 신성으로 인간의 자아를 분별하는 자아의 한계를 정한다. 만약 인간이 신과 자신이 동질이라는 것을 믿지 않는다면 그리고 그의 자아가 신성이 아니라고 생각한다면 그는 기도할 권리나 영원에 대한 희망을 가질 수 없다.

신의 분리된 부분은 인간의 자아 안에서 한계를 갖고 있지만, 분리되지 않은 신은 개인적 자아나 한계를 갖고 있지 않다.

신의 본질은 우주 어디에나 존재하면서 모든 것을 창조하는 절대적인 에테르다. 신은 미시세계와 거시세계 안에서 하나다.

현대 물리학은 양자이론을 통해 모든 것을 통합하는 확실한 과

(위) 물질을 더 미세하게 분석하면 분석할수록 미시세계에서의 이들의 연결성이 더욱 역동적으로 우리 눈앞에 펼쳐진다.

(아래) 만약 인간이 양자적인 실재를 이해할 수 없다면－다시 말해 무한하게 작은 것과 무한하게 큰 것과의 직접적인 관계를 이해할 수 없다면－그는 자신과 세상에 대한 지식을 갖고 있다고 할 수 없다.

하늘의 영원한 왕국은 아버지, 아들 그리고 성령으로부터 이끌 어내어진다.

정을 위한 지식의 문을 활짝 열었다.

이러한 통합은 부분을 전체에서 떼어내는 것을 금지한다.

물질을 더 미세하게 분석하면 분석할수록 미시세계에서의 이들의 연결성이 더욱 역동적으로 우리 눈앞에 펼쳐진다.

만약 인간이 양자적인 실재를 이해할 수 없다면 – 다시 말해 무한하게 작은 것과 무한하게 큰 것과의 직접적인 관계를 이해할 수 없다면 – 그는 자신과 세상에 대한 지식을 갖고 있다고 할 수 없다.

만약 인간이 전체 우주와의 상호작용을 이해하지 못하고, 창조의 구조 안에서 자신의 역할을 하지 못한다면 그는 자신에 대한 지식은 물론 우주에 대한 지식도 갖고 있지 못한 것이다.

우리 일상생활에서 일어나는 개별 사건과 물체들의 추상적인 개념에 대한 우리의 믿음은 실재를 구성하지 못하고 순수한 환상일 뿐이다. 따라서 부동 상태 세상, 절대적인 실재의 작동에 대한 이해만이 우리 자아와 신 자체의 의식적인 분별이다!

이런 분별, 즉 우리와 그 안에서 우리를 창조한 신과의 적극적인 연합은 나눠지지 않은 아버지의 왕관이다. 그러한 왕관은 종교, 과학 또는 형이상학적인 이론이나 지상에서 살아가는 동안의 목적을 넘어 우리의 영원한 영혼만이 경험할 수 있다.

지상에서 선과 고귀한 것을 위해 봉사하는 인간은 누구나 자동적으로 신의 군대와 신의 사람들이 모여 있는 집단에서 리더십을

자식들을 향한 아버지의 신성한 사랑의 숨결은 모든 살아 있는 영혼에 불 같은 칼처럼 파고들어 구원의 기적을 경험하게 한다.

인류를 위한 무한한 걱정으로 신은 규칙과 수들, 원형 그리고 법칙을 정해놓았다.

그는 인류를 이끌어 자신을 통해
신성에 도달하도록 하는 완전한
사람이다. 그는 시간이 시작될
때부터 존재했다!

갖게 된다. 지상의 모든 중요한 종교의 깊은 곳에는 창조자의 본질이 숨겨져 있다.

이러한 본질은 자신을 희생한 사람이 영원한 생명의 세상에서 그의 초자아와 연합하는 완전한 부분이다. 다른 세상의 물질과 관련된 가르침에서 영혼이 품는 가장 중요한 의문은 삼위일체에 대한 충분한 이해와 관련되어 있다.

지구와 우주의 감각적인 왕국에 있는 모든 것을 지배하는 가장 중요한 힘의 세 가지 물질이 이제 영혼의 세상에서 형이상학적 활동을 통해 그들의 원형을 찾고 있다. 하늘의 영원한 왕국은 아버지, 아들 그리고 성령으로부터 이끌어내어진다. 삼위일체의 법칙은 하늘의 성인들이

경험한 법칙이다. 지상에서의 아버지는 빛의 세상인 하늘에서의 아버지와 마찬가지로 설명이 불가능하다.

　신비하고 형언할 수 없는 신의 존재는 상상도 할 수 없으며, 영광스럽고 측정할 수 없고, 차원도 없으며, 한계도 없는 분리되지 않은 특성이 남아 있다.

　그러나 신의 본질에 대한 표현은 초우주적이고, 신성하며 빛의 세상의 존재를 통해 작용한다. 자식들을 향한 아버지의 신성한 사랑의 숨결은 모든 살아 있는 영혼에 불 같은 칼처럼 파고들어 구원의 기적을 경험하게 한다.

　인류를 위한 무한한 걱정으로 신은 폭풍이 부는 길에서 죄를 지은 영혼이 건너야 할 규칙과 수들, 원형 그리고 법칙을 정해놓았다. 그리고 형벌의 냉엄한 바다를 통해 마지막 빛을 정복할 수 있게 했다.

만약 신이 무한한 사랑의 우주를 구성하지 않았다면 죄성을 가진 인간은 형벌을 받을 수밖에 없을 것이다. 만약 신이 접근할 수 없고, 자신을 통해 신을 찾도록 인간의 생각을 격려하지 않았다면 인간은 죽고나면 벌레의 먹이에 지나지 않을 것이다.

만약 성스러운 삼위일체가 지구와 감각적인 세상의 법칙과 평행하지 않다면, 그래서 인간의 아들인 예수가 같은 성스러운 원소의 방법을 통해 인간이 신이 되는 방법이 아니라면 영혼은 구원에 대한 목적 없이 지구의 황량함만을 경험할 수밖에 없을 것이다.

만약 성령이 감각적인 세상의 물체와 존재들을 창조의 첫 번째 원인으로 구성하지 않고, 따라서 모든 것이 하나이고 인간의 영혼이 아들 안에 있는 아버지인 신성한 모나드와의 최종결합을 추구하지 않는다면 지구상의 모든 인간은 희망과 목적지가 없는 세상에 살고 있는 것이다.

이제 이 문제의 마지막 단계에서 영혼은 신의 왕관이고, 모든 것이 작동하는 중심인 신의 요람에 있게 된다. 여기에서 영혼은 우주를 구성하는 원형의 원리로부터 나온 실체를 알게 될 것이다.

이로써 영혼에게 지상과 하늘의 생명과 관련된 모든 것이 기능하는 방법에 대한 완전한 설명이 명확해졌다. 이제 영혼은 지상세계와 하늘세계가 하나 안에 다른 하나를 포함하고 있는 같은 세계라는 것을 감지할 수 있다. 이제 영혼은 영원의 바퀴 안에서 반대방향으로 방향을 바꾸면서 신성한 법칙이 작용하는 방법을 알게 되었다.

새로운 학교 안에서 영혼은 다른 생명의 책상에 앉아서 빛의 속도로 빠르고 어지럽게 접근하는 새로운 것을 배우게 될 것이다. 영혼은 순간과 영원을 결정하는 원인에 대한 영혼을 사로잡는 지식 안으로 들어가게 될 것이다. 지상에 사는 동안 영혼은 왜 꽃이 시들어도 계속 사는지, 사람이 죽었을 때 왜 새로운 생명으로 들어가는지를 절대로 설명할 수 없다.

생명과 죽음의 두 세상을 이해하기 위한 이러한 끊임없는 노력이 이제는 원형과 법칙의 스승으로부터 완전한 설명을 발견하게 된다. 영혼은 아버지의 충만함 앞에 얼굴을 맞댈 수 없다.

그러나 사랑의 투명한 외투로 둘러싸여 그의 왕관이 내뿜는 휘황찬란한 빛 속으로 나가면 마침내 신이 아들 예수 그리스도와 같다는 것을 알게 된다.

인간의 아들은 하늘의 구름 위에 나타날 것이다. 그는 인류를 이끌어 자신을 통해 신성에 도달하도록 하는 완전한 사람이다. 그는 시간이 시작될 때부터 존재했다!

예수는 선지자들이나 역사적 상호관계가 만들어낸 존재가 아니다. 그는 인간으로서 그리고 신의 아들로서 완전한 사람이다. 그는 아무런 혈연관계가 없고, 지구상의 인류와 영적인 관계만 갖고 있다.

영원한 아들은 자신 안에 아버지의 정자를 가진, 죽을 수밖에 없는 보통 사람으로 나타난다. 그의 영원한 어머니는 인류를 구원하기 위한 법칙에 의해 기억할 수 없이 오래전에 잉태한 신성한 자연의 순결한 자궁을 나타낸다. 이 세상에는 아무런 혈연관계가 없고, 단지 영혼의 친척들만 있다. 질적인 비율의 하늘 스케일 안에서 선의 이름에 합당하게 행동하는 영혼만이 지구에 사는 동안에 얼굴을 맞댈 수 있다.

예수는 에테르의 골격 위에 거주한다. 그와 동시에 세상 모든 인류의 영혼 안에 거주한다. 그의 사랑스러운 천사들과 위대한 천사장들 그리고 지구의 즐거움을 정복하고 신의 질서에 도달한 영광스러운 영혼들에 둘러싸여 예수 자신이 자기 부정과 희생을 통해 사람들에게 접근하고, 모든 영혼은 그의 앞에 서게 된다.

2000여 년 전에 아버지가 부여한 임무, 모든 사회와 모든 사람의 개인적인 영혼을 구원하는 임무를 완수하기 위해 신성한 삼위일체의 일원으로 지구상에 온 사람이다.

그의 탄생, 그의 신성한 일생, 유다의 배신, 채찍질, 가시관, 골고다로 향하는 길, 십자가형 그리고 무엇보다 마지막 부활을 통해 인류를 구원하기 위해 아버지가 부여한 법칙의 완전한 실현을 이루었다.

죄성을 가진 사람이 신의 왕관에 도달하기 위해서는 아들이 부활해야 하며, 그를 통해 그 자신도 부활해야 한다.

세상의 모든 종교는 지역 종교를 설립하기 위해 그들의 성인과 지도자들 그리고 예언자들을 통해 지구에 오지 않은 신을 다른 방법으로 본다. 그러나 모든 교리와 편견, 관심의 형태를 넘어 인간 영혼의 구원은 보편적인 방법이다.

수없이 많은 구원받은 사람의 영혼이 최고의 지식을 공부하는 동안 하늘의 생명을 가르치는 첫 번째 스승인 예수 자신은 크기가 같은 부분이 쪼개져서 모든 영혼의 개인 교사가 된다.

이 벤치에서 영혼은 세계영혼의 일부로, 정신적인 세상과 감각적인 세상을 연결하는 방법과 나아가 왜 모든 영혼이 하나여야 하는지를 배운다.

이제 감각적인 세상과 정신적인 세상의 모든 존재가 하나로부터 온 자신들의 '존재'를 갖고 있다는 것과 왜 자신의 자아를 해체하고 하나를 알아보는 것이 여행의 마지막에 그들의 최종 목표가 되어야 하는지를 배워야 할 시간이 되었다.

이제 눈에 보이는 육체와 모양, 크기를 갖지 않은 영혼이 어떻게 전체 우주를 채울 수 있으며, 마지막으로 왜 이런 우주가 모조품이며, 진정한 우주는 정신적인 존재라는 것을 알려줄 때가 되었다.

존재의 불가사의한 구조 안에서 이제 인류 역사 안의 우주의 모든 영혼과 함께 학생 영혼이 되었다.

저 너머의 세계에 있는 영혼이 지상에서 사랑했던 인물들과 통신하는 것이 가능할까? 가능하다. 단, 특정한 통신 조건 안에서만

그의 탄생……

그의 신성한 임무……

가능하다.

지구 세상은 하늘 세상을 나타낸다. 특정한 법칙에 의해 한 곳에서 발견된 것은 다른 곳에서도 발견된다. 영혼이 다른 영혼과 통신하는 것은 지구에 살고 있는 사람을 위해 결정적으로 중요한 메시지 전송을 위해 긴급한 것으로 간주된다. 따라서 두 영혼 사이의 자비로운 연결이 완성된다.

하늘의 영혼이 지구에 살고 있는 영혼을 도와 올바른 결정을 하도록 하고, 지혜와 덕에 이르는 올바른 길을 선택하도록 할 수 있을까?

그것은 얼마든지 가능하다!

저 너머에 있는 수많은 영혼은 신성한 영역의 법칙 아래 지상에서 경험하는 사랑하는 사람들과 동반할 수 있다.

오랜 시간 지구상에 살고 있는 사람들은 그것을 알지 못한 채

그의 십자가 처형……

그의 부활……

기도 응답을 즐기고 있다. 왜냐하면 그는 친척들의 영혼이나 신이 선택한 영혼의 지원을 받고 있기 때문이다. 세상의 모든 영혼이 하나로 합쳐지면 지구에서 온 기도는 신의 왕관의 유물로 들릴 것이다.

다른 학교의 넓은 세상 안에서 영혼은 자신과 세상뿐만 아니라 전체 우주의 존재 목적과 의미를 배운다.

이 위대한 여행에서 그리고 우주에서 영혼은 마침내 법칙이 무엇이고, 우주의 원형, 규칙 및 수들이 무엇인지 배운다.

규칙을 가진 황금분할의 신성한 형식은 영혼에 반대되는 것들이 균형을 이루는 법칙과 모든 것이 존재하기 위해서는 왜 조화로워야 하는지를 설명한다. 그리고 세상과 생명은 창조를 위해 진화와 서로를 완전하게 알아보는 긴밀한 결합을 설명한다.

제62장

과학과 종교

우리는 진정 놀라운 세상에 살고 있다. 지구와 하늘의 자연이 우리 앞에 펼쳐져 있는데도 매일 우리에게 법칙을 발견하기 위해 노력하라고 요구한다. 모든 규칙성 뒤에서 그리고 모든 연속된 사건들 뒤에서 과학자들은 눈을 부릅뜨고 그것을 지배하는 법칙과 원인을 찾고 있다.

지구상의 인간 사회는 시작될 때부터 적어도 가설 수준에서라도 종교 의식의 구조, 종교적·정치적 확신 그리고 교회와 도시에서 더욱 강화된 신과 인간에 대한 다양한 교리를 갖고 있었다는 것이 알려져 있다.

이러한 믿음은 역사를 통해 형성된 윤리적 통찰, 문화, 예술, 과학, 교육의 특권을 바탕으로 하여 모든 사람 안에 제도화된 사람들이 만든 법칙의 시작점이 되었다.

물리학 법칙이 통합적인 신을 완전히 대체하는 우주물리학에서는 신의 존재가 아무 역할도 하지 못하기 때문에 과학은 종교에서 분리되었다.

한편 종교는 교회를 통해 자신들의 견해가 종교적 신봉자들의 이상과 성서에 기술된 세상 창조의 요소들을 해친다는 이유로 과학의 선구자들을 비난하고, 저주하고, 때로는 처벌하였다.

따라서 오늘날에도 사람들은 증거가 없는 종교와 희망이 없는 과학 사이의 끊임없는 싸움을 경험하고 있다.

이 책의 목적은 종교적인 과학과 과학적인 종교의 증명 가능한 과정을 시도하는 것이다.

만약 과학의 정자가 신성한 것이 아니라면 종교의 정자는 과학적인 것이 아니다. 그러면 사상가이고, 철학자이며, 과학자이자 종

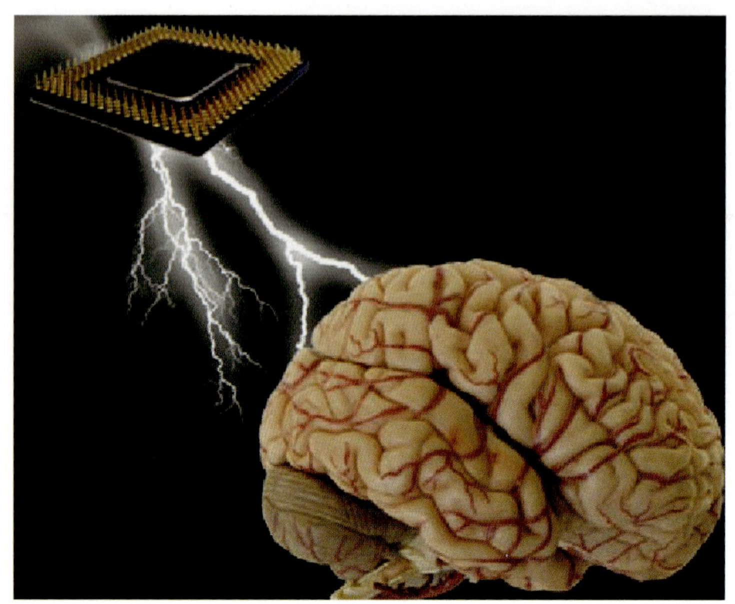

그들은 신을 반영할 수 있는, 우리 뇌를 구성하는 세포들의 깊숙한 곳에 있는 피난처에서 발견된다. 왜냐하면 그것도 그의 뇌이기 때문이다.

절대 영도

감각적인 자연계에서 물질이 아무런 열도 가지고 있지 않는 가장 낮은 온도를 '절대 영도'라고 부른다.
절대 영도는 −273℃ 또는 0K에 해당한다.
그런 환경에서는 감각적인 세상이 존재하는 원인이 되는 이데아, 원형, 규칙 그리고 수들만 살아남을 수 있다. 그러나 온도 자체의 원인도 살아남을 수 있다.

교 참여자인 우리 모두는 잘못된 길을 가고 있는 것이다.

만약 우리가 법칙의 창조자로부터 법칙을 분리하고, 지상의 것을 하늘의 것들로부터 분리하며, 인간을 신성으로부터 분리하고, 원인을 효과로부터 분리하면 우리는 과학, 다시 말해 하나의 '존재 목적'도 갖지 않는 생명의 길로서의 종교를 경험하게 된다.

많은 '과학자'가 연구를 주도하는 사람들에 의해 '지휘본부'에 배치되어 매일 '사람이 원숭이로부터 왔기' 때문에 사람 속에는 신성한 정자나 하늘의 목적이 없다는 이론을 전파하기 위해 노력하고 있다. 때로는 우주가 과거 특정한 시점에 '시작'되었으며, 미래 어느 시점에 '끝날' 것이라는 이론을 전파하기도 한다. 이로 인해 우연, 허무주의, 무신론이 우리 사회 안에 널리 퍼지게 되었다.

한편 일부 교회 종사자들은 다른 종교인들에 대항하여 열정적으로 싸우고, 철학 학교의 문을 닫고, 지성들과 과학의 혁신자들이 진리를 이야기한다는 이유로 화형대에서 화형에 처하고 있다.

이상하게 보일지 몰라도 현대 과학이 이뤄 내려고 노력했지만 실패한 대통합이론은 서 로 싸우는 두 그룹의 한가운데서 발견된다.

지구, 우주 그리고 무한은 지구의 자연과 우주의 자연을 설명하는 2개의 중요한 힘이 인간의 뇌 안에서 조화를 이루는 순간부터 과학의 연구센터를 통해 '통합'될 수 있다.

과학적 증명과 신적인 사고!

과학이 신과 우주를 나타내는 사람과의 계속적인 관계를 통해 '우주적 생성'을 포함하는 법칙들을 통합할 때다.

나는 세상을 설명하기 위해 전자기력, 약한 상호작용과 강한 상 호작용을 통합하는 대통합이론[GUT]이 필요하다고 주장하는 것은 아니다.

이런 논리적이고 수학적인 통합 모델이 성공적이라고 해도 우 주나 신, 인간의 관계와 관련된 지구상에 살고 있는 사람의 문제

나는 대통합이론[GUT]이 유용하다 고 주장하는 것은 아니다.

……사람이 "원숭이로부터 왔 다는" 그래서 사람 안에 신성한 정자가 없고, 하늘의 목적이 없 는……

지구, 우주 그리고 무한은 과학 연구센터를 통해 '통합'될 수 있다. ……

한편 일부 교회 종사자들은 다른 종교인들에 대항하여 열정적으로 싸우고, 철학 학교의 문을 닫고, 지성과 과학의 혁신자들이 진리를 이야기한다는 이유로 화형대에서 화형에 처하고 있다.

는 풀리지 않은 채로 남게 된다.

우주의 법칙은 지구, 자연 그리고 우주공간에서만 성립되는 것이 아니다. 이런 법칙들은 원리적으로 인간 자체에도 적용된다. 인간의 뇌는 사고를 통해 논리와 지혜를 생산하는 이런 법칙들을 활성화하는 역할을 한다.

우주의 법칙은 우리 밖에서 발견되지 않는다. 그들은 신을 반영할 수 있는, 우리 뇌를 구성하는 세포들의 깊숙한 곳에 있는 피난처에서 발견된다. 왜냐하면 그것도 그의 뇌이기 때문이다.

후기

　다른 세상을 향한 우리의 여행은 끝났는가? 아니다. 아직 끝나지 않았다. 앞으로도 절대로 끝나지 않을 것이다!

　다른 생명의 눈부신 기적과 신의 빛나는 왕관을 충분히 설명하는 것은 불가능하다. 이데아와 원형으로 이뤄진 세상의 무한한 아름다움은 시작과 끝이 없다.

　그러나 그것을 알기 위해 죽을 때까지 기다리지 말라.

　자연으로 나가 나무, 산, 바다, 태양 그리고 꽃들을 보고, 뛰어난 자연의 향기를 들이마시라. 심장 깊은 곳에서 들리는 박동소리를 들어보라.

　혹시 당신 눈앞에 작은 덩굴이 있다면 그것에 초점을 맞춰보라.

당신의 생각을 작고 단순한 꽃에 집중해보라. 그것이 존재하기 위해서 다른 세상의 모든 법칙과 규칙 그리고 원형이 계획하고 작용했다는 것을 생각해보라.

그렇다. 이 작은 꽃 안에 있는 수들과 방정식들, 모든 창조 그리고 둥지들에게 경건하게 고개 숙이고 그것의 존재를 경이롭게 생각하라. 전체 우주가 그 안에 포함되어 있다.

곧 시들어버릴 이 작은 꽃은 절대로 그 자신의 '존재'를 잃지 않을 것이다. 이것도 당신과 마찬가지로 이전에도 존재했고 앞으로도 존재할 것이다.

그리고 이 소박한 꽃에 대한 당신의 경건한 경의는 세상의 창조자인 위대한 아버지에 대한 존경과 귀의라는 것을 잊지 말라.

당신의 생각을 통해 그에게 다가갈 특권을 허락한 신을 당신의 감각으로 이해하고 당신의 지식으로 '당신 영혼의 주주'로 만들라. 원형, 규칙 그리고 수들로 이뤄진 전체 세상은 당신 안에서 발견된다.

당신의 자아를 잠기게 하고, 당신의 무한한 마음으로 당신의 부동 상태 안에 드러나게 하라. 그리고 지구 세상에 드리운 환상의 휘장을 걷고 하늘세계를 경험할 수 있는 진정으로 운 좋은 사람이 되어보라.

역자의 말

현대 과학을 공부했고, 현대 과학을 가르쳐 왔으며, 현대 과학의 내용을 담은 책들을 쓰거나 번역해서 출판해 온 역자에게 파블로스 피사노스의 《우주의 시작과 끝》, 《우주의 법칙》은 많이 생소한 내용을 담고 있는 책이었다. 과학적인 측면에서만 보면 이 책들의 가치에 대해 고민하게 되는 책이라고 할 수 있을 것이다.

그러나 역자는 이 두 권의 책을 번역하면서 과학자들이 가지고 있는 기본적인 가정에 대해 다시 생각해보게 되었다. 과학자들은 모든 사람들이 같은 수준의 지적 능력을 가지고 있다는 가정 하에 자연을 설명하려고 시도하고 있다. 따라서 내가 이해한 것은 다른 사람도 이해할 수 있고, 내가 알 수 없는 것은 다른 사람도 알 수 없을 것이라고 생각한다. 모든 사람들이 이성적인 사고를 통해 알 수 있고 이해할 수 있는 사실만을 모아 놓은 것이 과학의 지식체계이다.

따라서 과학적 지식이 되기 위해서는 객관적 사실이어야 하고 재현성 있는 사실이어야 한다. 모든 사람이 같은 상황에서 같은 것을 관측해야 하는 것이 객관성이다. 그리고 같은 조건에서는 항상 같은 결과가 나와야 한다는 것이 재현성이다. 객관적이고 재현성 있는 사실들은 정상적인 사고체계를 가진 사람이라면 누구나 알 수 있고, 이해할 수 있다. 그러나 영적인 세상과 관련된 사실들은 객관성과 재현성이 없다. 따라서 영적인 경험은 과학적 사실이 될 수 없으며, 그러한 사실을 정확하게 알고 있는 사람은 어디에도 없다는 것이 과학자들의 생각이다.

역자 역시 오랫동안 그렇게 생각해왔다. 그러나 이 책을 번역하면서 사람들의 영적인 능력에 대해 많은 것을 생각하게 되었다. 내가 보지 못하고 내가 이해하지 못한다고 다른 모든 사람들도 볼 수 없고 이해하지 못할 것이라고 생각해온 내 생각은 정당한 것일까? 영적인 세계를 보통 사람들보다 더 잘 이해할 수 있고, 그 세계의 비밀을 좀 더 잘 알고 있는 뛰어난 영적인 능력을 가지고 있는 사람들이 있는 것은 아닐까? 만약 그런 사람들이 있다면 나는 영적인 세상에 대한 그런 사람들의 생각을 이해하려고 노력할 것이 아니라 그냥 받아들여야 되는 것이 아닐까? 내게는 보이지 않는 영적인 세상을 경험한 그들의 이야기에 귀를 기울여야 되는 것이 아닐까?

이 책은 내게 영혼의 세계는 물론 사람의 능력에 대해 많은 생각을 하도록 계기를 제공했다. 번역을 시작할 때는 현대 과학의 내용과 다른 내용 때문에 이 책을 번역할 필요가 있을까 고민하기도 했지만 번역을 하면서 이 책의 내용이 현대 과학의 내용과 다르기 때문에 번역할 만하다는 생각을 하게 되었다. 현대 과학밖에 모르고 살아온 역자에게 이 책은 또 다른 사고의 세계를 알게 해주는 책이었다. 그리고 더 넓은 세상을 알기 위해서는 당연한 것으로 생각해왔던 기본적인 가정을 버려야 하는 것이 아닐까 하는 생각을 하게 한 책이었다. 다만 이 책에서 인용한 일부 현대과학의 내용이 사실과 다른 것이 마음에 걸리지만 저자가 전문적으로 과학을 공부한 과학자가 아니라는 점과 이 책이 과학적 내용을 해설하기 위해 쓴 책이 아니라는 것을 감안하면 그다지 문제가 되지 않을 것이다.

영혼의 세계에 대해 나보다 뛰어난 통찰력을 가진 사람들의 이야기에 귀를 기울이기로 마음을 먹은 다음에도 이 책의 내용을 받아들이는 데는 많은 어려움이 있었다. 과학적 사실을 설명할 때는 모든 내용에 일관성이 있어야 하며 명료해야 한다. 그러나 이 책에서 다루고 있는 영혼의 세상에 대한 설명은 과학적 설명에 익숙한 역자에게 혼란스러워 보이는 부분이 있었다.

하지만 한편으로는 자연 과학에서 발견되는 논리와 명료성을 영혼의 세계에서 찾으려고 한다는 것 자체가 무리가 아닐까 하는 생각도 했다. 부분이 전체이며, 하나가 모두라는 설명은 자연 과학에서는 가능하지 않은 논리이다. 이 책에서 다루는 이야기는 이런 1차원적인 논리가 적용되는 세상에 대한 이야기가 아니다. 따라서 1차원적인 사고에 익숙한 내게 혼란스러워 보이는 것은 어쩌면 당연한 것일지도 모른다.

세계 문명의 창시자들인 고대 그리스 철학자들과 그들의 맥을 이으려고 노력하는 저자는 우리와는 다른 특별한 영적인 능력의 소유자들일지도 모른다는 생각을 바탕으로 그들의 생각에 귀를 기울인다는 마음으로 이 책을 번역했다. 이런 생각을 하게 된 것은 역자에게는 새로운 경험이었다. 이 경험으로 인해 앞으로는 세상을 조금은 다른 눈으로 보게 될 것이라는 생각이 든다.

2012년 11월 곽영직